KB247856

AI와
함께하는
내일

이 저서는 2024년 대한민국 교육부와 한국연구재단의 지원을 받아 수행된 연구임(NRF-2024S1A5C3A03046579)

BARUN AI Series ①

AI와 함께하는 내일

모두를 위한 따뜻한 혁명

김미경·김민경·김범수·김초해·김현정
노환호·박준희·이건우·이준혁·임희주
장백철·장재영·정미정 지음

이담북스

인공지능(AI)은 과학자들의 생각보다 늦게 찾아왔지만, 그들의 예상보다 빨리 사회 전반을 바꿔 놓고 있습니다. AI는 우리 대부분이 태어나기도 전인 1956년 미국의 Dartmouth 대학에서 처음으로 사용된 용어입니다. 이때만 하더라도 AI라는 기계가 곧 외국어 정도는 쉽게 번역할 줄 알았습니다. 그러나 AI는 지난 70년간 2번의 커다란 좌절을 거친 후인 2000년대에 들어서야 쓸만한 기술이 됐습니다. 그리고 2022년 11월 ChatGPT 3.5의 출시로 대중의 인기를 끌기 시작했습니다. AI가 일상생활 전반에서 친근해진 건 불과 3년 남짓에 불과합니다. 그러나 AI는 유래를 찾아보기 어려울 정도의 빠른 속도로 사용자가 증가했습니다. AI는 이제 일상이 되었고, 우리 삶의 필수품이 됐습니다. 현재 AI는 우리의 일상, 직장, 교육, 심지어 인간관계까지 폭넓게 변화시키고 있으며, 오늘을 살아가는 현대인의 삶에 다양한 방식으로 관여하고 있습니다.

이 책, 『AI와 함께하는 내일: 모두를 위한 따뜻한 혁명』은 단순히 AI의 기술적 발전을 설명하는 데 그치지 않습니다. 경영, 경제, 산업, 심리, 행정, 교육, 개인정보 등의 전문 분야를 가로지릅니다. AI가 사회 전반의 토대를 어떻게 변화시키고 있는지, 또 어떻게 함께 살아가고 있을지에 대한 깊은 성찰을 제공합니다. 각 장은 마치 한 편의 다큐멘터리처럼, AI가 우리 삶 곳곳에 스며들어 변화를 만들어내는 현장을 생생하게 담아내고 있습니다.

오늘날 AI는 인간을 대신해 많은 의사결정을 내리고 있고, 공장에서는 불량을 진단하고, 효율성을 향상시키고 있습니다. 기업의 인사팀은 AI를 활용해 서류심사뿐 아니라 면접에 도움을 받고 있으며, 정부는 복지 정책의 효과를 가상 시뮬레이션으로 검증하고 있습니다. AI의 이러한 혁신은 경제와 일자리에 커다란 영향을 주고 있습니다. 또한 학교에서는 AI 튜터가 학생마다 맞춤형 학습 경로를 설계하고, 연구실에서는 논문 초안을 생성하고 연구 질문을 도와주는 도구가 학자의 상상력을 확장시키고 있습니다. 이와 더불어, AI의 활용이 확대됨에 따라 인간과 AI가 어떻게 신뢰를 쌓고 공존할 수 있을지, 인간의 심리와 프라이버시 보호라는 측면에서 깊이 있는 고민이 이어지고 있습니다. 이 모든 변화는 인간이 AI와 함께 살아가는 삶의 현장이자, 새로운 시대에 대한 치열한 고민의 결과물입니다. 이러한 흐름 속에서 다양한 분야의 전문가들이 모여, AI 시대의 복잡한 퍼즐을 함께 맞추고자 노력했습니다.

특히 이 책은 연세대학교 정보대학원과 바른ICT연구소에서 초빙한 13인의 연구자들이 한 땀 한 땀 엮어낸 결과물입니다. 각자의 전문 영역에서 치열하게 고민하고 성찰한 경험과 사유의 집합체입니다. 바른ICT연구소 전문가들의 노력이 없었다면, 이렇게 입체적인 AI에 관한 폭넓은 내용을 담은 책은 탄생할 수 없었을 것입니다. 이 자리를 빌려 집필에 수고해 주신 연구진에게 깊은 감사를 전합니다.

여러분이 이 책을 덮을 때쯤에는 AI가 단순한 '도구'가 아니라 동반자로 느껴지길 바랍니다. 그리고 벌써 이만큼 다가왔나 하고 놀라게 될 것입니다. AI를 활용하시면서 기술의 속도에 휩쓸리지 않고, 인간다움을 지키며 AI와 공존하는 길을 함께 걸어갔으면 합니다.

저자들의 마음을 함께 담아
연세대학교 바른ICT연구소 소장 김범수

| 목차 |

인사말 / 4

1 신뢰할 수 있는 AI를 위하여
기술 너머, 믿음의 심리
- 노환호

1. 서론: AI 기술 발전과 사회 역할 변화　13

2. 신뢰할 수 있는 AI 본질과 심리 요인　17

3. AI에 대한 신뢰 형성 조건과 사회 요인　25

4. AI에 대한 신뢰의 한계와 윤리적 문제　29

5. AI에 대한 신뢰 연구의 방향성과 정책적 고려　34

6. 결론　39

2 AI 기반 자동화된 의사결정 시스템 (Automated Decision-Making System)과 활용 사례
- 김현정

1. 서론　45

2. ADMS의 주요 기능과 작동 원리　49

3. ADMS의 도입 및 활용 효과　55

4. ADMS 활용 사례　58

5. ADMS의 주요 도전 과제와 발전 전략　68

6. 결론: ADMS의 통합적 이해와 미래 과제　72

3 AI 활용을 통한 혁신
행정과 정책 과정의 패러다임 변화 — 박준희

1. 서론	77
2. 행정과 정책 과정에서의 패러다임 변화	80
3. AI의 활용 영역	90
4. 공공 분야(Public Sector)의 AI 활용 혁신 사례	99
5. 결론	108

4 AI 기반 인사관리시스템의 도입 현황 — 이준혁

1. 서론: AI와 조직구조의 변화	113
2. 인사관리시스템의 변화: 감각이 아닌 데이터로 관리하는 시대	119
3. 결론: AI 도입에 따른 조직구조 및 인사관리시스템의 재설계	139

5 응용은 앞서갔고, 기반은 뒤따른다
한국 AI 산업의 미래 조건   - 이건우

1. 서론	145
2. 대한민국 AI 산업의 경제적 의미와 전망	148
3. AI 산업의 핵심 분야	151
4. 결론	169

6 AI와 인간의 공존
기술 혁명이 바꾸는 경제와 일자리   - 김미경

1. 서론	175
2. 지속 가능한 성장을 위한 R&D 투자와 미래 전망	179
3. AI에 대한 인식: 기대와 우려의 균형점	187
4. 결론	203

7 미래를 예측하는 제조혁명
AI 기반 예지보전   - 임희주

1. 서론: 디지털 전환과 AI 기반 예지보전	209
2. 유지보전의 발전 과정	210
3. AI 기반 예지보전 시스템의 구성 모듈	213
4. AI 기반 예지보전의 비즈니스 가치	216

5. AI 기반 예지보전이 가져오는 조직적 변화   225

6. 도전 과제와 해결 방안   229

7. AI를 활용한 유지보전의 미래 전망   232

8. 결론: AI 기반 예지보전이 가져올 혁신   234

8 AI와 고등교육
학습자 중심 교육 원칙의 통합과 미래 전망   - 정미정

1. 서론   241

2. 학습자 중심 교육 원칙   243

3. 고등교육에서의 AI 혁신 사례   246

4. 교육 기관의 전략적 대응 방안   249

5. 미래 교육 패러다임 전망   253

6. 결론   256

9 AI는 도구일까 저자일까? 학술 글쓰기에서 AI의 역할과 윤리적 문제   - 김초해

1. 서론   263

2. AI를 활용한 학술 연구 현황   264

3. 학술 논문 작성에서 AI의 역할   266

4. 학술 커뮤니케이션에서 AI의 잠재적 위험과 윤리적 이슈   286

5. 결론   293

AI의 위협과 개인정보 자기결정권 보호

- 장재영, 김범수

1. 서론: AI의 위협   297

2. DeepSeek가 불러온 개인정보 보호 위협 사례   299

3. 개인정보자기결정권의 위기   301

4. 개인정보자기결정권 보호 측면에서 AI의 주요 위협 요인   306

5. 생성형 AI 환경에서 정보주체의 권리 보장 방법   312

6. 결론   323

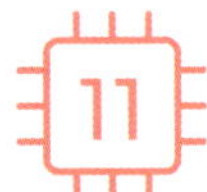

언어모델의 미래

기술 진화, 산업 적용, 그리고 AI 주권 - 장백철, 김민경

1. 서론   327

2. 본론   328

3. 결론   347

참고문헌 / 349

신뢰할 수 있는 AI를 위하여

기술 너머, 믿음의 심리

노환호

이 장은 '신뢰할 수 있는 AI(Trustworthy AI)'의 개념을 기술적 성능에 국한하지 않고, 사회적·심리적 요인을 통합하는 관점에서 재정립하며, 인간의 AI에 대한 신뢰 형성 메커니즘과 그 구조적 한계를 분석한다. 오늘날 AI는 단순한 연산 도구를 넘어 상호작용이 가능한 사회적 존재로 변화하고 있으며, 이에 따라 신뢰 형성의 기순도 설명 가능성, 공정성, 감정적 상호작용 등 다양한 요소를 포함하는 다층적 틀로 확장되고 있다. 기술적으로 신뢰할 수 있는 AI와 사용자가 실제로 신뢰하는 AI 사이에는 인식, 기대, 사회문화적 배경의 차이로 인해 간극이 발생할 수 있으며, 이는 Mayer의 신뢰 3요소(능력, 선의, 진실성)와 온정 및 능력에 대한 사회적 평가의 균형을 통해 설명될 수 있다. 또한, 기계 휴리스틱, AI 오류에 따른 알고리즘 혐오, 감정 기반 AI의 조작 가능성과 정서적 배신감은 신뢰 형성의 윤리적 취약성과 한계를 보여준다. 아울러, 문화적 배경, 제도적 환경, 사회 자본의 차이도 AI 신뢰 형성에 영향을 미치므로, 기술적 요건을 넘어서 사회적 수용성과 설명 가능성, 책임성을 포괄하는 정책적 접근이 필요하다. 마지막으로, AI의 기능적 역할과 위험 수준에 따라 인간의 판단 개입 범위를 설계하는 신뢰 수준 체계를 마련할 필요가 있음을 제안한다.

1. 서론: AI 기술 발전과 사회 역할 변화

AI, 도구에서 사회 존재로

AI(Artificial Intelligence)는 단순한 연산 기계에서 점차 인간과 협력하고 상호작용 하는 존재로 변화하고 있다. 초기 AI는 명령 기반으로 문제를 해결하는 알고리즘이었지만, 최근 AI는 의사결정을 지원하고 인간과 소통하는 능력을 갖추고 있다. AI 발전을 세대별로 구분하면 이러한 변화를 더욱 명확하게 이해할 수 있다(표 1).

표 1. AI 세대별 발전 과정

세대	시기	기술적 특징	대표 기술/모델	사회적 역할 변화
1세대	1950~1980s	규칙 기반 전문가 시스템, 명령 수행	퍼셉트론, 전문가 시스템	단순한 도구, 인간의 개입 필요
2세대	1990~2010s 초반	머신러닝 기반 AI, 데이터 분석 중심	SVM, 랜덤 포레스트	데이터 분석 보조, 자동화 증가
3세대	2010s 중반~2020s 초반	딥러닝과 NLP 발전, 생성형 AI 등장	BERT, GPT-3, CNN	인간과 상호작용 가능
4세대	2020s~현재	AI 에이전트, 자율적 의사결정 수행	ChatGPT 5.0, Manus AI, 테슬라 FSD	독립적 AI 에이전트로 발전 중

AI 기술의 발전에 따라, 이용자가 AI를 신뢰하는 방식도 변화해 왔다. 초기의 AI는 인간의 직접 통제를 전제로 작동했으나, 3세대부터는 AI의 상호작용 능력과 정보 처리 능력이 신뢰 형성의 주요 요인으로 부상했다. 특히 4세대 AI는 인간 개입 없이 독립적으로 의사결정을 수행할 수 있어, 설명 가능성(Explainability)과 신뢰 기제(Trust Mechanism)의 중요성이 더욱 강조된다.

AI는 점차 인간과 협력하는 사회적 행위자로 진화하고 있다. 1세대와 2세대 AI는 규칙 기반 시스템과 데이터 분석 도구에 머물렀으며, 인간의 개입이 필수적이었다. 이후 3세대는 딥러닝(deep learning)과 자연어 처리 기술을 바탕으로 인간과 자연스러운 소통이 가능해졌으며, 4세대에 이르러서는 독립적으로 판단하고 행동하는 에이전트로 발전했다.

AI가 인간과 유사한 방식으로 상호작용 할수록 사용자 신뢰가 높아지는 경향이 있지만, 신뢰를 결정하는 핵심 요소는 유사성 그 자체가 아니라 AI의 성능과 역할이다(Zhang et al., 2023). 성능이 우수한 AI는 인간과 협력할 때 신뢰를 얻을 수 있지만, 성능이 낮을 경우 아무리 인간처럼 행동하더라도 신뢰를 잃을 수 있다.

이용자가 AI를 신뢰하는 데에는 기술적 성능뿐만 아니라 개인의 인식과 기대 수준도 중요한 역할을 한다. 예를 들어, 자기 신뢰감이 낮은 사람은 AI의 조언을 더 쉽게 받아들이며, AI가 실수를 하더라도 여전히 의존하는 경향을 보인다(Chong et al., 2022). 이는 AI가 단순한 도구를 넘어 독립적 판단 주체로 작동할 때, 신뢰 형성 방식이 달라질 수 있음을 시사한다.

또한, 음성 기반 인터페이스의 발전도 AI에 대한 신뢰를 높이는 요인으로 작용한다. 사용자는 AI가 대화의 흐름을 유지하고 맥락을 반영하여 응답할 때, 보다 자연스럽게 상호작용 하며 신뢰를 느낀다. 이러한 특성은 고객 서비스, 의료 상담, 금융 컨설팅 등 다양한 분야에서 AI의 실용성을 높인다(Bergner et al., 2023).

결국, AI가 신뢰를 얻기 위해서는 인간 유사성만을 강조하는 접근은 불충분하며, 고성능과 더불어 설명 가능성, 신뢰 조정 메커니즘을 함께 설계해야 한다.

AI에 대한 신뢰, 기술적 기준만으로 충분한가?

AI가 산업과 공공 영역에 빠르게 확산되면서, 사람들이 AI를 실제로 신뢰할 수 있는지에 대한 논의가 중요해지고 있다. 각국 정부와 연구기관은 AI의 공정성과 투명성을 확보하기 위해 가이드라인을 제시하고 있다. 이들은 이러한 기준을 충족한 시스템을 '신뢰할 수 있는 AI(Trustworthy AI)'로 정의한다. 그러나 이러한 기준을 충족했다고 해서 사용자가 AI를 실제로 신뢰하는 것은 아니다.

표 2. AI 신뢰 정책 및 가이드라인

정책/가이드라인	주요 내용
EU AI Act	AI 시스템을 위험 수준에 따라 분류하고, 고위험 AI에 대한 엄격한 요구사항과 금지된 AI 관행 명시. 공정성과 투명성을 핵심 원칙으로 삼으며, 위험 기반 접근법을 적용해 규제
UNESCO AI 윤리 권고	AI 개발과 활용에서 인권 존중, 안전성, 프라이버시 보호, 다중 이해관계자 참여 등을 강조하는 10가지 핵심 원칙 제시. AI가 인간 중심으로 작동하도록 설계될 것을 권장
미국 NIST AI 위험 관리 프레임워크	AI 시스템의 신뢰성과 안전성을 확보하기 위한 위험 기반 접근 방식 제시. 투명성, 공정성, 책임성 강조. 기업 및 공공기관이 AI를 신뢰할 수 있도록 평가하고 개선하는 지침 제공
대한민국 AI 윤리 기준	인간 존엄성, 프라이버시 보호, 공정성, 투명성 등을 포함한 AI 윤리 원칙 수립 및 AI 개발과 활용에 적용. AI 기술이 사회적 가치와 조화를 이루도록 유도하는 방향성 제시

〈표 2〉는 각국 및 국제기구가 AI의 신뢰성과 윤리성을 보장하기 위해 제시한 주요 정책과 가이드라인을 요약한 것이다. 이들 규범은 AI가 사회에서 보다 안전하고 책임 있게 활용되도록 설계되었으며, 각국의 정책 접근 방식은 AI 활용과 신뢰 형성에 실질적인 영향을 미친다.

AI에 대한 신뢰를 구축하려면 단순히 기술적 요건을 충족하는 것을 넘어, 개발과 운영 전반에서 신뢰성을 지속적으로 확보할 수 있는 체계적인 메커니즘이 필요하다. Avin 등(2021)은 신뢰할 수 있는 AI를 개발하기 위한 핵심 기술 요소를 다음과 같이 제시한다.

첫째, 안전성과 보안성 확보가 필수적이다. AI 시스템이 예기치 않은 방식으로 작동하거나 악의적으로 오용될 가능성을 차단하기 위해, 설계 초기 단계에서부터 철저한 안전성 검증과 보안 대책이 마련되어야 한다. 특히 의료, 자율주행, 법률 등 고위험 분야에서는 더욱 엄격한 기준이 요구된다. 지속적인 모니터링과 평가도 병행되어야 한다.

둘째, 공정성과 편향 최소화가 중요하다. AI가 특정 집단이나 개인에게 불리하게 작용하지 않도록, 알고리즘 설계 단계에서부터 데이터의 대표성과 알고리즘 결과의 형평성을 검증해야 한다. 편향 제거를 위한 기술적 조치와 공정성 평가 기준이 함께 적용되어야 한다.

셋째, 설명 가능성은 AI 신뢰의 핵심 요소다. 복잡한 연산 구조를 갖는 많은 AI 시스템은 그 결정 과정을 사용자나 규제기관이 이해하기 어렵다. 특히 딥러닝 기반 모델은 블랙박스(black box)로 분류되며, 입력과 출력 간의 인과적 경로가 불투명하다. 이로 인해 사용자는 AI의 판단 근거를 이해하지 못한 채 결과를 수용하게 되거나, 반대로 전적으로 불신하게 되는 상황이 발생할 수 있다. 설명 가능성(Explainability)과 해석 가능성(Interpretability)을 강화하면, 사용자는 AI의 판단을 더 잘 이해하고 오류 발생 시 원인을 추적할 수 있다. 이는 규제기관이 책임 소재를 명확히 하고 시스템의 공정성과 안정성을 평가하는 데에도 중요한 기준이 된다.

넷째, 지속적인 감사(auditing)와 검증 체계 구축이 필요하다. 신뢰성을 확보하기 위해 내부 감사를 넘어, 독립된 제3자의 외부 평가가 정기적으로 이루어져야 한다. 투명한 개발 및 운영 과정은 AI에 대한 공공 신뢰를 높이는 데 기여한다.

다섯째, 개인정보 보호와 데이터 윤리 확보가 필수적이다. AI가 민감한 데이터를 처리하는 경우, 프라이버시 보호 기술을 적용해 정보 유출이나 오남용을 방지해야 한다. 이를 위해 연합 학습(Federated Learning)이나 차등 개인정보 보호(Differential Privacy) 같은 기술이 활용될 수 있다. 이러한 기술은 원본 데이터를 직접 노출하지 않고도 AI 학습을 가능하게 한다.

결국, 신뢰할 수 있는 AI를 구축하려면 단순한 성능 개선을 넘어서 공정성, 보안성, 설명 가능성, 외부 감사 등 다층적 신뢰 형성 체계를 마련해야 한다. 나아가 이러한 기술적 요건은 법적·사회적 기준과 병행될 때 비로소 실질적인 신뢰를 확보할 수 있다.

2. 신뢰할 수 있는 AI 본질과 심리 요인

기술에 대한 신뢰와 인간에 대한 신뢰, 동일한가?

AI가 사람의 신뢰를 얻으려면, 기술 성능만으로는 부족하다. 기술적으로 신뢰할 수 있는 AI는 공정성(Fairness), 설명 가능성(Explainability),

보안성(Security) 같은 객관적 기준을 충족한 시스템을 말한다. 하지만 이런 기준을 만족한다고 해서 사람이 AI를 실제로 신뢰하는 것은 아니다.

AI에 대한 신뢰(Trust in AI)는 사용자가 AI를 신뢰하는 심리적 반응과 태도를 포함한다. 이 신뢰는 사용자의 인식, 감정, 경험, 사회적 배경에 따라 달라진다. 따라서 신뢰할 수 있는 AI는 기술적 상태를 설명하는 개념이고, AI에 대한 신뢰는 인간의 수용 과정을 설명하는 개념이다.

두 개념은 연결되어 있지만 일치하지 않는다. 예를 들어, 높은 정확도를 가진 의료 AI라도 사용자가 작동 방식을 이해하지 못하면 신뢰하지 않을 수 있다. 반면, 감정적으로 친숙한 챗봇은 설명력이 부족하더라도 쉽게 신뢰를 얻는다. 이런 차이는 '신뢰 불일치(Trust Mismatch)'로 나타나며, 과신(Overtrust)이나 회피(Undertrust)를 유발할 수 있다.

AI 설계자는 기술 기준만 갖출 것이 아니라, 신뢰 형성을 위한 심리적·사회적 요소도 고려해야 한다. 사용자가 AI를 어떻게 인식하고 받아들이는지에 따라 신뢰의 실제 수준이 결정되기 때문이다. 신뢰 AI에 대한 신뢰와 신뢰할 수 있는 AI 간의 균형을 조정하는 방향으로 확장되어야 한다(표 3).

표 3. AI 신뢰와 Trustworthy AI 비교

구분	설명	주요 요인
신뢰할 수 있는 AI (Trustworthy AI)	기술적·윤리적 기준을 충족하는 AI	공정성, 설명 가능성, 보안성, 윤리성
AI 신뢰 (Trust in AI)	사용자가 AI를 신뢰하는 심리적·사회적 과정	인식, 기대, 경험, 문화적 요인

신뢰 요소	설명
능력(Competence)	AI가 신뢰할 만한 성능을 갖추었는가?
선의(Benevolence)	AI가 사용자 중심적이며 인간의 이익을 고려하는가?
진실성(Integrity)	AI가 공정하고 일관된 의사결정을 내리는가?

AI가 신뢰를 얻기 위해서는 기술적 신뢰성만으로는 부족하며, 사용자 인식과 사회적 요인이 중요한 영향을 미친다. 자동화 시스템에 대한 신뢰는 단순한 성능의 문제가 아니라, 사용자가 AI를 어떻게 인식하고 어떤 기대를 가지는지에 따라 달라진다(Kohn et al., 2021). 특히 신뢰는 신뢰성(Trustworthiness), 신뢰에 대한 태도(Trust Attitude), 신뢰에 기반한 행동(Trusting Behavior)으로 구분되며, AI가 기술적 요건을 충족하더라도 사용자가 실제로 신뢰하지 않을 가능성은 여전히 존재한다(Mayer et al., 1995)(표 4).

AI 신뢰 형성의 핵심 요소는 능력(Ability), 선의(Benevolence), 진실성(Integrity)으로 구성된다(Kohn et al., 2021). 능력은 AI가 특정 과업을 수행할 수 있는 기술적 역량을 의미하고, 선의는 사용자의 이익을 고려하고 목표를 공유하려는 태도를 반영한다. 진실성은 일관되고 공정한 원칙을 준수하는 정도를 의미한다. 그러나 신뢰에 대한 태도는 AI의 실제 성능과 무관하게 사용자 인식과 경험에 따라 달라질 수 있으며, 신뢰 행동은 사용자가 실제로 AI의 판단을 자신의 의사결정에 반영하는지를 나타내지만, 신뢰 태도와 항상 일치하지는 않는다(Serva et al., 2005).

AI에 대한 신뢰는 사회적 맥락에서도 영향을 받는다. 사회 신뢰가 높은 국가에서는 AI 기술이 비교적 원활하게 도입되는 반면, 신뢰 수준이 낮은 국가에서는 도입이 더디게 이루어진다(van Kersbergen & Svendsen,

2024). 예를 들어, 외부에 대한 신뢰가 낮은 국가의 AI 기술은 기술적 신뢰성을 갖추었더라도, 데이터 보안이나 정부 개입에 대한 우려로 인해 다른 국가에서 도입을 꺼릴 수 있다(Henrique & Santos Jr., 2024). 이는 AI 수용성에 정치적·사회적 요인이 결정적인 역할을 한다는 점을 시사한다.

AI에 대한 이용자의 신뢰를 높이기 위해서는 기술적 신뢰성뿐만 아니라 사용자 기대를 조정하고, 신뢰 형성을 유도하는 전략이 병행되어야 한다. 공정성, 설명 가능성, 보안성, 윤리성 같은 기술적 요건이 충족된다고 해서 자동으로 신뢰가 형성되는 것은 아니며(Lee & See, 2004), 신뢰 형성을 위한 정책적 접근과 사회적 수용성이 함께 고려될 때, AI에 대한 신뢰성과 활용 가능성은 보다 안정적으로 확대될 수 있다.

AI는 어떻게 사회적 존재로 인식되는가?

AI는 알고리즘 기반의 계산 기계에서 점차 인간과 상호작용 하는 사회 행위자(Social Actor)로 변화하고 있다. 기존 CASA(Computers as Social Actors) 패러다임은 인간이 컴퓨터 및 AI 시스템과의 상호작용에서 사회적 반응을 보인다는 개념을 강조한다. Reeves와 Nass(1996)의 연구에 따르면, 사람들은 컴퓨터와 상호작용 할 때 사회 규범을 적용하며, 컴퓨터를 인간처럼 반응하는 존재로 간주하는 경향이 나타난다.

AI가 사회 존재로 인식되는 과정에서 음성 인터페이스, 감정적 표현, 상호작용 방식이 중요한 역할을 하며, 이는 AI 신뢰 형성에도 영향을 미친다. 최근 연구들은 AI가 단순한 정보 제공을 넘어 사회적 관계 맥락에서 작용할 때 신뢰도가 증가한다는 점을 강조한다(Lee, 2024).

표 5. AI가 사회 행위자로 인식되는 요인

요인	설명
CASA패러다임	AI와 인간 상호작용에서 사회 규범 적용(예의, 신뢰, 상호성 등)
의인화	AI가 인간과 유사한 형태나 행동을 보일수록 신뢰 증가
감정적 상호작용	AI가 감정을 표현하거나 공감하는 기능을 가질 때 신뢰가 향상됨
설명 가능성	AI의 의사결정 과정이 투명할수록 신뢰도가 높아짐

CASA 패러다임에 따른 AI에 대한 신뢰 형성

Reeves와 Nass(1996)의 연구는 인간이 컴퓨터를 대할 때 마치 다른 인간과 소통하듯 반응한다는 점을 밝혀냈다. 이러한 경향은 AI 챗봇, 음성 인터페이스, 로봇과의 상호작용에서도 동일하게 나타난다. 예를 들어, AI가 감정적으로 반응할 경우 사용자의 신뢰가 증가하는 경향이 있으며, 이는 감정적 상호작용이 인간-컴퓨터 관계에서 중요한 역할을 한다는 점을 시사한다(Lee, 2024). 그러나 AI가 감정을 표현한다고 해서 신뢰가 항상 높아지는 것은 아니다. AI가 지나치게 의인화되거나 인간과 유사한 행동을 보이면, 오히려 사용자가 경계심을 가지는 경우도 있다. 따라서 AI에 대한 신뢰를 형성하기 위해서는 인간과 유사한 상호작용뿐만 아니라, 설명 가능성과 투명성 또한 함께 확보되어야 한다.

AI가 사회적 행위자로 인식되면, 사용자 태도와 신뢰 형성 방식은 크게 달라진다. 최근 연구에 따르면, AI가 단순한 도구가 아닌 협력자로 인식될수록 신뢰도가 높아지는 경향이 있다. AI가 인간과 유사한 외형이나 대화 방식을 갖출수록 신뢰가 증가하는 경향이 있지만, 이러한 유사성이 과도하면 불쾌한 골짜기(Uncanny Valley) 효과로 인해 거부감이 유발될 수 있다(Liu & Wang, 2025). 감정을 표현하는 AI는 단순한 정보 제공자보다 더 큰 신뢰를 받을 수 있지만, 그 감정이 프로그램화된 반응에 불과하다는 인식이 들면 신뢰는 오히려 약화될 수 있다(Lee, 2024). 반면, AI가 의사결정 과정을 투명하게 설명할 수 있다면 사용자의 신뢰는 강화되며, 설명 가능한 AI는 신뢰 형성에 핵심적인 역할을 한다.

음성 기반 AI, 대화형 인터페이스, 로봇 기술 등은 AI를 단순한 기계가 아닌 대화 상대나 조력자로 인식하게 만든다. 이러한 사회적 상호작용이 강화되면 AI에 대한 신뢰도는 높아지지만, 동시에 AI가 실수를 저지를 경우 신뢰도가 급격히 하락할 가능성도 커진다(Jones-Jang & Park, 2023). 따라서 AI가 신뢰를 얻기 위해서는 기술적 성능뿐만 아니라, 사용자와의 상호작용이 이루어지는 사회적 맥락을 고려해야 한다. 향후 AI 신뢰에 대한 연구는 CASA 패러다임을 기반으로, 인간-컴퓨터 상호작용에서 신뢰를 형성하는 구체적 메커니즘을 탐색하는 방향으로 발전할 필요가 있다(Lee, 2024).

기계는 신뢰할 수 있는 대상인가?

사람들은 AI가 인간보다 더 객관적이고 공정한 결정을 내린다고 믿는 경향이 있다. 이를 기계 휴리스틱(Machine Heuristic)이라고 한다. 이와 같은 인식은 AI가 단순한 도구가 아니라 신뢰할 수 있는 의사결정도구 혹은 이를 넘어 의사결정을 맡는 에이전트로 여겨지는 데 중요한 역할을 한다. 그러나 이러한 인식이 실제 AI 성능과 일치하는지는 논란의 여지가 있다. 또한 AI가 신뢰받는 것이 반드시 바람직한 것인가에 대해서도 고민할 필요가 있다.

표 6. AI 신뢰 형성의 기계 휴리스틱 요인

요인	설명
정확성(Accuracy)	AI는 인간보다 실수를 덜 할 것이라는 믿음
객관성(Objectivity)	AI는 편향 없이 공정한 결정을 내릴 것이라는 기대
일관성(Consistency)	AI는 변덕스럽지 않고, 동일한 판단을 유지할 것이라는 인식

기계 휴리스틱은 AI 의료 진단, 채용 알고리즘, 금융 거래 등 다양한 분야에서 AI에 대한 신뢰 형성에 영향을 미친다. 사람들은 종종 AI가 인간보다 더 정확하고 공정하다고 여기는 경향이 있으며, 이는 AI를 신뢰할 수 있는 판단 주체로 인식하게 만든다. 그러나 실제 AI의 성능이나 편향 가능성을 고려할 때, 이러한 신뢰가 과도할 경우 부작용이 발생할 수 있다.

AI에 대한 신뢰는 기술의 수용과 활용을 촉진하는 긍정적 요인일 수 있지만, 동시에 위험 요소도 내포한다. AI가 항상 정확하거나 공정하다는 보장은 없기 때문에, 사용자가 AI의 결정을 비판 없이 수용하면 오판 가능성이 커진다. 특히, AI 오류 가능성을 인식하지 못하거나 경고 없이 자동화된 판단을 따를 경우, 인간의 판단 능력과 오류 감지 역량이 약화될 수 있다. 반대로, AI가 한 번 실수했을 때 전면적으로 회피하면, 유용한 기술이 비효율적으로 사용되는 결과를 초래할 수 있다.

이러한 문제를 줄이기 위해, AI는 판단의 근거와 함께 불확실성도 함께 제공하는 방식으로 설계되어야 한다. 예를 들어, "이 예측은 제한된 데이터에 기반합니다" 또는 "정확도가 낮을 수 있습니다"와 같은 안내 문구는 사용자가 AI의 판단을 참고하되, 최종 판단은 스스로 내릴 수 있도록 돕는다. 사용자의 선택을 특정 방향으로 유도하지 않는 중립적 응답 방식도 과신이나 회피를 방지하는 데 효과적이다. 결국 AI가 신뢰를 얻는 것만큼이나 중요한 것은, 사용자가 그 신뢰를 어떻게 조절하고 수용할 수 있도록 환경을 조성할 수 있는지에 달렸다.

기계 휴리스틱은 AI 신뢰 형성에 중요한 역할을 하지만, 실제 AI의 성능과 반드시 일치하는 것은 아니다. 이 휴리스틱은 AI가 인간보다 객관적이고 공정할 것이라는 전제에 기반하지만, 학습 데이터 자체가 편향될 경우 AI의 판단 역시 편향될 가능성이 높다(Lee, 2018). 예를 들어, AI 의료 진단은 높은 정확도가 기대되지만, 학습 데이터가 특정 집단에 편중되면 진단의 신뢰성이 떨어질 수 있다.

채용 알고리즘도 유사한 문제를 안고 있다(Wang et al., 2020). 기업은 AI가 인간보다 편향이 적다고 기대하지만, AI가 과거의 편향된 채용 데이터를 학습할 경우 오히려 특정 성별이나 집단에 불리한 결과를 낳을 수 있다. 예를 들어, 기존 데이터가 남성 중심이었다면, AI는 이를 학습해 여성 지원자를 차별하는 판단을 내릴 수 있다. 이는 AI가 본질적으로 공정한 존재가 아니라, 주어진 데이터를 바탕으로 학습한다는 점을 간과한 결과다.

또한, AI의 판단이 인간보다 더 신뢰받는 것이 바람직한 것인가에 대해서도 비판적 검토가 필요하다. 연구에 따르면, AI가 인간보다 실수를 덜 한다고 믿는 사람일수록 AI의 결정을 비판 없이 수용하는 경향이 있으며(Belanche et al., 2020), 이는 과신(Over-reliance)을 초래하고, AI의 오류가 심각한 결과로 이어질 위험을 높인다. 따라서 AI 신뢰 형성에서는 기계 휴리스틱이 어떻게 작동하는지를 이해하고, 이를 보완하기 위한 투명성과 설명 가능성이 함께 고려되어야 한다.

기계 휴리스틱의 영향을 최소화하려면, AI의 결정 과정이 명확하게 설명되어야 하며, 사용자가 AI의 한계와 불확실성을 인식한 상태에서 신뢰를 조정할 수 있도록 해야 한다. AI에 대한 신뢰는 단순한 기계적 판단의 문제가 아니라, 사회적·정치적 요인과 함께 작용하는 복합적인 현상임을 인식할 필요가 있다.

3. AI에 대한 신뢰 형성 조건과 사회 요인

AI에 대한 신뢰, 유용성, 그리고 위험 인식

AI가 이용자의 신뢰를 얻기 위해서는 기술적 성능뿐만 아니라 이용자의 인지적·정서적 요인도 중요한 역할을 한다. 특히, 유용성(Usefulness), 공정성(Fairness), 위험 인식(Risk Perception)이라는 세 가지 핵심 요인이 AI에 대한 이용자의 신뢰 형성 과정에 중요한 영향을 미친다. 이용자는 AI가 인간보다 더 효율적으로 문제를 해결한다고 믿을 때 이를 신뢰하지만, AI가 예측 불가능하거나 오류를 발생시키는 경우 신뢰도가 급격히 감소할 수 있다.

AI 신뢰는 단순한 기술적 성능만으로 형성되지 않는다. 사용자는 AI가 실수를 덜 할 것이라고 기대하지만, AI가 예측과 다르게 작동하거나 불공정한 결정을 내리는 경우 신뢰를 잃을 가능성이 높다. 특히 의료, 금융, 법률과 같은 고위험 분야에서는 AI의 오류가 심각한 결과를 초래할 수 있어 신뢰 형성이 더욱 중요하게 작용한다.

AI가 신뢰를 얻기 위해서는 유용성, 공정성, 위험 인식이라는 세 가지 요소가 결정적 역할을 한다(Araujo et al., 2020)(표 7). AI가 인간보다 더 정확하고 효율적이라는 기대는 AI 신뢰 형성에 긍정적인 영향을 미치지만, 이 기대가 깨지는 순간, 신뢰는 급격히 무너질 수 있다. 특히, 사용자가 AI의 오류를 경험하면 알고리즘 혐오(Algorithm Aversion)가 발생할 가능성이 있으며, 이는 AI에 대한 이용자의 신뢰를 장기적으로 훼손할 수 있다(Dietvorst et al., 2015).

표 7. AI 신뢰 형성의 주요 요인

요인	설명
유용성(Usefulness)	AI가 인간보다 효율적으로 문제를 해결한다고 인식될 때 신뢰도 증가
공정성(Fairness)	AI가 편향 없이 공정한 결정을 내릴 것이라는 기대가 신뢰 형성 영향
위험 인식(Risk Perception)	AI의 예측 불가능성이나 오류 발생 가능성이 신뢰를 낮추는 요인

AI에 대한 공정성 인식은 신뢰 형성의 핵심 요소 중 하나다. 사람들은 AI가 인간보다 객관적이고 공정한 결정을 내릴 것으로 기대하지만, 학습 데이터에 내재된 편향으로 인해 특정 집단에 불리한 결과가 발생할 수 있다(Zarsky, 2016). 예를 들어, AI 기반 채용 시스템이 특정 성별이나 인종을 차별하는 경우, AI에 대한 신뢰는 급격히 저하될 수 있다. 이러한 문제를 방지하려면 알고리즘의 투명성을 확보하고, 사용자가 AI의 의사결정 과정을 이해할 수 있도록 설명 가능성을 강화해야 한다.

또한, 위험 인식 역시 AI 신뢰 형성에 중대한 영향을 미친다. 사용자는 AI가 예측 불가능한 방식으로 작동하거나, 결정의 근거를 제공하지 않을 때 신뢰를 잃는 경향이 있다(Dietvorst et al., 2015). 이러한 현상은 특히 의료, 금융처럼 오류가 중대한 결과를 초래할 수 있는 고위험 분야에서 더욱 뚜렷하게 나타난다. 이 때문에 인간 개입(Human-in-the-loop)이 필수적인 요소로 제시되며, AI의 판단을 사람이 지속적으로 모니터링하고 보완할 수 있는 시스템이 마련되지 않으면, AI에 대한 신뢰는 장기적으로 약화될 수 있다.

결국 AI에 대한 이용자 신뢰를 구축하기 위해서는 사용자 경험을 고려한 설계가 필요하며, 공정성, 설명 가능성, 위험 관리 전략이 통합적으로 반영되어야 한다. 단순히 성능을 향상시키는 것만으로는 충분하지 않으며, 사용자가 AI를 이해하고, 예측할 수 있으며, 그 판단을 신뢰할 수 있다는 확신을 가질 수 있도록 설계하는 것이 필수적이다.

AI가 이용자의 신뢰를 받기 위한 심리적 조건은 무엇인가?

AI에 대한 이용자의 신뢰는 단순한 기술적 성능뿐만 아니라 인간과의 상호작용에서 형성되는 심리적 요인이 중요한 영향을 미친다. 특히 AI에 대한 이용자의 사회적 평가인 온정(Warmth)과 능력(Competence)에 대한 인식의 균형이 AI 신뢰 형성에서 핵심적인 역할을 한다. 이는 AI가 단순한 도구가 아니라 사회적 행위자로 인식되는 과정에서 중요한 요소이다. 인간은 AI가 신뢰할 만한 능력을 갖추었을 때 신뢰를 형성하지만, 감정적 유대와 상호작용이 포함될 경우 신뢰의 깊이가 달라질 수 있다. 또한, 신뢰는 행동적(Behavioral), 인지적(Cognitive), 정서적(Affective) 차원에서 형성되며, 이들 요소가 균형을 이룰 때 AI가 신뢰받을 수 있다(표 8).

표 8. AI 신뢰 형성의 주요 심리적 요인

신뢰 요소	개념	신뢰 형성 요인
온정(Warmth)	AI가 인간 중심적이고 친근하게 인식되는 정도	사회적 상호작용, 감정적 표현
능력(Competence)	AI가 신뢰할 만한 성능을 갖추었는가	정확성, 일관성, 기술적 우수성
행동 신뢰 (Behavioral Trust)	AI의 의사결정과 행동을 따를 수 있는가	반복적 경험, AI의 신뢰할 만한 행동

신뢰 요소	개념	신뢰 형성 요인
인지 신뢰 (Cognitive Trust)	AI가 합리적인 판단을 내린다고 평가하는 정도	설명 가능성, 알고리즘의 투명성
정서 신뢰 (Affective Trust)	AI와의 상호작용에서 긍정적인 감정을 느끼는 정도	친숙함, 공감적 반응

AI에 대한 이용자 신뢰 형성에서 온정과 능력은 상호작용 하며, 신뢰의 유형에 따라 다른 방식으로 작용한다. 행동적 신뢰는 AI가 반복적으로 신뢰할 만한 행동을 보일 때 강화되고, 인지적 신뢰는 AI가 합리적인 의사결정을 내리며 설명 가능성이 확보될 때 형성된다. 정서적 신뢰는 AI와의 지속적인 상호작용을 통해 친숙함과 공감이 축적될 때 증대된다.

AI를 단순한 자동화 도구가 아닌 사회적 행위자로 인식하는 이용자에게는 심리적 요인이 신뢰 형성의 핵심 변수로 작용한다(McKee et al., 2023). AI가 높은 기능적 성능을 보일 경우 신뢰도가 증가하는 경향이 있지만, 감정적 지원을 제공하는 챗봇과 같은 경우에는 온정이 신뢰 형성에 더 큰 영향을 미칠 수 있다.

AI에 대한 신뢰는 일반적으로 행동적 · 인지적 · 정서적 차원으로 구분된다. 행동적 신뢰는 사용자가 AI의 결정을 실세로 따르는 정도를 나타내며, 인지적 신뢰는 AI 판단의 논리성과 정당성에 대한 평가를 기반으로 한다. 정서적 신뢰는 AI와의 상호작용을 통해 긍정적인 감정을 경험할 때 강화되며, 특히 AI가 인간의 감정을 이해하고 적절히 반응할 때 신뢰가 증가하는 경향이 있다.

인간과 AI 간 협력 방식도 신뢰 형성에 중요한 영향을 미친다. Harris-Watson 등(2023)은 AI가 팀 내 협력자로 기능할 때, 온정과 능력이 모두 AI 수용에 긍정적으로 작용한다고 보고했다. 사용자는 AI가 협력적이고

사회적 태도를 보일수록 신뢰하는 경향이 있으며, AI의 능력이 높을수록
그 판단과 정보를 실제로 활용할 가능성도 증가한다. 반면, AI가 인간을
과도하게 모방하면 거부감을 유발할 수 있고, 의사결정 과정이 불투명할
경우 인지적 신뢰가 저하될 수 있다.

AI가 신뢰를 얻기 위해서는 온정과 능력 간의 균형을 유지하고,
행동적·인지적·정서적 차원의 신뢰를 모두 고려한 설계가 필요하다.
사용자가 AI의 판단 근거를 이해하고 필요시 조정할 수 있도록, 투명한
시스템 구조와 인간-중심의 협력 전략을 마련하는 것이 중요하다.

4. AI에 대한 신뢰의 한계와 윤리적 문제

AI에 대한 신뢰, 어디까지 허용할 것인가?

AI에 대한 신뢰는 기술적 문제를 넘어 윤리적·사회적 이슈를 포함한다.
AI가 이용자의 신뢰를 형성하는 과정에서 감정적 조작 가능성, 설명 가능성
부족, 인간의 비판적 사고 감소라는 세 가지 주요 문제점이 제기된다(표 9).

첫째, 감정적 AI는 사용자와 정서적 유대를 형성하며 신뢰를 높이는
요인이 될 수 있지만, 동시에 조작 가능성을 내포한다(Glikson & Woolley,
2020). 예를 들어, AI 챗봇이 사용자의 감정 상태를 분석하고 반응하도록
설계될 경우, 사용자의 의사결정 과정에 영향을 미칠 가능성이 있다.

둘째, AI의 설명 가능성 부족은 신뢰 형성의 주요 장애물이다. 사용자가
AI의 의사결정 과정을 이해하지 못하면, AI에 대한 신뢰가 급격히 감소할
수 있다(Ning et al., 2024). 이는 특히 의료, 금융, 법률과 같은 고위험

분야에서 더욱 중요한 문제로 작용한다.

표 9. AI 신뢰의 윤리적 한계와 주요 문제

신뢰 형성 요소	윤리적 문제	설명
감정	감정적 조작 가능성	AI가 정서적 유대를 형성하며 사용자의 의사결정에 영향을 미칠 위험
설명 가능성	신뢰 부족	AI의 의사결정 과정이 불투명할 경우 신뢰 붕괴 가능성 증가
의존도	비판적 사고 감소	AI 결정에 대한 무비판적 수용이 인지적 능력 저하로 이어질 위험

셋째, AI 의존도가 증가할수록 인간의 비판적 사고 능력이 저하될 가능성이 크다. AI의 결정을 맹목적으로 수용하는 현상이 발생하면, 장기적으로 사회적 의사결정 과정에도 부정적인 영향을 미칠 수 있다(Tsvetkova et al., 2024).

AI가 신뢰를 얻기 위해서는 단순한 기술적 성능 개선을 넘어서, 윤리적·사회적 문제를 함께 해결해야 한다. 감정적 조작 가능성을 최소화하고, 설명 가능한 AI를 도입하며, 인간의 비판적 사고를 유지할 수 있는 설계가 필수적이다.

AI에 대한 이용자의 신뢰 형성은 기대와 현실 간의 균형을 소율하는 과정이다. 감정적 AI는 사용자와의 상호작용을 통해 신뢰를 높일 수 있지만, 동시에 감정을 조작할 가능성도 내포한다(Glikson & Woolley, 2020). 특히, AI가 개인화된 피드백을 제공하거나 장기적으로 관계를 형성할 경우, 사용자는 AI를 단순한 도구가 아니라 신뢰할 수 있는 조언자로 인식할 가능성이 커진다. 그러나 이로 인해 사용자가 AI가 제공하는 정보를 비판 없이 수용하면, 오히려 의사결정의 질이 저하될 위험이 있다.

또한, AI의 설명 가능성 부족은 신뢰 형성의 주요 장애 요인이다(Ning

et al., 2024). AI의 의사결정 과정이 불투명할 경우, 사용자는 판단의 근거를 이해하기 어렵고, AI가 오류를 범했을 때 신뢰가 급격히 무너질 수 있다. Ning 등(2024)은 성능 투명성(Performance Transparency), 과정 투명성(Process Transparency), 목적 투명성(Goal Transparency)을 AI 신뢰의 핵심 조건으로 제시하며, 이 세 요소가 충족되어야 신뢰가 유지될 수 있다고 주장한다.

AI 의존 증가에 따른 비판적 사고 저하 문제도 주목해야 한다(Tsvetkova et al., 2024). 반복적으로 AI의 정보를 수용하는 사용자는 점차 독립적인 판단 능력을 상실할 수 있으며, 특히 추천 시스템을 지속적으로 사용할 경우 다양한 관점을 고려하기보다 AI가 제시하는 방향에 의존하는 경향이 강화된다. 이는 알고리즘 편향을 심화할 수 있고, 사회적 의사결정 과정에서 인간의 역할이 축소될 위험을 내포한다.

결론적으로, AI 신뢰 형성 과정에는 감정적 조작 가능성, 설명 부족, 인간의 사고 능력 약화와 같은 윤리적 과제가 포함된다. AI가 실질적인 신뢰를 얻기 위해서는 설명 가능성을 보장하고, 감정적 조작을 억제하며, 사용자의 비판적 사고를 유지할 수 있도록 설계되어야 한다. 이를 위해 개발자는 윤리 원칙에 기반한 설계 기준을 마련해야 하며, 정책 결정자는 신뢰성과 책임성의 균형을 확보할 수 있는 제도적 장치를 마련해야 한다.

감정 기반 AI와 공감형 AI의 가능성과 한계

감정 기반 AI는 단순히 기능적 서비스를 넘어 정서적 유대를 형성하는 존재로 진화하고 있다. 이러한 감정형 AI는 대화형 챗봇을 중심으로 발전해 왔으며, 사용자와의 정서적 상호작용을 통해 정서 신뢰를 유도한다.

이러한 AI는 고립된 노인이나 우울증 환자와 같은 취약 계층에게 정서적 안정감을 줄 수 있는 치료적 잠재력을 지니고 있으며, 실제로 일부 연구에서는 긍정적 효과가 보고되고 있다. 그러나 동시에 AI의 감정 표현이 '진짜'가 아닐 수 있음에 따른 윤리적 불편감과 감정 조작 가능성이 신뢰 형성의 장애로 작용할 수 있다.

표 10. 감정형 AI의 양면적 영향 요약

구분	긍정적 가능성	윤리적 · 심리적 우려
사회적 기여	정서적 고립 완화 (노인, 우울증, 장애인 등)	인간관계 대체, 감정 의존성 증가
정서적 신뢰	감정 공감 → 심리적 안정감 제공	AI 감정은 '진짜'가 아니라는 인식 → 감정의 진정성 결여 문제
상호작용 경험	개인화된 대화 → 장기적 관계 형성 유도	반복된 상호작용 → 과도한 의인화 → 과신 가능성
디자인 윤리	감정 기반 UI/UX 설계 → 몰입도 증가	감정 표현의 투명성 부족 → 조작적 설계 의혹

〈표 10〉은 감정형 AI가 인간과 정서적 유대를 형성하는 과정에서 발생하는 이중적 효과를 요약한 것이다. 감정 기반 AI는 정서적 고립을 해소하고, 장기적인 관계를 통해 심리적 안정감을 제공하는 심리 · 사회적 자원이 될 수 있다. 그러나 감정 표현이 프로그래밍 된 알고리즘의 결과에 불과하다는 인식이 강해질수록, 윤리적 불편감이나 정서적 배신감이 유발될 수 있으며, 나아가 인간관계를 대체하는 문제로 이어질 가능성도 존재한다.

감정 기반 AI는 단순한 정보 제공자를 넘어, 인간과 정서적 유대를 형성하는 사회적 행위자로 인식된다. Reeves와 Nass(1996)의 CASA 패러다임에 따르면, 인간은 컴퓨터와의 상호작용에서도 사회적 규범을 적용하며 감정적 반응을 보인다. 특히 감정을 표현하거나 공감적 태도를 보이는 AI는 사용자에게 정서적 신뢰(Affective Trust)를 더 강하게 유도하는 경향이 있다(Lee, 2024).

Lee(2024)는 인간이 감정적 상호작용을 통해 AI에 신뢰를 부여하는 과정을 분석하며, AI의 감정 표현이 실제 공감으로 인식될 경우 신뢰가 강화된다고 보았다. 그러나 감정 기반 AI가 반복적으로 사용자와 상호작용할 경우, 일부 사용자는 AI의 감정 표현이 '진짜가 아니라 조작된 것'이라는 인식을 갖게 되고, 이로 인해 오히려 신뢰가 훼손될 수 있다. 이는 감정적 유사성과 진정성 간의 긴장이 신뢰 형성에 중요한 영향을 미친다는 점을 시사한다(Liu & Wang, 2025).

또한 Jones-Jang과 Park(2023)은 감정적으로 친숙한 AI일수록 오류 발생 시 사용자 신뢰의 붕괴가 더욱 극적으로 나타난다고 보고하였다. 이는 감정 기반 상호작용이 신뢰 형성을 촉진하는 동시에, 신뢰 붕괴의 위험도 함께 증가시킨다는 점을 보여준다.

결국 감정 기반 AI는 신뢰 형성 과정에서 양면적 특성을 지닌다. 공감 기능은 신뢰를 형성하는 강력한 요인이지만, 그것이 기술적으로 조작되었다는 인식이 들 경우 윤리적 불편감이나 정서적 배신감을 유발할 수 있다. 따라서 감정형 AI의 설계에는 감정 표현의 투명성과 진정성을 고려한 윤리적 기준이 필요하며, 이용자가 AI의 정체성과 한계를 명확히 인식할 수 있도록 돕는 설계 전략이 병행되어야 한다.

5. AI에 대한 신뢰 연구의 방향성과 정책적 고려

신뢰할 수 있는 AI를 위한 정책과 규제, 어떻게 나아가야 하는가?

신뢰할 수 있는 AI는 단순한 기술적 문제를 넘어 윤리적·법적·사회적 요인을 고려해야 하는 복합적 개념이다. AI의 신뢰성 확보를 위한 정책과 규제는 투명성과 책임성을 강화하는 방향으로 나아가야 하지만, 신뢰를 무조건적으로 증가시키려는 접근은 오히려 부작용을 초래할 수 있다. 신뢰할 수 있는 AI에 대한 연구는 기술적 신뢰성과 사회 신뢰의 균형을 고려해야 하고, 과신과 불신 사이에서 적절한 신뢰 수준을 설정해야 한다(표 11).

표 11. AI 신뢰를 위한 핵심 정책 및 규제 방향

정책 요소	주요 고려 사항
설명 가능성 확보	AI 의사결정 과정이 투명해야 하며, 사용자가 AI의 판단을 이해할 수 있도록 설명 가능성을 강화해야 함
책임성 보장	AI가 사회적 영향력을 확대하면서 법적 책임의 주체를 명확히 설정하고, 신뢰할 수 있는 의사결정 구조를 구축해야 함
사회 수용성 고려	AI 신뢰 형성은 기술적 성능뿐만 아니라 사용자 기대와 윤리적 가치를 반영해야 함
신뢰성과 규제의 균형	과도한 규제는 AI 혁신을 저해할 수 있으며, 반대로 규제 부족은 AI 오작동과 남용을 초래할 가능성이 있음

신뢰할 수 있는 AI 정책은 단순히 신뢰를 높이는 것이 아니라, 적절한 신뢰 수준을 유지할 수 있도록 조정되어야 한다. 설명 가능성과 책임성을 강화하면서도, 과신을 방지하는 균형적 접근이 필요하다.

신뢰 형성을 위한 정책적 고려

AI가 이용자의 신뢰를 얻기 위해서는 기술적 성능만으로는 충분하지 않으며, 윤리적·사회적 요인까지 포괄적으로 고려되어야 한다. AI가 법적 판단, 의료 진단, 금융 평가 등 고위험 영역에서 점점 더 핵심적인 역할을 수행함에 따라, 의사결정의 책임성(Accountability) 문제가 본격적으로 제기되고 있다. 이에 따라 AI 신뢰에 대한 연구와 정책은 다음과 같은 방향으로 발전할 필요가 있다.

첫째, AI 시스템의 설명 가능성과 투명성이 확보되어야 한다. 결정 과정이 불투명할 경우, 사용자는 AI의 판단을 신뢰하기 어려우며, 결과적으로 무비판적으로 수용하거나 완전히 거부하는 양극단의 반응을 보일 수 있다. 이를 방지하기 위해서는 설명 가능한 AI를 도입하여, 사용자가 판단 근거를 명확히 이해할 수 있는 환경을 제공해야 한다.

둘째, AI 의사결정의 책임성과 규제를 명확히 설정해야 한다. AI가 법적 또는 사회적으로 중대한 의사결정을 수행할 경우, 책임의 주체가 불분명하면 심각한 문제가 발생할 수 있다. 따라서 AI의 법적 책임 범위를 명확히 규정하고, 윤리적 가이드라인과 제도적 장치를 함께 마련해야 한다.

셋째, 사회 수용성과 신뢰 조정 전략이 필요하다. AI에 대한 신뢰는 기술적 성능뿐 아니라 사용자 경험과 사회적 맥락에 따라 형성된다. 따라서 신뢰할 수 있는 AI를 위한 정책은 윤리적 기준을 포함하고, 사회적·문화적 특성을 반영하는 방향으로 설계되어야 한다.

마지막으로, AI 신뢰성과 규제 사이의 균형을 유지하는 것이 중요하다. 규제가 과도하면 기술 발전을 저해할 수 있고, 반대로 규제가 부족하면 AI의 오작동이나 남용 가능성이 높아진다. 따라서 신뢰를 강화하는 정책적 기반과 신뢰를 조정할 수 있는 설계 메커니즘을 함께 마련해야, AI의 지속 가능성과 사회적 책임을 동시에 확보할 수 있다.

문화적·사회적 맥락에 따른 신뢰 형성 차이

AI에 대한 이용자의 신뢰 형성은 기술적 요건과 개인 경험을 넘어, 문화적 가치관과 사회적 신뢰 자본의 차이에 따라 다양하게 나타난다. 국가별로 권력거리, 개인주의, 불확실성 회피 등의 문화적 차원이 다르기 때문에, AI의 수용과 신뢰 수준도 크게 달라질 수 있다. 예컨대, Hofstede의 문화 차원 이론에 따르면, 권위에 대한 존중이 높은 사회(예: 중국)는 중앙집중형 AI 시스템에 더 높은 수용성을 보일 수 있으며, 반면 개인주의 성향이 강한 사회(예: 미국)에서는 이용자 통제와 투명성을 더 중시하는 경향이 있다(Hofstede, 1980).

또한, 사회 신뢰 자본이 높은 북유럽 국가들은 공공 AI 시스템에 대한 신뢰가 높은 편이며, 정보의 투명성과 정부 신뢰가 AI 수용에 긍정적으로 작용한다. 반대로 사회적 신뢰가 낮은 국가에서는 AI가 기존 제도에 대한 불신을 보완하는 대체 수단으로 작동하기도 한다. 이처럼 문화적 차원과 신뢰 자본은 단순한 개인 태도 이상의 구조적 요인이며, AI 신뢰 정책이 각 사회의 문화·제도적 맥락을 반영해야 하는 이유이다.

앞으로 신뢰할 수 있는 AI 정책과 연구는 신뢰를 하나의 보편적 기준으로 정립하기보다는, 국가별·문화별 맞춤형 접근이 필요하다. 동일한 기술이라도 문화적 수용성과 해석이 달라질 수 있기 때문이다. 따라서 정책 설계 시에도 각 사회의 정치적 신뢰, 기술 인식, 사회 자본 수준 등을 반영한 다층적 분석이 병행되어야 한다.

책임과 규제

AI의 책임 구조를 논의할 때 핵심 쟁점은, AI가 스스로 판단을 내리는 것처럼 보일지라도 실제로는 사람이 함께 의사결정을 내리는 구조가 대부분이라는 점이다. 특히 의료 진단, 군사 작전, 금융 투자처럼 위험이 큰 분야에서는 사람이 중간에 개입하는 '인간 개입' 방식이 필요하다. 이 방식은 AI가 보조적 판단을 제공하고, 사람이 이를 검토해 최종 결정을 내리는 절차를 말한다(Glikson & Woolley, 2020).

이러한 구조는 사람의 통제력을 보장하는 데 목적이 있다. 하지만 AI의 역할이 점점 커지고, 사용자가 AI의 판단을 그대로 수용할 경우, 실제로는 책임이 분산되거나 회피되는 상황이 발생할 수 있다. 예를 들어, 사람이 AI의 결정을 무비판적으로 따를 경우, "책임은 인간에게 있다"는 원칙이 현실에서 제대로 작동하지 않게 된다.

이처럼 책임 주체가 불명확한 상황은 윤리적 문제뿐 아니라 법적 혼란으로 이어진다. 예컨대, 의료 AI가 잘못된 진단을 내렸을 때 시스템 개발자, 병원, 의사 중 누가 책임을 져야 하는지를 명확히 구분하기 어렵다. Glikson과 Woolley(2020)는 AI가 신뢰를 얻을수록 사용자가 AI의 권한을 확대하지만, 동시에 책임 귀속에 혼란을 느낀다고 지적한다. AI가 자율적으로 판단하는 수준에 가까워질수록, "AI는 권한을 갖고 인간은 책임만 지는 구조"는 현실에서 작동하지 않을 가능성이 커진다.

따라서 앞으로의 정책은 인간과 AI가 협력하는 구조 안에서 책임의 범위를 명확히 나눠야 한다. AI가 더 큰 권한을 가질수록, 개발자와 사용자 모두에게 단계적이고 구체적인 책임 분배 체계를 설정할 필요가 있다.

AI에 대한 신뢰, 기술 신뢰를 넘어 사회 신뢰로

AI에 대한 신뢰 형성은 단순한 기술적 신뢰성을 확보하는 것에서 나아가, 사회적 신뢰와 인간-AI 상호작용을 고려하는 방향으로 확장되고 있다. AI가 인간과 협력하며 신뢰를 구축하기 위해서는 성능과 안정성을 보장하는 기술적 요소뿐만 아니라, 윤리적·법적·심리적 요인이 함께 고려되어야 한다(표 12).

표 12. 신뢰할 수 있는 AI에 대한 핵심 요소

핵심 요소	설명
기술적 신뢰성	AI의 성능, 정확성, 안정성이 보장되어야 함
사회적 신뢰	AI가 윤리적이며, 인간의 가치와 일치해야 함
설명 가능성	AI의 의사결정 과정이 명확히 설명될 수 있어야 함
심리적 수용성	AI와 인간의 상호작용을 고려한 신뢰 형성 필요
정책 및 규제	AI의 신뢰성을 보장하는 법적·윤리적 프레임워크 필요

AI에 대한 신뢰 연구는 기술적 신뢰성을 넘어, 사회적 신뢰 형성과 인간-AI 협력 모델을 고려하는 방향으로 발전하고 있다. AI가 단순한 도구에서 사회적 존재로 자리 됨에 따라 인간이 AI를 어떻게 받아들이고 신뢰하는지에 대한 연구가 더욱 중요하다.

AI에 대한 이용자 신뢰의 연구 및 적용 방향

AI에 대한 이용자 신뢰 연구는 기술적 신뢰성과 사회적 신뢰 사이의 균형을 유지하는 것이 중요하다. 신뢰는 AI의 성능과 정확성을 넘어, 인간-AI 상호작용의 경험을 바탕으로 형성된다. 따라서 AI 신뢰를 구축하기 위해서는 설명 가능성, 책임성, 윤리적 고려, 정책적 규제가 함께 마련되어야 한다.

앞으로의 AI에 대한 이용자 신뢰 연구는 AI의 공정성, 투명성, 사회적 영향력을 평가하며, 인간의 기대와 윤리를 반영한 신뢰 시스템을 설계하는 방향으로 발전해야 한다. AI 신뢰의 핵심은 단순히 AI를 더 신뢰하도록 설득하는 것이 아니라, 신뢰할 수 있는 AI 시스템을 구축하는 데 있다. AI가 신뢰받기 위해서는 기술적 성능을 강화하는 것뿐만 아니라, 사용자와 사회가 AI를 이해하고 조정할 수 있는 환경이 함께 마련되어야 한다.

6. 결론

AI 신뢰를 구축하기 위한 정책은 단순한 기술 규제나 선언적 윤리 기준에 머물러서는 안 된다. 각 분야의 위험 수준과 사용자 환경을 반영한 차별화된 전략과, 사용자 중심의 설계 원칙이 함께 고려되어야 한다.

예를 들어, 의료, 법률, 교육, 행정과 같은 고위험(high-stakes) 분야에서는 모든 판단을 AI에 일임하기보다는, 인간의 판단과 검토를 전제로 한 조건부 위임 방식이 적용되어야 한다. 이때 사용자는 AI의 판단 근거를 충분히 이해할 수 있어야 하며, 결과를 사후적으로 검토하고 수정할 권한도 보장받아야 한다. 반면 소비자 추천이나 고객 응대처럼 저위험 분야에서는 편의성을 우선하되, 과도한 의존과 감정적 신뢰 형성을 방지하기 위한 투명성 확보가 함께 고려되어야 한다.

이러한 원칙을 체계적으로 운영하기 위해, AI 개입 수준에 따라 '신뢰 수준 체계(Trust Level Framework)'를 도입할 수 있다. 1단계는 사용자가 AI의 조언을 직접 검토하는 보조형 AI, 2단계는 인간과 AI가 공동으로 판단을 내리는 협업형 AI, 3단계는 사전 설정된 조건에 따라 AI가 독립적으로 판단을 내리는 위임형 AI로 구분된다. 각 단계는 서로 다른 설명 요구 수준, 책임 분담 구조, 사용자 교육 내용을 필요로 하며, 이 체계는 과신과 불신을 동시에 줄이고, 상황에 따라 적절한 신뢰 수준을 조정할 수 있는 기준이 될 수 있다.

설명 가능한 AI는 기술적 신뢰성과 사회적 책임성을 연결하는 핵심 도구다. AI가 의사결정 과정을 투명하게 제시할수록, 사용자는 그 근거를 이해하고 비판적으로 판단할 수 있는 역량을 갖추게 된다. 이는 단순히 신뢰를 유도하는 수준을 넘어, 사람과 AI가 함께 판단하고 책임을 공유하는 협력적 구조를 가능하게 하는 기반이 된다.

결국, AI가 신뢰받기 위해서는 기술적 성능 향상만으로는 충분하지 않다. 인간이 AI의 판단을 이해하고 조절할 수 있도록, 사회적 기반을 함께 구축해야 한다. 이를 위해 교육 체계, 법적 규범, 제도 설계가 유기적으로 작동할 필요가 있다. AI는 이제 단순한 도구가 아니라, 인간과 상호작용하며 사회적 의미를 구성하는 존재로 기능하고 있다. 앞으로의 AI 신뢰 논의는 AI를 '신뢰하게 만드는' 것이 아니라, '신뢰할 수 있게 설계하는' 방향으로 전환되어야 한다.

☞ 생각해 볼 만한 질문들

» 기술적으로 '신뢰할 수 있는 AI(Trustworthy AI)'가 사용자로부터 실제 신뢰(Trust in AI)를 얻지 못하는 이유는 무엇인가?

» 사람들은 왜 때때로 인간보다 AI의 판단을 더 신뢰하게 되는가?

» AI가 감정을 표현하거나 공감을 시도할 때, 우리는 그것을 어떻게 받아들이며, 그 신뢰는 진정한 것인가?

» AI에 대한 신뢰 형성은 문화적·제도적 차이를 어떻게 반영해야 하는가?

» 우리는 AI에게 어디까지 신뢰를 '위임'할 준비가 되어 있는가?

AI 기반 자동화된 의사결정 시스템 (Automated Decision-Making System)과 활용 사례

김현정

이 장은 데이터 중심 사회와 AI 기술의 발전 속에서 핵심 기술로 부상한 AI 기반 자동화된 의사결정 시스템(Automated Decision-Making System, ADMS)에 대한 종합적 이해 제공을 목적으로 한다. ADMS는 방대한 데이터 처리 역량과 복잡한 의사결정 지원 기능을 바탕으로 기업과 조직의 의사결정 한계를 극복하고, 새로운 가치 창출과 경쟁력 강화를 위한 필수 기술로 자리매김하고 있다.

본 챕터는 ADMS의 개념적 정의와 주요 특징 설명을 시작으로, 제2장에서는 ADMS의 주요 기능과 작동 원리를 살펴보고, 제3장에서는 ADMS의 도입 및 활용 효과를 설명한다. 제4장에서는 금융, 제조, 물류, 의료, 공공 등 산업별 활용 사례를 소개한다. 이어 제5장에서는 ADMS의 주요 도전 과제와 발전 전략을 검토하고, 이를 해결하기 위한 기술적·정책적 대안을 살펴본다. 마지막 제6장에서는 본 논의의 주요 내용을 종합 정리하고, ADMS의 주요 도전 과제와 미래 사회에서 나아갈 발전 전략과 과제를 제안하며 마무리한다.

본 챕터를 통해 독자들은 ADMS에 대한 체계적인 지식을 습득함으로써, 데이터 기반 사회와 AI 기술 진화에 따른 미래 변화에 대한 이해를 높이고, 전략적 활용 가능성에 대한 시사점을 얻을 수 있을 것으로 기대된다.

"The future belongs to those who can best harness the power of data and automation."

— Satya Nadella, CEO of Microsoft

1. 서론

변화하는 시대, 복잡해지는 의사결정 환경

현대 사회는 데이터 기반 사회로의 전환이 가속화되고 있으며, 스마트폰, SNS(Social Network Service), IoT(Internet of Things) 기술의 확산은 일상과 산업 전반에서 대규모 데이터를 실시간으로 생성·축적하는 환경을 만들어내고 있다. 〈그림 1〉은 Statista(2024)에서 제시한 연도별 데이터 생산 규모를 시각적으로 나타낸 자료로, 글로벌 데이터 총량의 급속한 증가 추세를 보여준다. 특히 2018년 33ZB(Zettabyte)에 불과하던 데이터는 2025년 약 175ZB에 이를 것으로 예측되고 있으며, 이는 불과 7년 만에 5배 이상의 폭발적 성장을 의미한다. 이러한 데이터양의 증가는 단순한 정보 축적을 넘어, 사회 전반의 의사결정 방식과 산업 운영 구조에 실질적인 변화를 야기하고 있다.

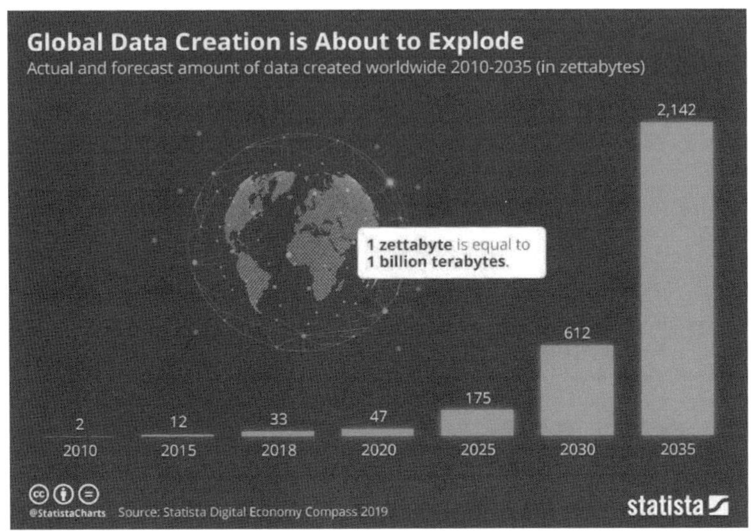

〈그림 2〉는 2018년 33ZB가 실제 어느 정도 규모인지를 실생활의 저장장치와 직관적인 비교를 해본 것이다.

그림 2. 2018년 33Zettabyte의 크기는 어느 정도일까

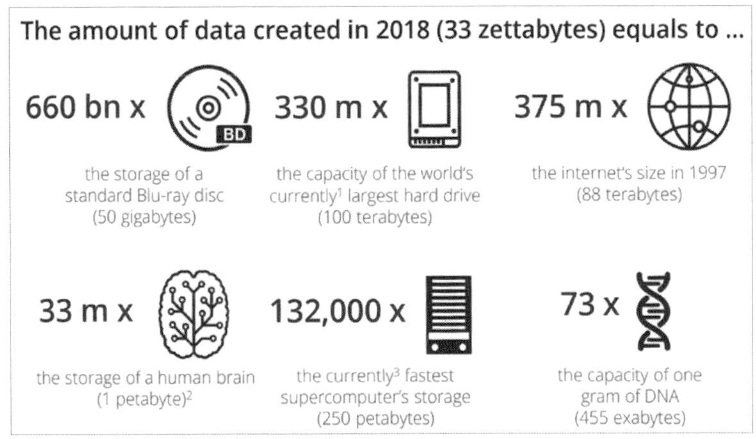

이러한 데이터 폭증은 기업과 조직에 새로운 기회를 제공하는 동시에, 방대한 정보 속에서 유의미한 데이터를 신속하고 정확하게 선별·활용해야 하는 과제를 제기한다. 단순한 수집을 넘어, 고도화된 분석 역량과 효율적인 의사결정 체계가 필수적이다. 그러나 데이터의 과잉은 오히려 '정보 과부하'를 야기하며, 이는 의사결정 과정에 혼란과 인지적 피로를 초래한다.

한편, 글로벌 경쟁의 심화, 시장 변화, 소비자 수요의 다변화 등은 기업에 보다 빠르고 정확한 의사결정을 요구한다. 의사결정의 지연이나 오류는 경쟁력 약화와 기회 상실로 이어질 수 있으며, 이는 기업 존속에 중대한 위협이 될 수 있다. 이와 같은 복잡·다변화된 환경에서, 인간 중심 의사결정은 반복 작업에 대한 집중력 저하, 감정과 편향, 인지적 한계 등 구조적 제약을 지닌다. 특히 실시간으로 변화하는 데이터 속에서 다수 변수 간의 관계를 분석하고 최적의 결정을 내리는 것은 인간의 인지 능력만으로는 한계가 있다. 이러한 배경 속에서, 고도화된 데이터 분석과 일관된 판단을 수행할 수 있는 자동화된 의사결정 시스템(Automated Decision-Making System, ADMS)은 인간의 한계를 보완하거나 대체할 수 있는 핵심 기술로 주목받고 있다.

ADMS의 개념 및 확산

ADMS는 알고리즘 또는 AI 기술을 활용하여 데이터 기반의 의사결정을 자동으로 수행하는 시스템을 의미한다(Wachter et al., 2017). AI 기술의 급속한 발전, 특히 딥러닝(deep learning)과 같은 머신러닝(machine learning) 기법의 고도화는 의사결정 자동화의 새로운 가능성을 열어주고 있다(LeCun et al., 2015). 머신러닝은 방대한 데이터를 학습하고 복잡한 패턴을 인식함으로써, 미래 상황을 예측하거나 최적의 실행 방안을 제시할 수 있게 한다. 이러한 기술은 기존의 인간 중심 의사결정 체계를 보완하거나 대체할 수 있는 기반을 제공하며, ADMS의 실현 가능성과 기대효과를 더욱 확대시키고 있다.

ADMS는 데이터 수집부터 분석, 판단, 실행까지 전 과정을 자율적으로 처리하며, 인간 개입이 전혀 없거나 극히 제한된 상태에서 작동한다. 단순한 규칙 기반 자동화 시스템과 달리, ADMS는 AI 기술을 기반으로 비정형적 상황에서도 유연하고 지능적인 판단을 수행할 수 있어, 의사결정의 효율성과 객관성, 일관성을 제고하고 인간의 편향이나 오류를 최소화하는 데 기여한다.

ADMS는 의사결정 지원 시스템(Decision Support System, DSS)과는 본질적으로 구분된다. DSS는 분석과 정보 제공을 통해 인간의 의사결정을 보조하는 시스템인 반면, ADMS는 판단과 실행까지 시스템이 주도하는 구조로 인간의 역할이 제한적이다(Power, 2002). 의사결정 자동화 수준에 따라 ADMS는 완전 자동화, 부분 자동화, 추천 시스템(선택지 제안 후 사용자 결정)으로 구분된다. 최근 ADMS는 기술적 정의를 넘어 사회적·정책적 차원에서도 논의되고 있으며, 유럽연합은 인간의 개입 없이 또는 최소한의 개입하에 데이터 기반 의사결정을 수행하고 실행까지 포함하는 시스템으로 정의하고, 그 확산과 사회적 영향에 주목하고 있다(Chiusi et al., 2020).

현재 ADMS는 금융, 제조, 물류, 의료, 공공 등 다양한 산업 분야에 적용되고 있다. 금융 분야에서는 신용평가, 대출 심사, 이상 거래 탐지 등에 활용되어 리스크 관리가 고도화되고 있으며, 제조업에서는 스마트 팩토리를 통해 생산성과 품질이 향상되고 있다. 유통 및 물류에서는 수요 예측과 재고 관리, 배송 최적화 등에 기여하고 있으며, 의료 분야에서는 질병 예측, 맞춤형 치료 추천 등을 통해 개인화된 서비스가 가능해지고 있다. 이처럼 ADMS의 활용은 산업 전반에 걸쳐 확대되고 있다.

2. ADMS의 주요 기능과 작동 원리

ADMS가 복잡한 의사결정 과정을 자동화하고 지능적인 판단을 내리는 시스템으로 의사결정을 내리기까지에는 일련의 체계적으로 프로세스가 작동한다. ADMS의 주요 구성 요소와 상호 유기적인 연결, 그리고 효율성과 신뢰성에 결정적인 영향을 미치는 데이터의 중요성과 효과적인 관리 방안에 대해 이해해 볼 필요가 있다.

ADMS의 기술적 특징

AI 기술 발전은 ADMS의 기술적 역량을 획기적으로 향상시켜 기존 자동화 시스템과 차별화되게 하였다. 전통적인 규칙 기반 시스템이 사전에 정의된 조건과 절차에 의존하였다면, ADMS는 데이터를 스스로 학습하고 패턴을 인식하며, 미래 상황을 예측하거나 최적 의사결정을 수행할 수 있게 되었다(Goodfellow et al., 2016). 〈그림 3〉은 ADMS의 주요 기능을 도식화한 것이다. 첫째, ADMS는 대규모 데이터를 처리하고 학습하여 데이터 간 복잡한 상관관계를 파악하고 유의미한 패턴을 추출한다. 이는 머신러닝과 같은 AI 알고리즘을 통해 과거 데이터, 현재 상황 데이터, 외부 환경 데이터 등을 통합 분석하고 미래 예측 또는 최적 전략 도출에 활용할 수 있도록 한다.

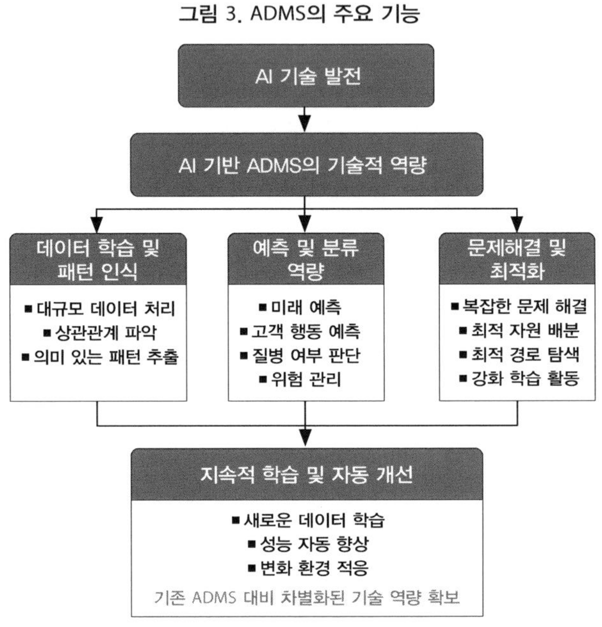

그림 3. ADMS의 주요 기능

둘째, 예측 및 분류 역량은 ADMS의 의사결정 지원 기능을 강화하는 핵심 기능이다. 예를 들어 고객 데이터 분석을 통해 재구매 가능성이 높은 상품을 예측하거나, 의료 영상 데이터를 분석하여 특정 질병 여부를 판별하는 등 위험 관리 및 자원 배분 최적화에 기여할 수 있다.

셋째, 복잡한 문제 해결 및 최적화 수행 능력은 심층신경망과 강화학습 기술의 활용을 통해 한층 고도화되고 있다. 복잡한 물류 네트워크의 최적 배송 경로 탐색이나 광고 예산 내 최대 마케팅 효과 도출과 같은 문제를 해결하는 데 사용된다.

넷째, ADMS는 지속적 학습을 통해 성능을 자동 개선하는 능력을 갖는다. 새로운 데이터가 지속적으로 유입됨에 따라 시스템이 스스로 모델을 재학습하여 정확도를 높이고, 변화하는 환경에 적응할 수 있다. 이는 장기적으로 높은 수준의 시스템 성능 유지와 유연한 대응력을 확보하는 역할을 한다.

ADMS의 구성 요소

ADMS가 효율적이고 지능적인 의사결정을 수행하기 위해서는 다음과 같은 구성 요소들이 상호 유기적으로 연결되어 작동한다(Hastie et al., 2009).

첫째, 데이터 레이어는 ADMS의 기반 구조로서 데이터 저장, 관리, 접근을 지원하는 역할을 수행한다. 관계형 데이터베이스, NoSQL 데이터베이스, 데이터 웨어하우스, 데이터 레이크(data lake), 클라우드 스토리지 등 다양한 기술이 활용된다. 최근에는 데이터의 다양성과 실시간 처리 요구가 증가함에 따라 데이터 레이크 기반 설계가 확산되고 있다.

둘째, AI 모델 레이어는 데이터 레이어에서 제공된 데이터를 기반으로 의사결정 수행을 위한 다양한 AI 모델이 개발·관리되는 영역이다. 예측 모델, 분류 모델, 군집화 모델, 최적화 모델 등이 사용되며, 모델 학습, 검증, 배포, 모니터링 인프라가 포함된다(Hastie et al., 2009).

셋째, 의사결정 엔진은 AI 모델 출력값과 사전 정의된 의사결정 규칙을 통합하여 최종 의사결정을 수행하는 핵심 소프트웨어 컴포넌트이다. 이는 규칙 기반 시스템, 사례 기반 추론, 비즈니스 로직 해석 도구 등을 포함하며, 실시간 데이터 입력에 따라 자동으로 최종 의사결정을 수행한다.

넷째, 인터페이스 레이어는 시스템 사용자 및 외부 애플리케이션과 상호작용을 지원하는 영역으로, 사용자 인터페이스와 애플리케이션 프로그래밍 인터페이스(Application Programing Interface, API)를 포함한다. 이를 통해 다른 업무 시스템과 데이터를 교환하고 실행 결과를 전달할 수 있다.

다섯째, 모니터링 및 관리 시스템은 시스템 운영 안정성 확보와 지속적 개선을 위해 시스템 성능 지표 모니터링, 오류 감지, AI 모델 성능 관리 등을 수행한다. 데이터 파이프라인 관리, 접근 통제, 시스템 자원 모니터링 기능도 포함된다.

ADMS의 단계별 운영 프로세스

ADMS는 의사결정을 자동 수행하기 위해 〈그림 4〉와 같이 일련의 단계를 따른다. 첫째, 데이터 수집 및 전처리 단계이다. 내부 운영 정보, 센서 데이터, 외부 시장정보 등 다양한 출처의 데이터를 수집하며, 수집된 데이터는 결측치 처리, 이상치 제거, 정규화, 특징 추출 등의 전처리 과정을

그림 4. ADMS의 단계별 운영 프로세스

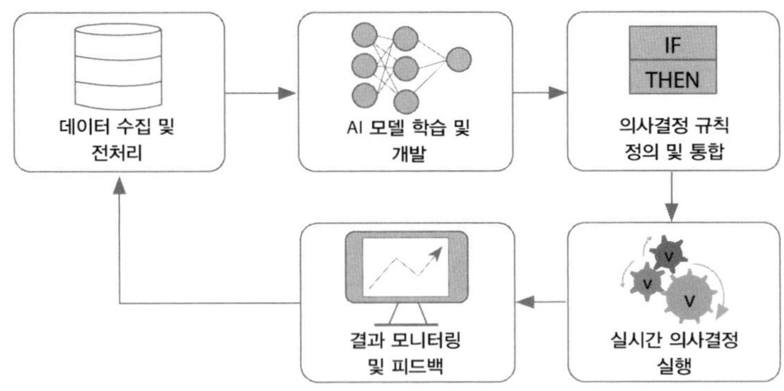

통해 품질을 확보한다(Han et al., 2011). 이 과정은 후속 분석 정확도의 기반을 형성한다.

둘째, AI 모델 학습 및 개발 단계이다. 처리된 데이터를 활용해 AI 기술 기반 모델을 개발하며, 지도학습 · 비지도학습 · 강화학습 기법에 따라 반복적인 학습과 성능 평가가 진행된다. 이는 모델 선택과 최적화는 의사결정의 정밀도를 결정짓는 핵심 단계이다.

셋째, 의사결정 규칙 정의 및 통합 단계이다. 모델 결과를 실제 업무 환경에 적용하기 위해 비즈니스 규칙, 전문가 판단, 법적 조건 등을 반영한 의사결정 로직을 설계한다. 이는 if-then 규칙, 의사결정 트리 등으로 구현되며, 예측 결과를 실행 가능한 판단으로 전환하는 역할을 한다.

넷째, 실시간 의사결정 실행 단계이다. 입력된 데이터를 바탕으로 시스템이 실시간 의사결정을 수행하고, 그 결과를 자동으로 실행한다. 금융 분야의 이상거래 탐지, 제조 분야의 공정 제어 등에서 대표적으로 활용되며, 이는 반응형 에이전트 기반 시스템 구조로 설명될 수 있다.

다섯째, 결과 모니터링 및 피드백 단계이다. 시스템의 의사결정 결과를 평가하고, 정확도 · 속도 · 목표 달성률 등 성과 지표를 통해 성능을 분석한다. 분석 결과는 모델 재학습이나 규칙 수정으로 환류되며, 이를 통해 점진적으로 진화하게 된다. 반복적 개선 프로세스를 통해 시간이 지남에 따라 더욱 신뢰성 있고 효과적인 시스템으로 발전하게 된다.

ADMS의 데이터 품질 관리와 개인정보 보호 전략

ADMS의 성능은 데이터의 품질, 양, 다양성에 결정적으로 의존한다. 방대한 데이터를 기반으로 의사결정을 자동화하기 때문에, 데이터 관리 수준이 시스템의 판단력과 결과 신뢰도에 직접적인 영향을 미친다(Provost & Fawcett, 2013).

데이터 품질은 정확성, 완전성, 일관성, 적시성, 유효성 등의 속성으로 평가되며, 품질 저하 요소를 제거하기 위해 결측치 처리, 이상치 제거, 정규화, 특징 추출 등의 전처리 기술이 활용된다. 또한, 충분한 양의 학습 데이터는 AI 모델의 일반화 성능을 높이고, 과적합 문제를 완화한다. 특히 초기 구축 단계에서는 대표성과 다양성을 확보한 데이터를 기반으로 점진적 확장 전략이 요구된다. 이와 더불어 데이터의 다양성 확보 역시 중요하다. 다양한 유형 및 출처 데이터를 포함함으로써, 시스템이 복잡한 현실 조건에 보다 유연하게 대응할 수 있도록 해야 한다. 데이터가 특정 유형이나 집단에 편중될 경우, 모델은 예측 편향을 내포할 수 있으며 이는 결과의 공정성과 정확성을 저해할 수 있다.

ADMS는 개인정보와 민감한 정보를 포함한 데이터를 처리하기 때문에, 보안과 프라이버시 보호는 시스템 설계의 핵심 요소로 간주된다. 암호화, 접근 통제, 익명화 · 가명화 등의 기술적 보호조치와 함께, GDPR(General Data Protection Regulation)과 같은 법적 규제의 준수는 필수적이다. 특히 프라이버시는 시스템 구축 초기 단계에서부터 고려되어야 하며, 프라이버시 중심 설계(Privacy by Design) 원칙을 통해 시스템 전반에 내재화되어야 한다.

마지막으로, 데이터의 생성, 저장, 처리, 공유, 폐기 등 전 생애주기를 아우르며, 조직 내 데이터 관리 정책, 책임 주체, 규정 준수 기준을 명확히 하는 역할을 수행하는 데이터 거버넌스 체계 수립이 필요하다.

3. ADMS의 도입 및 활용 효과

현대 사회의 복잡하고 역동적인 환경하에서 기업 및 조직에 있어서 데이터 기반의 객관적인 분석 능력과 AI의 지능적인 추론 능력을 결합한 ADMS의 도입은 조직의 경쟁력 강화 및 지속 가능한 성장에 기여할 수 있다.

의사결정 자동화를 통한 업무 효율성 및 생산성 제고

ADMS는 대규모 데이터를 실시간으로 처리하고 분석하여 신속하고 일관된 판단을 가능하게 함으로써, 조직의 운영 효율성을 향상시킬 수 있다. 특히 시간에 민감하거나 반복적이고 정형화된 업무 환경에서는 인간보다 훨씬 빠르고 정확하게 판단을 내릴 수 있으며, 이 과정에서 인간 고유의 편향적 요소가 제거되어 결과의 일관성과 품질이 높아진다(Brynjolfsson & McAfee, 2014). 이러한 자동화는 단순히 속도를 높이는 것을 넘어, 인적 자원이 반복적인 작업에서 벗어나 보다 전략적이고 창의적인 업무에 집중할 수 있는 여건을 조성한다. 이는 인간-기계 협업의 새로운 분업 구조를 통해 조직의 전반적인 생산성을 향상시키는 데 기여한다.

PwC(2021)의 글로벌 AI 조사에 따르면, ADMS를 포함한 AI 기반 자동화 시스템을 도입한 기업 중 약 45%는 20% 이상의 업무 생산성 향상을 경험했으며, 일부 산업에서는 30~40% 수준의 효율성 개선 효과가 보고되었다. 이러한 결과는 단순한 기술적 도입을 넘어 기업 경영의 전략적 도구로 활용될 수 있음을 시사한다.

데이터 기반 의사결정을 통한 정확성·객관성 및 공정성 확보

ADMS는 인간의 직관이나 경험에 의존하지 않고, 방대한 데이터를 기반으로 한 분석 결과를 바탕으로 의사결정을 수행한다. 이러한 구조는 채용, 신용평가, 법률 판단 등 공정성이 핵심적으로 요구되는 영역에서 의사결정의 일관성, 객관성, 투명성을 높이는 데 기여한다. 특히 인간 의사결정자에게 내재된 인지적 편향(cognitive bias)이나 무의식적 선입견을 배제함으로써, 오류 가능성을 줄이고 보다 정량적이고 합리적인 판단을 가능하게 한다(Kleinberg et al., 2018).

더불어 AI 기반 예측 기술을 통해 미래 사건에 대한 발생 가능성을 높은 정확도로 산출할 수 있다. 이는 다양한 분야에서 불확실성 감소와 선제적 대응 전략 수립을 가능하게 한다. Deloitte(2022)의 글로벌 AI 도입 실태조사에 따르면 AI 기반 자동화 시스템을 활용 중인 기업의 약 67%가 예측 정확도 향상과 데이터 기반 의사결정의 신뢰성 증가를 경험했다고 응답하였다. 이는 ADMS가 조직 내 신뢰 가능한 의사결정 프레임워크로 자리 잡고 있음을 보여준다.

ADMS 도입에 따른 비용 절감 및 운영 최적화

ADMS는 반복적이고 대량의 의사결정 업무를 자동화함으로써 조직 운영에 있어 다양한 형태의 비용을 절감하는 데 기여한다. 특히 반복적인 규칙 기반 업무에서 인간 인력을 대체하거나 보조함으로써 직접적인 인건비 절감 효과를 발생시키며, 동시에 업무 속도와 처리량을 증가시킨다(Davenport & Kirby, 2016). 또한, 휴먼 에러로 인한 판단

착오나 절차적 오류를 줄여 재작업이나 오류 수정에 드는 시간과 자원을 절감할 수 있다. 이는 금융, 고객 응대, 행정 처리 등 정밀한 의사결정이 필요한 업무에서 장점으로 작용한다.

McKinsey Global Institute(2017)의 분석에 따르면, AI 자동화 기술을 도입한 글로벌 기업들은 평균적으로 20~25%의 비용 절감 효과를 달성하고 있으며, 이는 에너지 소비 절감, 자원 배분 최적화, 운영 효율성 증대로 이어진다. 특히, 물류 및 유통 분야에서는 수요 예측 및 재고 최적화 시스템을 통해 과잉 재고 및 품절 문제로 인한 비용 손실을 최대 35%까지 절감하는 효과가 보고되었다. 이는 공급망 관리와 재무 안정성에 긍정적 영향을 미치는 동시에, 지속 가능한 운영 전략 수립의 기반이 된다.

데이터 기반 인사이트와 개인화 서비스를 통한 새로운 가치 창출

ADMS는 방대한 데이터를 수집·분석하여 숨겨진 정보 패턴을 탐색하고, 이를 바탕으로 새로운 비즈니스 기회를 창출하는 데 기여한다. 특히 빅데이터 기반 분석 기술은 고객 행동 예측, 시장 수요 분석, 경쟁 트렌드 파악 등을 정밀하게 수행함으로써, 조직이 보다 민첩하게 전략을 수립하고 변화에 대응할 수 있도록 한다(Provost & Fawcett, 2013).

ADMS는 개인 맞춤형 서비스 제공을 가능하게 하는 기반 기술로도 기능한다. 고객 구매 이력과 선호 데이터를 활용한 맞춤형 상품 추천, 실시간 피드백을 반영한 서비스 조정 등은 고객 경험을 개선하고 고객 충성도와 재구매율을 높이는 데 긍정적 영향을 미친다. 이러한 데이터 기반의 개인화 전략은 결과적으로 매출 증대와 고객 생애가치의 극대화로 이어진다.

나아가 에너지 소비 예측, 탄소 배출 모니터링, 자원 순환 최적화 등 환경 친화적 의사결정을 가능하게 하며, 기존의 효율성과 비용 절감뿐만 아니라, 고객 중심 가치와 지속 가능성 확보에도 기여한다.

4. ADMS 활용 사례[1]

AI 기반 ADMS는 다양한 산업 분야에서 혁신적인 변화를 주도하며, 효율성 증대, 비용 절감, 고객 맞춤형 서비스 제공 등 실질적인 성과를 창출하고 있다. 방대한 데이터를 분석하고 예측 모델을 활용하여 의사결정 프로세스를 자동화함으로써, 기업 및 조직은 경쟁 우위를 확보하고 운영 효율성을 극대화할 수 있다. 이는 향후 기술 발전과 데이터 인프라 확장에 따라 산업 간 경계를 넘어 사회 전반으로 확대될 것으로 예상된다.

금융 산업

금융 산업은 ADMS의 초기 도입과 활용이 가장 활발하게 이루어진 분야 중 하나이다. 특히, 금융 서비스 전반에서 데이터 기반 의사결정의 중요성이 증대되면서, 리스크 관리, 고객 맞춤형 서비스 제공, 운영 효율성 제고 등 다양한 영역에 걸쳐 활용되고 있다.

첫째, 신용 평가(Credit Scoring) 영역에서는 기존 전통적 평가 방식의

---

1 새로운 기술이나 서비스 시스템은 생명주기가 짧으므로 현재 활용되지 않는 경우는 이전의 문헌 자료를 참고하여 설명하였다.

한계를 극복하고 있다. 과거의 신용 평가는 주로 금융 거래 이력이나 채무 상환 이력 등 정형화된 데이터에 기반해 이루어졌으나, 최근에는 비정형 데이터를 포함한 광범위한 데이터 수집과 분석이 가능해졌다(Hlongwane et al., 2024). 중국 Ant Group의 Zhima Credit은 과거 통신기록, 소셜미디어 활동, 온라인 쇼핑 이력 등 생활 데이터를 활용하여 개인 신용평가 서비스를 제공했지만, 중국 정부의 공공 신용체계 강화 정책에 따라 2024년 현재 신용평가 기능은 종료되고, 로열티 프로그램 성격의 서비스로 전환되었다.

둘째, 대출 심사(loan approval) 분야에서는 대출 신청자의 신용 정보, 소득 수준, 부채 현황, 거래 패턴 등의 데이터를 실시간으로 분석하여 대출 승인 여부를 자동 결정하거나 심사 담당자에게 최적의 판단 근거를 제공하고 있다(Lessmann et al., 2015). 핀테크 기업 Upstart는 AI 기반 대출 심사 자동화 플랫폼을 통해 금융기관과 협력하며 금융 서비스의 혁신을 주도하고 있다. Upstart는 기존 신용점수 외에도 교육수준, 직장 이력, 거주정보 등 다양한 데이터를 학습한 AI 모델을 활용하여 대출 승인 여부를 결정하며, 2024년 기준 1억 8,000만 달러의 매출을 기록하는 등 사업 성과를 확대하고 있다. 이러한 AI 기반 대출 플랫폼은 금융 포용성 확대와 리스크 관리를 동시에 실현하는 혁신적 사례로 평가된다.

셋째, 이상 거래 탐지(fraud detection) 영역에서는 정상적인 금융 거래 패턴을 학습하고, 실시간으로 발생하는 거래 데이터를 분석하여 비정상적이거나 사기 의심 거래를 자동으로 탐지하고 있다(Bolton & Hand, 2002). HSBC는 고객 거래 데이터를 실시간으로 모니터링하고, 머신러닝 기반 이상 거래 탐지 시스템을 통해 사기 거래 발생 가능성을 자동으로 분석 · 탐지하여 고객 자산 보호와 금융사고 예방을 강화하고 있다.

넷째, 로보 어드바이저(robo-advisor)는 AI를 기반으로 고객의 투자 목표, 위험 감수 수준, 재정 상황 등을 분석하여 개인 맞춤형 투자 포트폴리오를 자동으로 구성하고 관리하는 서비스를 의미한다(Jung et al., 2018). 미국의 Wealthfront와 Betterment는 고객의 재무상태와 투자 성향에 따라 자동화된 포트폴리오 구성, 자산 배분, 세금 최적화 서비스를 제공하고 있다. 국내에서는 신한은행의 '쏠리치(Sol-Rich)', KB국민은행의 '케이봇쌤' 등이 대표적인 로보 어드바이저 서비스로 상용화되었으며, 비용 효율성과 합리적 자산 운용을 통해 고객 만족도를 높이고 있다.

제조 산업

제조 산업은 생산 효율성 극대화, 품질 향상, 비용 절감을 목표로 ADMS 도입이 가장 적극적으로 이루어지고 있는 산업 중 하나이다. 제조 현장은 대량의 센서 데이터와 운영 데이터가 실시간으로 생성되는 환경으로, 이를 기반으로 하는 ADMS의 효과가 극대화될 수 있는 분야로 평가된다(Lee et al., 2014).

첫째, 스마트 팩토리 구현에서 ADMS는 다양한 센서, 생산 설비, 품질 검사 장비 등에서 수집되는 방대한 데이터를 실시간으로 분석하여 생산 공정을 최적화하는 데 활용된다. Siemens사는 스마트 팩토리 기술을 적용하여 생산 공정 전반에 걸친 ADMS를 구축하였다. 해당 공장에서는 제품 생산 과정 중 1천여 개 이상의 센서로부터 데이터를 수집하고, 이를 통해 생산 설비 상태 모니터링, 생산 일정 자동 조정, 설비 고장 예측 등을 수행함으로써 제품 불량률을 99.998% 수준으로 낮추는 성과를 달성하였다.

둘째, 품질 관리 자동화 영역에서는 이미지 인식 및 컴퓨터 비전 기술을 활용하여 제품 외관 검사, 결함 탐지 등을 자동으로 수행하고 있다(Tao et al., 2018). Toyota사는 자동차 부품 생산 공정에 자동 비전 검사 시스템을 도입하여 미세한 표면 결함까지 실시간으로 감지·분석하고 있으며, 이를 통해 품질 검사 정확도를 높이고 검사 속도를 획기적으로 단축시키고 있다. 이러한 기술은 품질 관리 프로세스에서의 인적 오류를 줄이고, 품질 기준 일관성 확보에 기여하고 있다.

셋째, 예측 기반 유지보수는 제조 설비에 부착된 IoT 센서 데이터를 분석하여 설비의 잠재적 고장 징후를 조기에 탐지하고, 유지보수 시점을 사전에 결정하는 기술이다(Jardine et al., 2006). GE Aviation은 항공기 엔진 제조 공정에서 센서 데이터를 분석하여 고장 가능성이 있는 부품을 사전에 예측하고 유지보수를 자동화하는 Predix Platform을 구축하였다. 이를 통해 설비 가동 중단 시간을 10~40% 단축하고 유지보수 비용을 약 20% 이상 절감하는 효과를 거두고 있다.

이와 같이 제조 산업 내 ADMS의 활용은 기업의 경쟁력 강화를 위한 핵심 기술로 자리매김하고 있으며, 이러한 기술은 ESG 경영 관점에서도 에너지 효율성 증대, 자원 절감, 작업자 안전 확보 등 지속 가능한 생산 환경 구축에도 기여하고 있어 제조 산업의 디지털 전환과 지속 가능 경영을 견인하는 핵심 인프라로 평가된다. 다만, ADMS의 도입 및 운영 시 발생할 수 있는 보안 문제, 시스템 오류로 인한 생산 차질, 고용 변화 등 잠재적인 과제에 대한 지속적인 관심과 대비가 필요하다.

유통 및 물류 산업

유통 및 물류 산업은 고객 만족도 향상, 운영 비용 절감, 효율적인 공급망 관리를 위해 ADMS 도입이 빠르게 확산되고 있는 분야이다. 글로벌 유통기업과 물류기업들은 AI 및 빅데이터 분석 기술을 활용한 ADMS를 통해 수요 예측, 재고 관리, 배송 최적화, 개인화 마케팅 등 다양한 영역에서 비즈니스 경쟁력을 강화하고 있다.

첫째, 수요 예측 분야에서는 과거 판매 데이터, 날씨 정보, 프로모션 정보, 소셜 미디어 데이터 등 다양한 외부 요인과 내부 데이터를 통합 분석하여 미래 수요를 정교하게 예측하고 있다(Teunter & Duncan, 2009). Walmart(2021)는 자체 개발한 AI 기반 수요 예측 시스템을 통해 매장별·시간대별 수요 변동성을 실시간으로 분석하고, 이를 바탕으로 재고 배치와 물류 계획을 자동화하여 연간 수억 달러 규모의 비용을 절감한 것으로 보고하고 있다.

둘째, 재고 관리 최적화 측면에서 수요 예측 결과와 실시간 재고 현황 데이터를 기반으로 최적의 재고 수준을 유지하고, 자동 발주 시스템을 통해 재고 부족이나 과잉 재고 문제를 최소화하고 있다(Zipkin, 2000). 세븐일레븐 재팬은 점포별 판매 데이터를 분석하여 자동 발주 시스템을 구축함으로써 폐기 손실률을 대폭 낮추고, 매출 대비 재고율을 업계 최저 수준으로 유지하고 있는 것으로 알려져 있다.

셋째, 배송 경로 최적화 분야에서는 배송지 정보, 실시간 교통 상황, 배송 시간 제약 등의 데이터를 분석하여 효율적인 배송 경로를 자동으로 산출하고 있다(Toth & Vigo, 2002). DHL은 'Smart Truck' 프로젝트를 통해 IoT 센서와 실시간 교통 데이터를 활용한 배송 경로 최적화 시스템을 구축하여 평균 배송 시간 단축 및 연료비 15% 절감 효과를 달성하였다. 국내에서는 CJ대한통운이 AI 기반의 배송 최적화 시스템을 도입하여 배송 효율성을 높이고 탄소 배출량을 줄이는 데 기여하고 있다.

넷째, 개인화된 추천 서비스는 고객의 구매 이력, 검색 기록, 상품 조회 패턴, 선호도 등을 분석하여 개인 맞춤형 상품이나 서비스를 자동 추천함으로써 고객 경험을 극대화하고 있다(Ricci et al., 2011). Amazon은 자사의 개인화 추천 알고리즘을 통해 전체 매출의 약 35% 이상이 추천 시스템을 통해 발생하고 있다고 보고하고 있다. 국내에서는 쿠팡이 고객 구매 데이터, 상품 검색 기록, 클릭 패턴 등을 종합적으로 분석하는 AI 추천 시스템 'AiTEMS'를 통해 개인화된 상품 추천 및 맞춤형 할인 정보를 제공하며 고객 만족도를 높이고 있다

의료 산업

의료 산업은 진단 정확도 향상, 신약 개발 효율 증대, 환자 맞춤형 치료 제공이라는 핵심 목표를 실현하기 위해 ADMS의 도입이 급속히 확대되고 있다. 의료 분야는 방대한 데이터와 복잡한 의사결정 과정이 존재하는 산업 특성상 ADMS의 활용 가능성이 매우 높은 분야로 평가된다.

첫째, 질병 진단 보조 영역에서 의료 영상 데이터나 전자의무기록 데이터를 분석하여 의사의 진단을 보조하고 진단 정확도를 높이는 데 활용되고 있다(Litjens et al., 2017). 구글 헬스는 의료 영상 분석 기술을 통해 유방암 조기 진단 정확도를 높이는 연구를 수행하였으며, 기존 방사선 전문의 대비 위양성과 위음성 발생률을 동시에 감소시키는 성과를 보여주었다(McKinney et al., 2020). 국내에서는 루닛이 개발한 의료영상

진단 보조 솔루션 'Lunit INSIGHT CXR'이 흉부 엑스레이 영상 분석을 통해 폐암·결핵·폐렴 등 주요 질병을 실시간 검출하는 서비스로 상용화되고 있다.

둘째, 신약 개발 분야에서 방대한 생물학적 데이터, 화학 물질 데이터, 임상시험 데이터를 분석하여 신약 후보 물질을 발굴하고 약물의 효능 및 부작용을 예측하는 등 신약 개발 프로세스를 효율화하는 데 활용되고 있다(Schneider et al., 2020). Insilico Medicine은 신약 개발 플랫폼을 통해 기존 신약 개발 기간(약 4~5년)을 1년 이하로 단축하는 성과를 거두었으며, 2021년에는 AI가 발굴한 신약 후보물질이 임상 시험에 진입하는 사례를 처음으로 보고하였다. Atomwise와 같은 기업들은 가상 스크리닝 기술을 통해 신약 후보 물질 탐색 과정을 혁신하고 있으며, 이는 희귀 질환 치료제 개발 등에도 기여하고 있다.

셋째, 환자 맞춤형 치료 분야에서는 환자의 유전체 정보, 생활 습관, 병력, 치료 반응 데이터를 통합 분석하여 개인별 최적 치료법을 제시하는 정밀 의료를 구현하고 있다(Jameson & Longo, 2015). Flatiron Health는 암 환자의 치료 데이터를 수집·분석하여 환자별 맞춤 치료법 추천 서비스를 제공하고 있으며, 이를 통해 종양학 분야의 정밀 의료 서비스 확대를 선도하고 있다. 삼성서울병원이 유전체 분석 기반 개인 맞춤형 암 치료 시스템을 구축하여 정밀 의료 서비스 확대에 나서고 있으며, KT는 AI 기반 정밀진단·치료 솔루션을 개발하여 만성 질환 관리 및 개인 맞춤형 건강 관리 서비스를 제공하고 있다.

ADMS의 도입은 의료 서비스의 질적 고도화와 함께 의료 비용 절감, 치료 접근성 확대, 환자 중심 서비스 제공 등에 기여하고 있다. 특히 데이터 기반 정밀 의료는 의료 산업 내 디지털 전환을 가속화하고 있으며, 향후 의료 패러다임 전환의 핵심 동력으로 평가되고 있다. 다만, 의료 데이터의 민감성으로 인한 보안 및 프라이버시 침해 문제, 알고리즘의 설명 가능성 및 신뢰성 확보의 어려움, 의료진의 역할 변화 및 잠재적인 의료 불평등 심화 가능성 등에 대한 대비가 필요하다.

공공 부문

공공 부문은 시민 안전 증진, 자원 관리 효율화, 스마트 시티 구축을 통한 삶의 질 향상을 목표로 ADMS의 활용을 적극적으로 모색하고 있다. 공공 서비스 제공 과정에서 발생하는 방대한 데이터를 기반으로 범죄 예방, 재난 대응, 도시 운영 최적화 등 다양한 정책적 의사결정에 자동화 기술이 적용되고 있다.

첫째, 범죄 예측 분야에서는 과거 범죄 발생 데이터, 인구 통계 데이터, 사회 경제적 데이터를 분석하여 범죄 발생 위험 지역과 시간대를 예측하고, 이를 기반으로 경찰력 배치 및 범죄 예방 활동을 지원하고 있다(Perry, 2013). 로스앤젤레스 경찰청은 PredPol(Predictive Policing) 시스템을 도입하여 범죄 유형, 발생 위치, 시간 정보를 분석하여 순찰 경로를 최적화하는 방식을 적용하였다. 이를 통해 특정 지역의 범죄 발생 건수를 최대 25%까지 감소시키는 효과를 보고한 바 있다. 그러나, 이러한 시스템의 데이터 편향성으로 인한 특정 집단에 대한 차별적 치안 활동 우려 또한 제기되고 있다.

둘째, 재난 예측 및 대응 영역에서는 기상, 지진, 사회기반시설 관련 데이터를 통합 분석하여 자연재해의 발생 가능성을 조기에 예측하고, 재난 상황 발생 시 신속하고 효율적인 대응 전략을 자동으로 수립하는 데 활용되고 있다(Fatima, 2021). 일본은 지진 조기경보 시스템을 통해 발생 가능성을 신속히 감지하고, 국민 대피 안내 및 사후 복구 활동에 이르는 전체 대응 체계를 체계화하였다. 최근에는 태풍, 홍수 등의 재해 대응에 AI 기반 시스템이 폭넓게 도입되고 있으며, 드론이나 로봇을 활용한 현장 감시 및 구조 활동 자동화도 확대되는 추세이다.

셋째, 스마트 시티 관리 분야에서는 도시 환경에서 발생하는 교통 흐름, 에너지 소비, 대기오염, 공공서비스 이용 등 다양한 데이터를 실시간으로 수집 및 분석하여 도시 운영 효율성과 시민 중심의 서비스를 개선하고 있다(Batty et al., 2012). 싱가포르는 '스마트 네이션' 전략하에 IoT 및 AI 기반 교통 관리 시스템을 도입하여 교통 체증 해소, 신호등 제어 최적화, 대중교통 수요 예측 등을 실행하고 있으며, 그 결과 에너지 절감과 환경 개선 효과를 동시에 달성하고 있다. 서울시는 '스마트시티 서울' 프로젝트를 통해 도시 데이터 허브를 구축하고, AI 기반 교통량 예측, 쓰레기 수거 경로 최적화, 미세먼지 예측 및 대응 서비스를 운영 중이다.

마지막으로, 공공 서비스 혁신에 기여하고 있으며, 시민 삶의 질 향상, 지속 가능한 도시 개발, 공공 자원의 효율적 사용이라는 긍정적·사회적 가치를 창출하고 있다. 그러나, 공공 부문에서의 도입 및 운영에 있어서는 데이터의 투명성 및 접근성 확보, 알고리즘의 공정성 및 설명 가능성 확보, 그리고 시민 참여를 통한 민주적 의사결정 프로세스 구축이 요구된다.

기타 산업

ADMS는 다양한 분야에서 빠르게 확산되고 있으며, 산업 전반에 걸친 혁신적 변화를 주도하고 있다. 이러한 기술 활용은 각 산업의 특성과 요구에 맞춘 맞춤형 솔루션으로 진화하고 있으며, 새로운 가치 창출 및 경쟁력 강화를 실현하고 있다.

첫째, 마케팅 자동화 영역에서는 고객 행동 데이터, 구매 이력, 소셜미디어 데이터 등을 실시간으로 분석하여 개인 맞춤형 광고, 콘텐츠 추천, 프로모션 전략을 자동화하고 있다(Kotler et al., 2016). 넷플릭스는 고객의 콘텐츠 시청 패턴, 선호 장르, 평가 데이터를 분석하여 맞춤형 콘텐츠 추천 서비스를 제공하고 있으며, 전체 시청 시간의 약 80%가 추천 알고리즘을 통해 소비되는 것으로 보고하고 있다. 최근에는 생성형 AI를 활용하여 고객 맞춤형 광고 문구나 콘텐츠를 자동으로 생성하는 기술도 활발하게 연구 및 적용되고 있다.

둘째, 인사 관리 분야에서는 채용 프로세스 자동화, 인재 발굴, 직원 성과 예측 등에 활용되고 있다(Sivathanu & Pillai, 2018). 글로벌 기업 Unilever는 AI 기반 채용 솔루션을 도입하여 온라인 면접 평가, 게임 기반 역량 평가, 이력서 자동 분석 등을 통해 채용 프로세스의 공정성과 효율성을 높였다. 이를 통해 채용 소요 시간을 약 75% 단축하고, 전 세계 수십만 명의 지원자 평가 과정에서 객관성과 일관성을 확보하였다. 더 나아가, 직원들의 역량 데이터를 분석하여 맞춤형 교육 프로그램을 추천하거나, 이직 위험도가 높은 직원을 예측하여 선제적인 관리를 가능하게 한다.

셋째, 에너지 관리 분야에서는 수요 예측, 에너지 생산 및 소비 최적화, 설비 유지보수 자동화 등 다양한 방식으로 적용되고 있다. Siemens사는 스마트 그리드 시스템을 통해 실시간 에너지 소비 데이터를 분석하고, 전력 수요 예측 결과에 따라 에너지 생산량을 자동으로 조절하는 솔루션을 제공하고 있다. 이는 에너지 비용 절감, 친환경 에너지 활용 확대, 전력망 안정성 향상 등 지속 가능한 에너지 관리에 기여하고 있다. 최근에는 에너지 저장 시스템 최적화, 태양광 발전량 예측 정확도 향상 등 다양한 분야에서 활용이 확대되고 있다.

5. ADMS의 주요 도전 과제와 발전 전략

ADMS를 다양한 산업 분야에서 성공적으로 활용하기 위해서는 극복해야 할 여러 가지 중요한 한계점과 윤리적·사회적 고려 사항들이 존재한다. 본 장에서는 ADMS의 한계점을 극복하고 미래 사회에 긍정적인 영향을 미치기 위한 발전 방향과 함께 미래 사회에서의 역할과 전망을 살펴본다.

ADMS의 기술적·윤리적 한계

ADMS는 효율적 의사결정과 자동화를 가능케 하며 산업 전반에 걸쳐 확산되고 있지만, 활용 시 기술적·윤리적 한계를 동반한다. 〈표 1〉은 머신러닝에서 편향성을 발생시키는 주요 원인을 보여준다. 특히, 학습 데이터에 내재된 편향은 특정 집단에 불공정한 결과를 유발할 수 있으며, 이는 알고리즘 설계 과정의 비의도적 선택에 의해 심화될 수 있다.

또한, 딥러닝 기반에서는 블랙박스 특성으로 인해 해석이 어려워, 고위험 분야에서의 적용에 신뢰성 문제를 야기한다. 더불어 기존 데이터에 의존하는 구조상 예측 불가능한 상황에는 적절히 대응하지 못할 수 있으며, 이는 시스템 안정성 저하로 이어진다.

표 1. 머신러닝에서 편향성을 발생시키는 주요 원인

항목	내용	사례
편향된 표본	편향된 초기 데이터를 기반으로 예측하고 이를 재학습하면서 편향이 점점 심화됨	특정 지역(A지역)의 범죄 관찰 기록이 많다는 이유로 경찰을 집중 투입한 결과, 실제 범죄율이 더 높은 지역보다 더 많은 경찰이 배치되는 왜곡 발생
오염된 사례	AI가 편향이 내재된 데이터를 그대로 학습해 편향성 자체를 습득함	AI가 과거 데이터를 학습해 지휘자, 건축가 등은 남성, 간호사, 사서 등은 여성 직업으로 자동 분류하는 성별 고정관념 강화
제한된 기능	핵심 특징이 데이터에 없을 경우, 관련성이 낮은 다른 특징으로 판단하여 오류 발생	교육 수준 정보가 없는 상황에서, AI가 고등교육을 받은 여성보다 고등교육을 받지 않은 남성의 연봉을 더 높게 책정하는 오류 발생
표본 크기 불균형	소수 집단의 학습 데이터가 적을 경우, 해당 집단에 대한 예측 정확도가 낮아짐	백인 이름 위주로 학습된 AI가 흑인의 이름(예: 'Nymwars')을 가짜 이름으로 잘못 분류하는 사례 발생
대리 변수의 존재	편향 요인을 제거해도, AI가 다른 특성을 통해 해당 정보를 유추하면서 편향이 계속됨	성별 정보를 제거했음에도 불구하고, AI가 스포츠나 연예인 취향 등 간접 정보로 성별을 유추해 차별 가능성 유지

출처: 동아사이언스(2021.03). 공정성 수호할 기술 도구들_특집_파트2, 118-123. 재구성

개인정보 보호와 보안 위협 역시 주요한 과제로, 정보 처리 과정에서 해킹이나 유출 위험이 존재하며, 법적 책임 문제가 동반된다. 또한, 반복 업무의 자동화는 고용 위협과 기술 양극화를 초래할 수 있으며, 이는 사회적 불평등을 심화시킨다.

책임 소재의 불명확성은 시스템 오류나 피해 발생 시 법적 대응에 어려움을 유발하며, 기술 수용에 대한 불확실성을 증대시킨다. 이러한 한계는 기술적 개선뿐 아니라 제도적·윤리적 논의를 통한 보완이 필요함을 시사한다.

ADMS의 혁신 방안과 대응 전략

ADMS의 신뢰성과 수용성을 높이기 위해서는 기술적·윤리적 한계를 극복하는 다층적 대응이 요구된다. 기술적으로는 설명 가능한 AI(Explainable AI, XAI)가 핵심 방안으로, 복잡한 의사결정 과정을 시각화하고 판단 기준을 제시함으로써 시스템의 투명성과 책임성을 강화할 수 있다(Holzinger et al., 2019)(그림 5 참조). 특히 의료, 금융, 법률 등 고위험 분야에서 XAI의 필요성이 더욱 강조된다.

인간-AI 협업 구조는 AI의 분석 능력과 인간의 윤리적 판단을 결합해 판단의 질과 수용성을 높이는 실질적 대안으로 제시된다(Liao et al., 2020). 또한 연합학습(federated learning)은 개인정보 노출 없이 개별 디바이스에서 모델을 학습해 보안성과 성능을 동시에 확보할 수 있어, 보건의료 및 금융 분야에 적합하다(McMahan et al., 2017).

강화학습(reinforcement learning) 기반 자율 시스템은 변화에 유연하게 대응하며 기존 정적 모델의 한계를 극복하는 방식으로, 미래지향적 ADMS

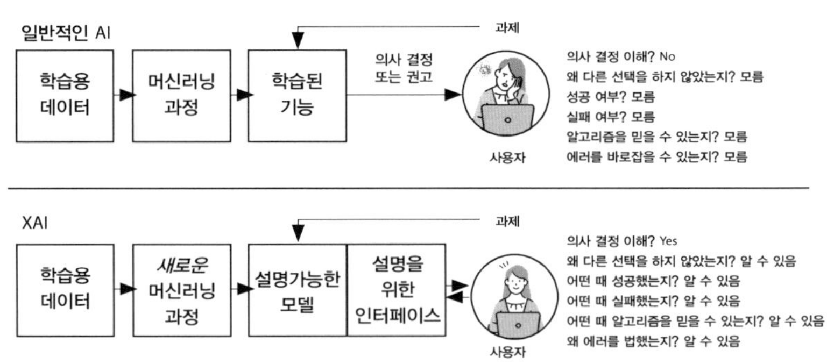

그림 5. 일반적인 AI와 XAI의 차이

출처 : 미 국방연구원 '설명가능 인공지능 (XAI)', 한국정보화진흥원(2018)

설계에 기여한다(Sutton & Barto, 2018). 이와 함께, 공정성, 투명성, 책임성 등을 통합한 윤리적 AI 프레임워크 구축이 필수적이며, 설계와 운영 전반에 걸쳐 구체화되어야 한다(Floridi et al., 2018).

마지막으로, 법적 책임과 규제 정비는 ADMS의 사회적 정당성을 확보하는 데 필수적이다. 특히 개인정보 보호, 알고리즘 책임성, 고위험 시스템의 승인·감독 등에 대한 법 제도적 정비가 국제 논의(EU AI Act 등)와 함께 추진되어야 한다(European Commission, 2021).

미래 사회에서 ADMS의 활용 비전과 사회적 가치

ADMS는 데이터 중심 사회의 핵심 인프라로 자리 잡으며, 다양한 분야에서 그 활용 영역이 지속적으로 확대되고 있다. 특히 고도화된 데이터 분석과 개인 맞춤형 알고리즘의 결합은 초개인화 서비스 실현을 가능케 하며, 이는 헬스케어, 교육, 금융 등에서 사용자 특성과 맥락을 반영한 의사결정을 통해 삶의 질 향상에 기여하고 있다(Davenport & Ronanki, 2018). 더 나아가 산업 운영의 효율성을 넘어, 데이터 공유 및 예측 기술을 기반으로 새로운 비즈니스 모델을 창출하며 데이터 기반 산업 혁신을 견인하고 있다(OECD, 2022). 공공영역에서도 도시 인프라 관리, 환경 모니터링, 보건 정책 수립, 재난 대응 등 다양한 사회문제 해결에 ADMS가 핵심 도구로 활용되며, 정책 효율성과 공공서비스 품질 개선에 기여하고 있다.

그러나 이러한 기술 발전이 사회적 가치를 실현하기 위해서는 윤리적 설계와 사회적 수용성 확보가 필수적이다. 공정성, 투명성, 책임성을 내포한 AI 설계 및 운영 원칙은 ADMS의 정당성을 확보하는 기반이 되며, 특히 공공과 민간의 협력을 통한 제도화가 요구된다. 동시에, 자동화로 인한 일자리 감소, 데이터 접근 불균형, 알고리즘 편향 등 부작용에 대한 선제적 대응도 중요하다. 기술 발전과 사회적 형평성 간 균형을 위한 정책적 고려가 함께 이루어져야 한다.

6. 결론: ADMS의 통합적 이해와 미래 과제

ADMS는 AI 기술을 바탕으로 데이터 분석과 의사결정 전 과정을 자동화하는 시스템으로, 금융, 제조, 의료, 공공 부문 등 다양한 분야에서 확산되고 있다. 이는 분석 속도, 효율성, 비용 절감 등 실질적인 이점을 제공하며, 산업 현장에서의 성과도 점차 축적되고 있다.

그러나 ADMS의 확산은 편향된 학습 데이터, 설명 불가능한 알고리즘, 예외 상황에 대한 취약성, 개인정보 침해, 고용 구조 변화, 책임소재 불분명성과 같은 복합적 문제를 동반한다. 이에 따라 기술적 완성도뿐만 아니라 윤리성과 사회적 수용성을 포괄하는 총체적 접근이 필요하다.

지속 가능한 ADMS 발전을 위한 다섯 가지 전략은 다음과 같다. 첫째, XAI 도입을 통해 판단 과정을 투명하게 하고 사용자 신뢰를 확보하여야 한다. 둘째, 인간-AI 협업 체계를 구축하여 기술적 판단에 인간의 직관과 윤리적 판단을 융합하여야 한다. 셋째, 연합학습 등 기술을 활용해 개인정보 보호와 협력적 AI 개발을 동시에 달성하여야 한다. 넷째, 책임 있는 AI 원칙을 설계 및 운영 전반에 내재화하여 윤리적 기준을 구현하여야 한다. 다섯째, 직업 재교육 및 사회 안전망 강화를 통해 자동화로 인한 사회구조 변화에 대응하여야 한다.

결국 ADMS는 미래 사회의 핵심 기술로서 높은 잠재력을 지니고 있으며, 그 잠재력이 실현되기 위해서는 기술 개발과 더불어 제도적 정비, 윤리적 설계, 사회적 포용이 함께 추진되어야 한다. 이를 위해 학계, 산업계, 정부, 시민사회가 참여하는 협력적 거버넌스 체계 구축이 필요하며, 이는 인간 중심의 AI 생태계를 위한 기반이 될 것이다.

☞ 생각해 볼 만한 질문들

» 조직이나 산업에서 AI 기반 ADMS가 인간 의사결정자의 직관이나 경험보다 어떤 영역에서 더 나은 성과를 발휘할 수 있을까?

» ADMS가 데이터 편향, 설명 가능성 부족, 개인정보 보호 문제 등 윤리적 위험에 어떻게 대응할까?

» 미래 사회에서 AI 기반 ADMS와 인간이 협력하는 가장 바람직한 방식은 무엇일까?

» AI 기반 ADMS의 도입과 확산을 통해 어떤 새로운 가치 또는 비즈니스 모델을 창출할 수 있을까?

AI 활용을 통한 혁신
행정과 정책 과정의 패러다임 변화

박준희

이 장은 인공지능(AI)의 도입이 행정 및 정책 과정에서 기존의 합리성 패러다임을 어떻게 변화시키고 있는지를 이론적 논의와 실제 사례를 통해 분석한다. 특히 정책결정과정에서 AI는 문제 인식, 정보 수집, 대안 탐색, 결과 예측, 최적 대안 선택, 집행 및 평가에 이르는 전 단계를 선형적 절차가 아닌 동시적·통합적으로 처리할 수 있게 하며, 이는 기존의 계층적·관료적 의사결정 구조를 근본적으로 재편하는 역할을 수행한다. 이 글은 알고리즘 관료제의 개념을 중심으로, 행정의 패러다임이 전통적인 전문가 중심의 합리모형에서 AI를 활용한 새로운 과정으로 전환되고 있음을 밝히며, 다양한 공공 분야에서 AI의 활용 사례를 통해 이론적 논의를 실증적으로 뒷받침한다. 환경부의 AI 홍수예보 시스템, 성폭력 피해조서 작성 시스템, 미국 노동통계국의 자동 코딩 시스템, 동아프리카의 AI 재난대응 플랫폼 등 국내외 사례를 분석하여, AI가 정책의 효율성분만 아니라 실시간 대응력, 예측 정확도, 국민 맞춤형 서비스 제공 능력을 크게 향상시키고 있음을 보여준다. 또한 AI가 공공행정에서의 AI의 활용 방식에 따라 인간과의 협업 모델이 어떻게 구성되어야 하는지도 논의한다.

1. 서론

이른바 인공지능 전환(Artificial Intelligence Transformation, AX) 시대이다. 행정에서 인공지능(AI)의 활용은 과거의 관료제 정부에서 AI 정부로의 이행을 가져왔으며,이는 합리적 의사결정의 실현가능성과 AI 기반 업무효율성 및 프로세스 개선을 도모할 수 있는 가능성을 열어주었다.

AI는 스스로 학습하고 의사결정을 내릴 수 있는 기술로서, 전 분야를 걸쳐 기존의 의사결정 메커니즘을 근본적으로 변화시키고 있다. 행정과 정책의 영역 역시 인간과 AI의 새로운 관계 형성을 통해 가히 파괴적(disruptive)이라고 할 수 있을 만한 정부혁신을 경험하고 있다. 그동안 제한된 시간과 정보, 지적 능력 하에서의 의사결정에 만족해야 했던 공공 부문은 AI라는 혁신 기술을 통해 보다 효율적이고 정확하고 신속한 결정을 내릴 수 있게 되었으며, 정책 과정에 있어서도 동시적이고 통합적인 판단이 이루어질 수 있게 됨으로써 절차나 과정보다는 보다 정확하고 타당한 결과 자체에 집중하게 되었다. 이러한 의사결정의 영역만이 아니라 업무의 결과에 있어서도 인간의 능력만으로 수행해 오던 수준에 비해 AI와 협업하였을 때 더 높은 수준을 달성하게 되면서 AI의 활용 이유는 충분히 확인되고 있다.

행정 영역에서도 AI를 공공 분야의 혁신을 가져올 기제로 인식하고 AI 정부를 위한 준비와 실행 단계를 밟고 있는 상태이다. 다음은 행정 분야에서 흔히 소개될 만한 AI의 활용 사례들이다.

환경부는 2024년 5월부터 AI 홍수예보 시스템을 도입했다. 이 시스템의 도입으로 홍수특보 발령 시간은 기존 3시간 전에서 6시간 전으로 확대되었고, 홍수특보 발령 횟수가 약 5배 증가하였으며, 하천 수위의 자동예측과 내비게이션을 연동한 실시간 경고로 대피 시간이 확보되었다. 이를 통해 지방하천 등 취약 지역의 대응력이 강화되었으며, 인명과 재산 피해가 크게 감소함으로써 홍수대응 체계의 효과가 입증되고 있다. (전자신문, 2024년 11월 5일 자 기사)

2025년 청각장애인을 위한 양방향 의료 수어 서비스 키오스크가 한국전자통신연구원(ETRI)에 의해 개발되었다. 이 시스템은 아바타를 통해 건강검진 문진표 내용을 수어로 제공하고, 수어 답변을 텍스트로 변환하는 기능을 갖추고 있다. 이를 통해 의료기관에서는 수어 통역사 부족 문제를 해결하고, 코로나 팬데믹 이후 마스크 착용으로 인한 의사소통 장애를 극복하는 등 청각장애인의 의료서비스 접근성을 크게 향상시켰다. (기계신문, 2024년 11월 14일 자 기사)

다만 현재는 AI 알고리즘 시스템 및 학습에 사용된 데이터의 편향성이나 불충분한 학습 데이터, 잘못 가정된 모델 등의 문제로 인해 발생하는 오류, 사실이 아니거나 존재하지 않는 정보를 제공하는 할루시네이션(hallucination) 현상, 개인의 프라이버시 침해 등의 문제는 아직까지 한계로 남아 있다. 다음과 같은 사례들은 그러한 문제로서 종종 제시된다.

2015년부터 비자 승인결정업무 처리에 AI를 사용해 온 영국에서는 비백인 인구 비중이 높은 국가 출신의 심사가 지연된 사례로부터 인종편향적 알고리즘 시스템의 문제가 제기되면서, 2020년 해당 알고리즘 사용을 중단하였다.

ChatGPT가 노르웨이 남성인 Arve Hjalmar Holmen이 두 자녀를 살해한 범죄자로 지목한 사건에 대해 NOYB(유럽디지털권리센터)는 OpenAI를 상대로 사실이 아닌 정보를 생성하여 개인의 명예를 심각하게 훼손하였다는 이유로 소송을 제기하였다.

LinkedIn은 사용자의 동의 없이 개인 메시지를 비공개적으로 수집하여 Microsoft의 AI 모델 훈련에 사용한 혐의로 캘리포니아 연방 법원에서 제소되었다.

이러한 한계에도 불구하고 현재 AI는 일반 공공서비스 분야뿐만 아니라 경찰 조서 작성 및 범죄예측, 재난안전 및 기후 예측, 노동 분야에 이르기까지 다양한 분야에서 행정 업무의 효율성과 정확성을 제고하는 데 활용되고 있다. 특히 공공 분야에서의 AI의 활용을 크게 내부의 업무 효율성 제고와 외부의 고객(국민)을 대상으로 한 공공서비스 제공 측면으로 구분할 때, 현재로서는 내부 업무지원, 고급분석 및 시스템고도화와 같은 효율성 및 생산성 제고를 위한 분야에 보다 많이 활용되고 있는 것으로 나타난다(임영모 · 윤서경 · 안성원, 2023). 그러나 점차 생성형 AI를 기반으로 한 예측 및 추천 시스템이나, 민원 처리에 있어서의 수요 반영 및 만족도 제고, 복지와 교육 분야에서의 서비스 지원 등과 같은 영역에서 보다 많이 활용될 것으로 보인다.

표 1. AI 활용 공공 분야 분류

(2023. 12. 기준)

구분	내용	건수(%)
내부	업무 내부 효율성 제고	2,494(64.4%)
	업무지원, 고급분석, 시스템고도화	
외부	공공서비스 지원 및 제공	1,376(35.6%)
	민원, 안내, 돌봄 서비스, 예측[1]	
전체		3,879(100%)

출처: 임영모 외(2023)

본 장에서는 AI의 등장에 따른 행정 및 정책에서의 패러다임 변화에 대한 이론적 논의와 함께 행정 및 정책 분야에서의 AI 활용 사례를 살펴볼 것이다.

2. 행정과 정책 과정에서의 패러다임 변화

행정에서 AI를 활용한 혁신은 단순히 기술발달을 의미하지 않는다. 그것은 기존의 행정과 정책 과정을 지배했던 합리성 패러다임(rationality paradigm)이 AI의 활용을 통해 새로운 패러다임으로 전환되는 것을 의미한다.

토마스 쿤(Thomas Kuhn)은 「과학 혁명의 구조」에서 하나의 패러다임은 그것으로 설명되지 않는 문제들이 누적되어 한계에 부딪히게 되면서 새로운 패러다임으로 대체된다고 하였다. 기존의 연구들에서는

---

1   이는 의사결정 지원에 사용되는 측면과 기상 예측 등의 서비스 제공에 사용되는 측면 모두를 포함한다.

행정에서의 의사결정의 변화를 1) 전문가 중심의 의사결정, 2) 집단지성 또는 수요자 중심의 의사결정, 3) 데이터 또는 사실 기반 의사결정, 4) AI에 의한 의사결정으로 설명하면서 이를 패러다임의 변화로 제시한 연구도 있다(윤상오·이은미·성욱준, 2018). 그러나, 1), 2), 3) 단계들이 본질적으로는 합리성 패러다임을 전제한 채 그것의 발전적 형태로 나아간 것에 지나지 않는다고 볼 수 있는바, 본 연구는 행정의 패러다임이 전통적 관료제하의 합리성 패러다임에서 AI를 활용한 행정의 새로운 패러다임으로 그 축이 변화하고 있음을 제시한다.

전통적 관료제에서 알고리즘 관료제(Algorithmic Bureaucracy)로의 이행

전통적으로 행정에서의 의사결정은 전문가에 의해 정책문제가 정의되고, 대안을 탐색하여 최적의 정책수단을 결정하는 과정으로 이루어져 왔다. 이처럼 전문가에 기반하는 정책결정은 인간이 가진 직관 및 창의력을 활용하고, 인간의 지능과 학습 및 판단력에 대한 믿음에 근거하며, 전문가들 간의 토론과 합의에 의해 결정이 이루어진다는 점에서 본질적으로 엘리트주의에 입각해 있다고 할 수 있다. 그러나 복잡하고 다양하며 빠르게 변화하는 정책문제들에 대해 급박한 결정과 해결을 요하는 현대사회에서는 인간 개인의 경험과 전문성에만 의존하는 기존 방식은 한계를 드러낼 수밖에 없다.

AI 기술이 공공부문에 도입되면서 전통적 관료제는 이른바 알고리즘 관료제(algorithmic bureaucracy)로의 이행이 나타나고 있다(Vogl et al., 2019). 베버리안 관료제로 대표되는 공공 관료제는 경쟁과 분권,

동기부여로 특정되는 신공공관리론(New Public Management, NPM)의 혁신을 거치고 난 후 IT 기술의 발달에 따른 디지털 정부(Digital Era Governance)로의 대전환을 경험하였으나 곧이어 출현한 AI로 인해 이제는 알고리즘에 기반한 관료제로의 변화로 나아가고 있다.

전통적 관료제가 Top-down 방식의 계서제(hierarchy) 조직과, 규칙과 절차에 입각한 서비스 산출, 관료 개개인의 전문성에 의한 지식의 생성, 정책대상자에 대한 절차적 평등으로 특징지어졌다면, 디지털 전환과 함께 그러한 전통적 계층 구조의 장벽과 한계들이 무너지면서 합리성과 사회기술적 체계(socio-technical system)로서의 조직이 제시되었다. 인공지능 관료제의 출현을 설명한 Vogl 등(2019)은 디지털화된 데이터와 알고리즘의 적용으로 규칙의 복잡성을 다룰 수 있게 되고, 의사결정 과정에서의 합리성을 달성할 수 있으며, 시민과 공직자의 자율성(autonomy)과 역량(competence)을 강화하는 방식으로 사회문제 해결에 기능할 수 있다고 하였다.

그가 제시한 알고리즘 관료제는 Top-down과 Bottom-up의 혼합적 방식을 통한 협업 체계, 고유한 정책 수요에 대한 반응, 집단지성, 실시간 피드백을 통한 의사결정 지원, 맞춤형 접근을 통한 결과의 평등을 지향하고 있으며, 절차적으로 공정한 수단(procedurally fair means)을 강조하고 의사결정에 있어서의 제한된 합리성(bounded rationality)을 개선하며 위계적인 정보의 흐름을 역방향으로 만들기도 한다. 무엇보다도 이 새로운 관료제는 수요에 기반한 포괄적 정책(needs-based holism)과 집단지성(collective intelligence)을 형성하도록 하면서 정부와의 상호적 관계에서 시민들이 독립적으로 처리할 수 있도록 하는 분권적 서비스 제공(isocratic service delivery) 방식을 채택한다는 점에서 민주주의의 새로운 발전단계에 있다고도 볼 수 있다. Vogl 등은 알고리즘 관료제의 기능과 역할로서, 제도와 정책의 복잡성(institutional and policy complexity)이 높더라도 알고리즘 관료제가 자율적 개인의 역량(autonomous individual competence)을 높임으로써 사회문제 해결(social problem-solving)에 직간접적으로 기여할 수 있음을 제시하고 있다.

기존의 두 가지 패러다임

정책분석을 위한 사고방식에는 두 가지 타입이 존재한다(Wildavsky, 1979). 하나는 합리성 패러다임에서의 모든 인과관계를 고려하여 가장 합리적인 정책을 구상하고자 하는 지적 숙고(intellectual cogitation)로서 총합적 접근(synoptic approach)이고, 다른 하나는 점증주의로서 사회적 상호작용(social interaction)을 통해 사회 문제들을 해결하는 메커니즘이다.

합리성 패러다임에서 정책의 기획(planning)은 우수한 능력을 가진 소수의 의사결정자의 존재를 전제하고, 그러한 합리자가 충분한 지식과 통제력을 가지고 완전한 문제의 파악과 결정을 하는 형태라 할 수 있다. 목표와 수단은 분리되고, 수단은 목표에 종속되며 이들 간 관계는 계층제적 성격을 가진다. 따라서 정책결정자가 목표를 설정하면 결정된 수단을 계획대로 집행하는 것으로서 성공이 달성된다. 이는 고전적 행정학에서 정치와 행정을 분리하고, 행정은 상층의 결정을 기계적으로 충실히 집행하기만 하면 능률성이 보장된다고 보는 과학적 관리론에 입각한 관점이기도 하다.

이에 반해 점증주의에서 사회문제의 해결은 개인들의 선호와 의사결정이 모인 집합적 선택의 부산물이다. 많은 정책논의들은 의회와 행정부, 언론 및 시민단체들 간 의견교환과 협상, 타협 및 조정을 통해 반복적 시정이 이루어진다. 문제는 가설적 해결책(hypothetical solutions)에 의해 정의되고 정책은 현실과 경험에 비추어 수정되어야 할 가설이다(Magee, 1985). 목표는 수단에 지배되고 쌍방적(reciprocal) 관계인 목표와 수단 간에는 계속적인 재조정(continuous readjustment)이 나타난다.

AI 활용 패러다임: 정책과정의 동시성

행정에서 합리적 의사결정(rational decision-making)은 목표를 설정한 후 이를 달성할 수단을 선택하는 과정, 즉 자료수집-대안탐색-결과예측-비교평가-최적대안 선택이라는 단계를 거친다. 구체적으로 정책과정은 AI의 활용 과정에 있어서의 자료수집-예측-판단-추론-최적화 단계를 기획과 정책분석을 포함하는 정책결정(decision-making) 단계에, 서비스 제공 및 산출 단계를 정책집행(Implementation) 단계에 적용할 수 있으며, 집행 이후의 평가(evaluation)와 환류(feedback) 단계를 가지는 선형적 절차로 이루어진다. 그러나 이제 정책과정은 AI의 활용으로 의사결정과 평가 과정 모두에서 그 절차가 순차적으로 이루어지는 것이 아니라 동시적이고 통합적으로 분석·평가의 과정을 거쳐 결과를 도출하는 방식이 가능해졌다. 이는 정책과정 전반에 걸친 혁신이 아니라 할 수 없다. 이러한 과정을 AI 활용 단계와 함께 도식화하면 다음과 같다.

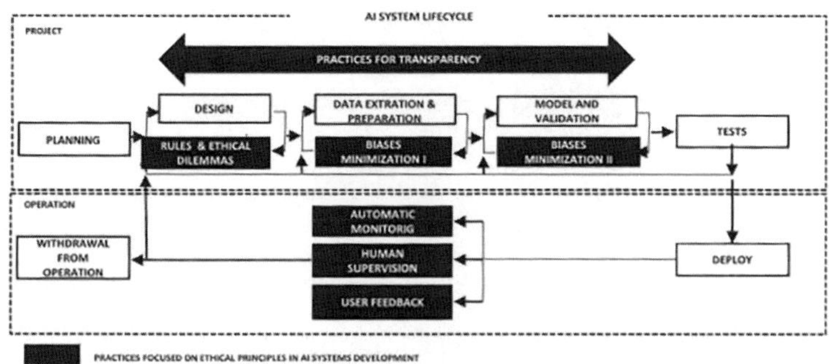

출처: de Almeida & Júnior(2025: 4)

표 2. AI 활용(In-use) 단계와 정책 과정

AI 활용	인지/식별 (Recognition)	탐지 (Detection)	예측 (Forcasting)	추론 (Reasoning)	최적화 (Optimisation)	내용 생성 (Content Generation)	개인화 /맞춤형 (Persona lisation)	상호작용 지원 (Interaction Support)
	정책결정					정책집행		
정책 과정	문제인식/ 정보수집	대안 탐색	대안 분석 /결과 예측	비교 평가	최적 대안 결정	산출 (보고서 작성, 서비스 제공 등)		
	평가 및 평가보고서 작성					피드백		

미국의 AI Use Case Inventory에 등록된 AI 활용(in-use) 단계에 있는 사례들을 인지 또는 식별(recognition), 탐지(detection), 예측(forcasting), 추론(reasoning), 최적화(optimization), 내용 생성(content generation), 개인화/맞춤형(personalization), 상호작용 지원(interaction support)으로 구분할 때(한국행정연구원, 2024), 이를 정책 과정상의 문제인식과 정보수집, 대안탐색, 분석 및 대안의 결과 예측, 대안들의 비교·평가, 최적대안 결정, 산출, 평가 및 환류 등의 단계에 대입하여 볼 수 있다.

정책문제의 인식에 따른 정보수집과 대안의 탐색 및 분석, 예측 과정과 대안들 간의 비교평가를 통한 최적 대안을 결정하는 일련의 정책결정 과정은 AI가 데이터 식별 및 탐지, 사건의 예측 및 추론, 최적화 과정을 거쳐 답을 산출하는 과정에 대입된다. AI는 이러한 의사결정 과정을 지원하는 데에만 활용되지 않고, 보고서를 작성하거나 서비스를 직접 제공하는 등의 결과를 생성하고, 개인에게 맞춤형 결과를 산출하거나 이를 위한 상호작용을 지원하기도 한다. 이는 정책과정에서 집행 단계에 해당한다. 그러나, AI는 이러한 의사결정을 위한 과정 및 결과도출 과정뿐만 아니라 이에 대한 환류 과정까지도 동시에 진행하며, 정책결정 과정에서의 AI 활용 단계는 평가 과정에도 동일하게 적용될 수 있다. 즉, 이미 시행한 정책을 평가하기 위한 정보 수집과 문제 탐지, 평가의 기본적 방법으로서 추세의 예측, 비교평가를 통한 추론과 결론 도출 등의 일련의 과정이 AI의 활용을 통해 동시에 일어난다. 이는 앞서 설명한 기존의 목표-수단 간 계층구조 및 정책과정이 가지는 선형적 논리가 전제된 합리성 패러다임과는 완전히 다른 혁신적 과정이다. 방대한 자료를 모두 탐색하여 분석하는 절차가 AI를 통해 순식간에 진행되고, 가장 최적의 결과를 도출하면서도 그에 대한 실시간 상호작용이 가능하게 됨으로써 기존의 정책과정은 새롭게 압축되었다.

합리성 패러다임과 점증주의 vs. AI 활용 패러다임

전통적 합리성 패러다임(rationality paradigm)은 문제를 주어진(given) 것으로 받아들이고, 문제 해결을 위한 목표와 이를 달성할 정책수단 간 계층제적 구조를 전제한다고 하였다. 정책은 기획과 설계가 이루어진 후 분석 과정을 통해 최적 대안을 도출하며, 이를 충실히 실행하는 집행

과정을 거친다. 이에 따르면 소위 합리성 기준(norms of rationality)을 따르기만 하면 정책의 합리성이 보장되고, 그 단계에서의 미비점이 발생할 경우에는 필연적인 정책실패로 귀결된다. 그러나 합리성 패러다임의 이러한 자기보호적 논리는 과연 타당한가?

일찍이 점증주의에서는 이러한 합리성 패러다임을 비판한 바 있다.[2] 점증주의자들의 관점에서 합리성은 결과에 관한 것(Rationality is about results)이지 합리성 기준들을 따른다고 해서 보장되는 것이 아니다. 즉, 진정한 합리성의 확보란 정책의 의도와 결과 간의 비교를 통해 실현가능한 결과를 달성하는 것이다(Wildavsky, 1979). 의도와 결과의 비교를 통한 오차의 발견과 시정(error recognition and correction)이 정책분석의 목적이라면, 합리성 기준과 절차를 따르기만 하면 정책이 실패하지 않는다고 전제하는 합리성 패러다임하에서는 올바른 정책분석이 나올 수가 없다(최병선, 2015). 이는 합리성 패러다임에 대한 정면비판이자 점증주의 입장에서의 합리성을 설명하는 것이다. 윌다브스키가 "목표란 절대적인 것이 아니며 필요에 따라 수정되고 수정되어야만 하는 것"이라고 주장하는 바는, 오차의 발견과 시정을 통한 목표와 수단의 결정이 상호작용을 통해 이루어져야 함을 의미한다. 그의 주장은 한 사람 또는 소수 전문가의 머리로 모든 인과관계를 고려한 가장 합리적인 정책을 구상해 내는 지적 숙고(intellectual cognition) 방식보다는 현실에서의 사회적 상호작용(social interaction)을 통한 방식이 타당하다는 관점을 포함한다. 그렇다고 해서 이 점증주의가 지적 숙고방식보다 높은 수준의 또는 보다 바람직한 결과를 가져오는 것은 아니다.

---

2 그러나, 합리주의와 점증주의 관점 모두는 결국 공통적으로 합리성(Rationality)을 설명하고 있다.

이처럼, 기존의 정책 패러다임은 전통적으로 확고한 권위를 가진 합리성 패러다임과 이에 대한 비판적 접근을 가진 점증주의 관점으로 대별된다고 할 수 있다. 합리모형은 모든 대안을 뿌리부터 재검토하는 근본적 방법(root method)을 통해 모든 중요한 요소를 고려하는 합리적-포괄적(Rational-comprehensive) 방식이라 할 수 있으나 현실에서는 인간의 인지적 한계와 시간 및 비용의 제약으로 인해 모든 정보와 대안을 탐색하고 비교·검토할 수 없으며, 이는 Simon이 설명한 제한적 합리성(bounded rationality)하의 만족모형으로 제시되었다. 이에 반해, 점증주의에 따르면 현실의 복잡한 문제는 합리적·분석적 결정과정을 통해 실제적 해결이 어려우며, 의사결정자의 분석능력과 시간과 정보의 제약, 대안에 대한 가치 기준이 불분명한 상태에서는 지엽적 방법(branch method)이 바람직하다고 주장한다(Lindblom, 1959, 1979). 그러나 이러한 점증주의적 방식 역시 한계는 존재한다. 점증주의하에서도 여전히 분석은 제한되고 중요한 대안이나 발생 가능한 결과 또는 영향받는 가치가 무시될 수 있으며, 제한적 합리성은 유효하다. 게다가 현실의 중대한 정책결정은 점증주의 방식보다는 오히려 고도로 분석적인 방법과 절차로 이루어진다.

이들의 관점 및 제한된 표본에 의거해 모집단의 특성을 추측해야 했던 기존의 통계방식과는 완전히 달리, AI는 모든 존재하는 데이터를 분석할 수 있고 그러한 이유로 다양한 소스의 데이터를 결합함으로써 정책결정의 질을 높이고 사실에 기반한 실시간·맞춤형 정책의 실현이 가능해진다. 또한, AI 활용 패러다임에서는 합리모형에서 전제한 의사결정 과정에서의 계층제적 구조와 단계적 절차의 순서는 의미가 없어지고 방대한 양의 정보와 의사결정 과정은 동시적으로 이루어진다. 인간의 인지 능력과 시간 및 정보 비용 등의 제약으로 인해 포기했던 합리적 정책결정과 실행 방식은 AI를 활용함으로써 기존의 패러다임에서는 어려웠던 통합적이고 종합적(holistic) 과정으로 나아갈 수 있게 되었으며, 정책의 정확도와 결과의 최적화도 제고할 수 있게 되었다. 결국 AI를 활용한 행정의 의사결정은 기존의 정보와 시간, 능력적 제한하에서 만족(satisfying) 수준에만 그친 채 포기할 수밖에 없었던 이상적(ideal) 합리모형과 과학적 관리(scientific management)의 실현가능성을 제고하게 하면서도, 정해진 목표와 이를 달성할 최적 수단을 찾는 과정이 동시적이라는 점에서 어쩌면 점증주의의 정책과정을 실현하고 있는 것이기도 하다.[3]

그러나, 간과할 수 없는 사실이 남아 있다. 이토록 어마어마한 정보수집 및 분석 능력을 갖춘 AI를 활용한 의사결정에 인간 고유의 이성적 성찰이나 가치판단, 토론과 설득 및 사회적 합의를 거치는 결론의 도출 과정은 존재하지 않는다.

그림 2. 합리성 패러다임 vs. 점증주의 vs. AI 활용 패러다임

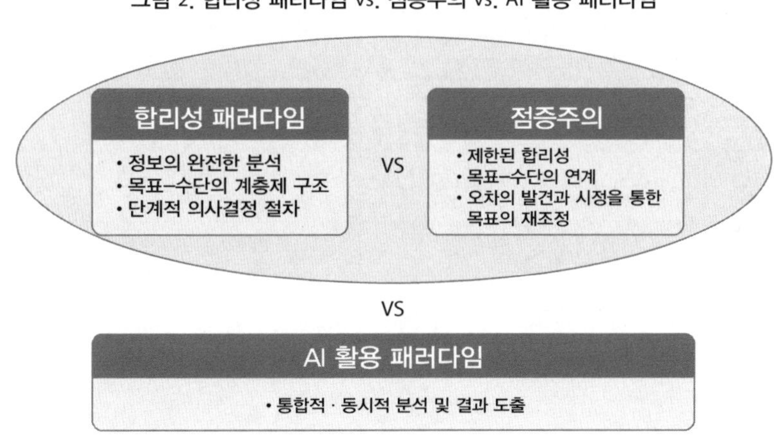

3　다만, 여전히 제한적 합리성이 담보하고 있는 점증주의의 한계는 존재한다.

3. AI의 활용 영역

AI의 유형

AI는 크게 전통적 논리형 모델(Traditional Logic-based AI)과 생성형 AI(Generative AI)로 대별된다. 논리형 AI는 사전에 정의된 규칙과 알고리즘에 따라 작동하며, 구조화 또는 고정된 데이터를 명확한 인과관계를 기반으로 분석하여 결과를 예측 또는 도출하는 모형이라 할 수 있다. 반면, 생성형 AI는 딥러닝(deep learning)에 기반하여 대규모 비구조화된 또는 비정형 데이터에서 패턴을 학습하여 새로운 콘텐츠를 생성하는 등 창의적인 결과를 도출하는 모형에 해당한다(출처: www.dataversity.net).[4]

표 3. 논리형 AI와 생성형 AI의 차이

구분	전통적 논리형 모델 (Traditional Logic-based AI)	생성형 AI (Generative AI)
목적	고정된 논리구조 규칙에 따라 결과 예측 및 제공	새로운 콘텐츠 생성 및 창익적 문제 해결
방법론	사전에 정의된 규칙 및 인과관계의 설정	(딥러닝 기반) 패턴 학습 및 데이터 기반 콘텐츠 생성
데이터 처리	구조화된 데이터 분석	대규모 비구조화된(비정형) 데이터에서 패턴 학습
응용 분야	사업계획 수립, 정책평가, 규제준수, 의료진단 등	자연어 처리, 코드 작성, 이미지 생성, 창작 등

---

4 DATAVERSITY는 데이터 관리 및 정보 기술(IT) 관련 교육 및 출판을 전문으로 하는 플랫폼으로, 데이터 전문가, IT 관리자, 그리고 기업 경영진을 대상으로 다양한 교육 자원과 정보를 제공하고 있다.

　AI 활용(In-use) 단계에서 논리형 모델과 생성형 모델을 비교하여 볼 때, 1) 인지/식별(recognition) 측면에 있어서는 논리형 모델의 경우 구조화된 데이터에서 규칙에 기반한 패턴의 매칭을 통해 사전에 정의된 특징을 식별한다면, 생성형 모델의 경우에는 텍스트나 이미지 등 비정형 데이터의 잠재적 패턴을 인식한다. 2) 탐지(detection) 측면에서는 논리형 모델의 경우 명확한 규칙에 기반하여 이상치를 탐지한다면, 생성형 모델의 경우에는 데이터 분포의 편차 분석을 통해 이상을 탐지한다. 3) 예측(forcasting) 측면에서는 논리형 모델에서는 시계열 분석 등 통계적 모델로 미래 값을 예측한다면, 생성형 모델에서는 기상 패턴의 시뮬레이션과 같이 확률적 생성 모델을 활용하여 다중 시나리오를 예측한다. 4) 추론(inference) 측면에서는 논리형 모델의 경우 명시적 논리 규칙에 따른 결정 트리의 실행으로 의미를 해석한다면, 생성형 모델에서는 확률적 신경망 추론을 통하여 맥락에 기반한 결론을 도출한다. 5) 최적화(optimization) 측면에서는 논리형 모델의 경우 제약 조건하에서 수학적 최적화를 달성하고자 한다면, 생성형 모델에서는 강화학습에 기반하여 스스로 최적화를 달성하고자 한다. 6) 내용 생성(content generation) 측면에서는 논리형 모델이 템플릿에 기반한 보고서 작성과 같이 제한적이라면, 생성형 모델은 창의적인 텍스트나 이미지, 코드 생성 등 새로운 내용을 생성한다는 점에서 차이가 있다. 7) 개인화(personalization) 측면에서는 논리형 모델이 사전에 정의된 사용자의 프로필에 기반한다면, 생성형 모델의 경우에는 실시간 상황 분석을 통한 동적 맞춤화를 구현한다. 8) 상호작용 지원(interaction support) 측면에서는 논리형 모델의 경우 고정된 흐름에 따라 대화가 이루어지는 챗봇이 대표적인 예라면, 생성형 모델에서는 맥락을 이해한 대화가 가능하여 문제를 보다 심층적으로 해결할 수 있다.

정책과정 측면에서도 살펴보자. 먼저, 의사결정(decision-making) 단계의 1) 정보수집 측면에서는 전통적 논리 기반 AI의 경우 사전에 정의된 규칙과 구조화된 데이터를 수집하여 문제대상을 탐지한다면, 생성형 AI의 경우 비정형 데이터를 대규모로 처리하면서 문맥적 의미를 이해할 수 있다. 대표적으로 소셜 미디어 데이터를 분석하여 소비자의 감정을 파악하는 경우를 말한다. 2) 대안탐색 측면에서는 논리형 AI에서는 명시적인 규칙에 따른 대안이 탐색된다면(예: 경로 탐색 알고리즘에서 최단 경로 계산), 생성형 AI에서는 다양한 시나리오를 생성하여 잠재적 해결안을 제시한다(예: 다양한 경로와 비용구조를 시뮬레이션함). 3) 결과예측 측면에서는 논리형 AI가 통계 모델이나 결정트리(decision tree)를 사용한다면, 생성형 AI는 딥러닝 기반 확률모델을 통해 복잡한 패턴과 상관관계를 학습하여 결과를 예측한다. 4) 비교평가 측면에서는 논리형 모델에서는 제한된 변수와 명확한 조건하에서만 작동한다면, 생성형 모델에서는 비정형 데이터와 다중 변수를 포함하여 대안을 종합적으로 평가한다. 5) 최적선택 측면에서는 논리형 모델이 선형 프로그래밍과 같이 명시적 알고리즘을 통해 최적해를 도출한다면, 생성형 모델은 실시간으로 변화하는 조건하에서도 강화학습이나 시뮬레이션을 통해 동적 최적화 값을 결정한다.

실행(implementation) 또는 산출(output) 단계에서는 논리형 모델에서는 사전에 정의된 프로세스를 자동화하거나 실행한다면, 생성형 모델에서는 실시간 데이터를 바탕으로 동적 실행 계획을 조정하여 수행한다. 예를 들어, 자율주행 차량의 경로를 변경하거나 자연어 생성(Natural Language Generation, NLG)을 통해 맞춤형 보고서를 작성하는 업무 등이 있다.

평가(evaluation)와 환류(feedback) 단계의 경우, 논리형 모델에서는 명확한 기준에 따른 검증 및 평가가 이루어지고, 그 결과를 바탕으로 규칙을 수정하는 절차를 따른다면, 생성형 모델에서는 데이터 피드백 루프를 활용하여 모델 성능을 지속적으로 개선하고 새로운 패턴을 학습하여 스스로 성능을 향상시킨다. 예를 들어, 강화학습 알고리즘이 새로운 데이터를 학습하여 정책을 업데이트하는 경우를 말한다. 이러한 비교 내용을 아래 표와 같이 정리할 수 있다.

표 4. 정책과정에서 논리형 AI와 생성형 AI의 차이

단계	전통적 논리 기반 AI	생성형(파운데이션) 모델 기반 AI
정보 수집	구조화된 데이터 처리	비정형 데이터 및 문맥 이해
대안 탐색	명시적 규칙에 따른 제한된 탐색	다양한 시나리오 생성 및 제안
분석 및 결과 예측	통계/결정 트리를 통한 단순 분석	딥러닝으로 복잡한 상관관계 학습
대안 비교 평가	고정된 기준으로 제한적으로 평가	다변수와 비정형 데이터를 포함한 종합 평가
최적 대안 결정	명시적 알고리즘으로 유일한 해 도출	강화학습에 따른 동적 최적화
산출	템플릿 기반 보고서 작성	맞춤형 보고서 및 콘텐츠 생성
실행	고정 프로세스 자동화	실시간 조정 및 실행
평가	기준에 따른 정량적 검증	피드백 루프를 통한 지속 개선
환류	수동적인 규칙 수정	자동 학습과 업데이트

행정의 업무와 기술 특성에 따른 유형화

일찍이 Perrow(1967)는 기술을 과업의 다양성과 분석 가능성에 따라

유형화[5]한 바 있으며, 이에 따르면 업무처리과정이 표준화되어 있어 객관적 분석이 가능한 일상적 기술이나 그 처리과정이 다양하고 복잡하지만 체계화된 절차, 공식, 기법 등이 존재하는 공학적 기술뿐만 아니라 복잡한 투입-산출 과정과 다양성이 높은 비일상적 기술도 AI를 통해 보다 빠르고 정확하게 분석할 수 있다. 그러나, 이제 AI의 출현과 발달에 따라 그 기술과 업무가 어떠한 수준의 정확성과 맥락적 다양성을 요구하는가에 따라 지능(intelligence) 또는 능력(human capabilities)의 향상을 의미하는 '증강(augmentation)'과 반복적이고 일상적인 업무(routine tasks)의 생산성 및 효율성을 추구하는 '자동화(automation)'로 구분하기도 한다(Bataller & Harris, 2016).

증강은 AI를 활용하여 인간의 지식, 기술, 경험 등을 강화함으로써 보다 효과적이고 생산적으로 업무를 수행할 수 있도록 의사결정 지원에 활용되는 것을 말하며(한세억, 2021), 이는 특히 잘 구조화된 집행적 성격의 정책 문제에서 의사결정의 합리모형을 실현할 수 있음을 나타내기도 한다(은종환·황성수, 2020).

특히, AI를 활용한 증강에 해당하는 '정책 지능(policy intelligence)'은 정부의 의사결정 지원과 집행과정에서 광범위하게 활용된다. 여기에는 재난, 안전, 교통, 환경, 에너지 등의 분야에서 AI를 활용한 실시간 상황 정보들을 제공받아 정부 운영 및 관리에 활용되는 서술적(descriptive)

5

〈Perrow의 기술 유형〉

		과업다양성	
		소수의 예외	다수의 예외
분석가능성	불가능	장인(Craft)	비일상적(Nonroutine) 기술
	가능	일상적(Routine) 기술	공학적(Engineering) 기술

출처: Perrow(1967: 196)

그림 3. 업무 특성에 따른 AI 활용 모델

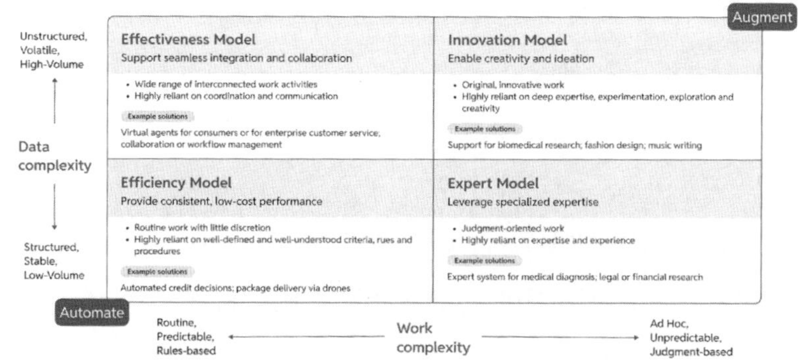

출처: Bataller & Harris(2016: 9)

정보, Covid-19나 메르스 사태 등을 포함한 환경적·의료적 또는 재정적 위기 상황에서 AI를 활용하여 효과적으로 대응할 수 있도록 돕는 진단적(diagnostic) 정보, 정책결정 과정에서 미래에 발생하게 될 상황을 AI를 통해 예측하는(predictive) 정보, 이미 발생한 위기 상황에 대응하기 위해 시뮬레이션에 기반하여 활용되는 처방적(prescriptive) 정보가 적용된다. 이러한 정보의 활용은 근거기반 정책(evidence-based policy)의 실현을 나타내는 것이기도 하다.

표 5. 정보의 유형

서술적(descriptive) 정보 : 무슨 일이 벌어지고 있는가?	진단적(diagnostic) 정보 : 왜 이런 일이 벌어졌는가?
예측적(predictive) 정보 : 앞으로 어떤 일이 벌어질 것인가?	처방적(prescriptive) 정보 : 어떻게 대응해야 하는가?

출처: 황종성(2017: 22)에서 편집

인지적(cognitive) 측면에서 증강이 보다 효율적이고 정확한 의사결정을 위해 AI와 인간이 협력하는 방식으로서 AI가 정책결정에 필요한 기초정보를 제공하고 결정은 공무원이 내리는 방식이라면, 자동화는 인간의 개입을 최소화하여 단순하고 정형화된 주변적 업무를 반복적·자동적으로 처리하기 위해 공무원이 AI를 훈련시키면 AI가 이들의 감독하에 데이터에 기반하여 정책결정을 내리는 방식을 말한다. 공공 행정에서 사회복지서비스 대상적격 심사나 세금감면 여부의 판단, 장애등급 심사, 조서의 작성 등 구비서류나 조건이 명확하게 정해져 있는 경우에는 그 형식과 조건 등을 설정한 후 자동화(automation)하는 업무에 도입될 수 있다. 예를 들어, 면허발급이나 인허가 신청, 상담 등과 같이 주민들의 일상적이고 단순한 민원 처리에 있어서 챗봇을 활용하거나 각종 결재문서, 보도자료, 주기별 업무보고 등과 같은 문서를 작성하거나 정보 입력 업무에도 활용된다. 또한 방대한 양의 법적 자료와 제도 및 규정의 검토나, 대규모 데이터를 기반으로 정확한 결과를 예측하는 기상, 재난 예측 등의 분야도 AI를 효율적으로 활용할 수 있는 영역에 해당한다.

AI의 활용 영역과 인간과 AI의 관계

AI를 통한 정책결정은 특히 정치적 성격이 강한 의사결정 분야에서 권력이나 이념적 편향, 정경유착 또는 부패 등의 문제에 영향을 받지 않고 이루어진다는 점에서 기존에 비해 정책의 효율성과 효과성, 정확성 및 공정성, 합법성 문제에서 보다 자유로워질 수 있고 그에 따른 사회적 비용을 줄일 수 있다는 장점을 가진다(Goertzel, 2016).

그러나, 현실에서는 잘 구조화된 형태의 정책문제만이 존재하지 않고 오히려 재량이나 판단 여지가 많은 역동적인 정책 상황들을 맞이하게 된다. 이러한 비구조화된 정책결정의 상황에서는 AI의 판단에만 의지할 수 없는 한계가 존재하며 이때 인간의 역할은 결정적이고 중요하며 필수 불가결하다. 따라서 이러한 경우에는 인간과 AI의 feedback loop, 즉 인간과 AI의 상호작용으로 이루어진 정책결정 모델을 적용하여 정책의 이해와 효과성을 제고할 필요가 있다(한세억, 2021). 이는 또한 정책 문제의 성격에 따라 AI의 활용 모델을 달리 적용할 필요가 있다는 것을 의미한다.

그림 4. AI 활용에 있어서 AI와 인간의 관계

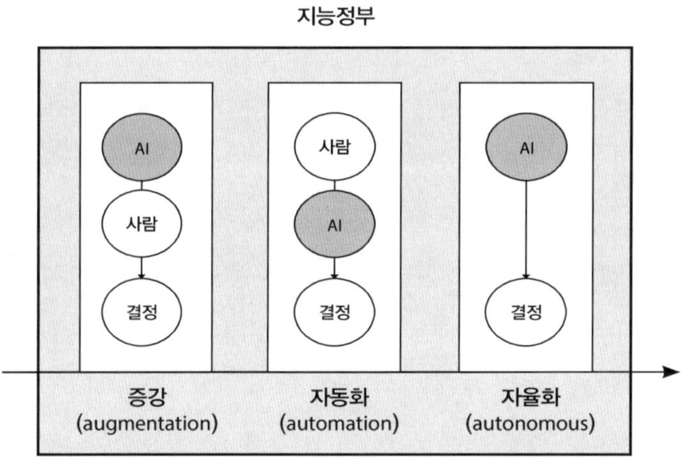

출처: 황종성(2017: 19)에서 편집

행정 및 정책 영역 중 적어도 제한된 합리성이 문제가 되는 경우에 있어서 AI의 능력이 효과적으로 발휘될 수 있는 영역은 의사결정의 논리가 명확하거나 답이 정해져 있는 문제에 해당한다. 그러나 공공 행정의 영역에서는 단순히 합리성과 신속, 정확성만을 추구하는 것이 아니라 민주성과 절차적 정당성도 추구해야 하고, 경제적 효율성과 목표달성이라는 효과성 외에 사회적 약자나 소외계층을 고려한 정책결정을 해야 하며, 성장과 분배 간 균형, 자유와 평등, 프라이버시 보호 등과 같은 고유한 가치들도 중요하게 고려되어야 한다. 또한 정책결정의 경우 이해관계자들 간의 갈등과 대립, 토론과 논쟁을 통해 합의를 이끌어내야 하는 문제들도 많다. 과연 인간의 직관과 통찰력, 상상력 및 창의력, 공감과 감성, 인권과 박애정신, 정의 등과 같은 추상적 가치를 AI가 이해하고 인간의 판단을 대체할 수 있을 것인가를 고려해 볼 때, 그 답은 아직 아니라고 할 것이다. 오히려 현재 시점에서는 AI가 합리성 기준하의 활용 가능한 정책의 영역에서 그 역량을 발휘하도록 활용하는 것이 보다 효과적일 것이다.

따라서, AI를 활용함에 있어서는 인간과 AI의 관계에 대해서도 고려할 필요가 있다. Goertzel(2016)은 이를 정책결정가와 정책분석가의 관계로 설정하기도 했다. 정책결정과정은 정책입안에 필요한 자료들과 이를 분석·예측하는 데 사용되는 모형들의 사용 과정에서 정책분석가와 기계와의 대화가 계속적으로 이루어진다. AI가 정책결정을 요하는 문제 상황을 인지하고 대안을 탐색하여 대안 간 비교평가를 통해 최적 대안의 결과를 산출하는 역할을 수행한다면, 인간은 AI가 도출한 대안에 다른 요소들을 함께 고려하여 최종적으로 결정한다. AI는 다루는 데이터의 양과 처리속도 측면에서 다른 정보시스템과 비교할 수 없을 정도로 높은 성능을 가질 뿐만 아니라 스스로 데이터를 수집하고, 분석과 학습을 통해 알고리즘을 개선시켜 나가는 자율성을 갖는다(윤상오 외, 2018). 기본적으로 정치성보다는 합리성이 지배하는 정책분석에 있어서는 특히 데이터의 수집, 분석, 평가에 많은 시간과 비용이 소요되는 과정을 AI가 수행함으로써 효율성을 높일 수 있다.

4. 공공 분야(Public Sector)의 AI 활용 혁신 사례

사례1. 산불 확산 예측 시스템

캘리포니아와 미국 서부 지역의 산불 시즌에 대응하여 USC 연구팀은 AI와 위성 데이터를 결합하여 산불 확산을 예측하는 모델을 개발했다(USC News, 2024. 7. 22). 미 육군연구소(Army Research Office), NASA, USC Viterbi CURVE 프로그램의 지원을 받아 수행된 연구를 통해 개발된 이 모델은 실시간으로 산불 확산 경로를 예측하여 소방관과 대피 팀에게 중요한 정보를 제공함으로써 생명과 재산 보호에 기여한 점에서 중요한 의미를 가진다. 앞서 소개한 'AI 활용(In-use) 단계 및 정책과정'에 입각하여 이 사례에서 AI가 적용된 과정을 설명해 보자.

1) 먼저, USC 연구팀은 과거 산불 데이터를 고해상도 위성 이미지를 활용하여 수집하여 산불의 시작과 확산, 진압되는 과정을 분석하고 기후, 연료(나무나 관목 등), 지형 등 다양한 요인이 산불 행동에 미치는 영향을 파악했다. 이는 AI 활용 과정에서 데이터의 인지 및 식별 과정이자 정책과정에서의 자료수집 단계에 해당한다.

2) 이러한 데이터 수집을 거쳐 연구팀은 cWGAN(Conditional Wasserstein Generative Adversarial Network)이라는 생성형 AI 모델을 개발하였다. 이 모델은 단순한 시뮬레이션 데이터에 의존하지 않고 실제

위성 이미지에서 패턴을 학습하여 산불의 확산 경로를 시뮬레이션하고 예측한다. 특히 산불의 경우 풀이나 관목, 나무 등이 연료로 사용되어 점화 및 복잡한 화학 반응이 나타나 여과 바람의 흐름을 생성하면서 확산되는 특징을 가지며, 지형과 날씨 조건도 큰 영향을 미치기 때문에 이러한 산불의 흐름과 확산의 복잡하고 비선형적인 과정을 처리하기 위해서는 고급 컴퓨팅 기술이 필요하다.

3) 이러한 과정은 AI 활용 단계에서 데이터의 탐지 및 예측과 추론 과정에 해당하며, 정책과정에 있어서는 대안탐색 및 결과예측 단계에 해당한다.

4) 이 예측 모델은 산불의 실시간 진행 상황을 추적·예측하고, 소방관과 대피 팀에게 정밀하고 적시적인 데이터를 제공함으로써 현장 대응을 강화할 수 있게 해준다. 이처럼 실시간으로 변화하는 상황에 따라 최적화된 결과값을 도출하여 제공하는 것은 AI 활용 단계의 최적화(optimization)에 해당하며, 정책과정에서의 최적대안 선택 단계이기도 하다.

이 시스템의 개발은 기존의 제한된 변수 및 조건하에서의 기술로 예측하기 어려웠던 산불의 움직임을 이해하고 그 확산에 대처하는 데 중요한 진전을 가져왔을 뿐만 아니라, 다양하고 대용량의 데이터를 학습, 통합함으로써 예측의 정확도를 높일 수 있게 하였다. 이 산불 확산 예측 시스템 개발 및 적용은 AI의 잠재력을 복잡한 자연 현상을 이해하고 관리하는 데 성공한 대표적 사례라 할 수 있다.

사례2. AI 음성인식 성폭력 피해 조서 작성 시스템

AI 활용은 치안 및 형사사법 분야에서 범죄예측뿐만 아니라 범죄사실에 대한 조사 및 보고서 작성에도 사용된다. 2020년, 경찰청은 국내 최초로 인공지능(AI) 기반 음성인식 기술을 활용한 '성폭력 피해조사 및 조서 작성 지원 시스템'을 도입하였다. 이 'AI 음성인식 성폭력 피해 조서 작성 시스템'은 인공지능 전문기업 셀바스 AI(www.selvasai.com)의 인공지능 음성기술을 활용해 수사관과 피해자의 조사 과정을 돕는 실시간 조서 작성 시스템을 구축한 것으로, 진술 조서 내용을 자동으로 텍스트로 변환, 기록 및 저장하고 진술 조서를 데이터베이스화 할 수 있다(인디고, 2020. 8. 3). 이를 AI 활용 단계 및 정책과정에 적용하면 다음과 같다.

1) 이 AI 기반 음성인식 기술은 수사관과 피해자의 음성을 각각 인식하여 대상별 대화 내용을 곧바로 텍스트로 변환하여 진술 조서를 작성하고, 멀티모달 감정 인식을 적용하여 피해자의 감정을 인식하는 기능을 갖추었다. 이는 AI 활용 단계에 있어서 자료의 인지 및 식별과 탐지 단계에 해당하며 정책과정상의 자료수집 단계이기도 하다.

2) 수사관들은 피해자 진술 대화를 음성으로 인식 후, 실시간으로 문서화하여 상담내역의 확인과 조서 시스템 등록 및 관리까지 진행할 수 있다. 이러한 텍스트 변환 및 문서화 과정은 AI 활용 단계에 있어서 정보수집 후 내용 생성(content generation) 단계이자 정책과정에서의 집행 단계이기도 하다.

3) AI 음성인식 기술을 활용해 자동으로 작성되는 조서들은 모두 데이터베이스화되어 관리되며 피해자 조사 시 필요한 데이터, 법령 등을

알려주기도 한다. 수사관들은 이러한 AI 수사 가이드를 제공함으로써 신속하고 풍부한 조사를 진행할 수 있다. 이 과정은 AI 활용 단계에서 개인화(personalization) 및 상호작용 지원(interaction support) 단계로서, 자료(보고서)의 생성 후 사용자에 맞는 또는 필요한 자료를 추출할 수 있는 단계에 해당한다. 이는 정책과정의 집행 단계에서 일선관료의 서비스 실행 단계이기도 하다.

4) 또한 데이터로 변환된 텍스트의 형태소와 구문의 분석을 통해 미리 등록한 중요 키워드의 추출과 통계화가 가능해 범죄 예방 및 수사 자료로 활용할 수 있다. 이처럼 생성된 자료로부터 필요한 데이터를 추출하고 이를 가공하여 다시 활용하는 과정은 AI 활용 단계에서는 상호작용 지원 단계이자 정책과정에서는 집행(실행) 후 호환이 이루어지는 평가 단계라 할 수 있다.

5) 2023년에는 지역 사투리 데이터의 학습을 통해 음성 인식률을 높이고 사건개요와 진술자료의 데이터를 축적, 관리, 정제하는 한편, 대화형 검색 기능을 추가하여 수사관의 질문에 최적화된 답변이 추출될 수 있도록 신규 기능도 추가하였다(The AI, 2023. 9. 4). 이처럼 지역 사투리를 판별하여 음성을 인식하는 과정은 학습 기반의 최적화 과정이라 할 수 있다.

결국 이러한 시스템의 도입은 수사관들은 조서 작성의 부담을 덜고, 피해자와의 라포(공감대) 형성과 조사를 위한 대화에 보다 집중할 수 있게 됨으로써 업무효율성 제고에도 도움이 될 수 있을 것으로 보인다. 2020년부터 추진된 이 AI 음성인식 기술 기반 조서작성 시스템은 시도 경찰청과 전국 1, 2급지 경찰서, 해바라기센터 등 총 239개소에서 운영되고 있으며(2023년 기준), 이러한 시스템의 고도화로 인해 피해자 진술 외에는 물적 증거가 없는 성범죄 사건에서 구체적이고 정확한 조사가 가능하도록 모든 대화의 내용을 기록·저장하고 조서의 형태로 문서화함으로써 수사보고서 작성의 효율화와 조사의 완성도를 높이는 데 기여할 것으로 예상된다.

사례3. AI 기반 자동 코딩 시스템

미국 노동통계국(Bureau of Labor Statistics, BLS)은 산업 재해 및 질병 서베이(Survey of Occupational Injuries and Illnesses, SOII) 데이터를 자동으로 코딩하는 방식을 점진적으로 발전시켜 왔다. SOII는 비치명적 직장 부상 및 질병의 발생률과 수를 추정하기 위한 조사로, 업무에서의 결근(Days Away From Work, DAFW) 또는 직무 전환 및 제한(Days of Job Transfer or Restriction, DJTR)이 발생한 사례에 대한 데이터를

표 6. 미국(BLS) 산업 재해 및 질병 데이터 코드 분류 양식

OSHA field	SOII Code	Coding Taxonomy Used
Job title	Occupation	Standard Occupational Classification
What was the employee doing just before the incident occurred?	Event or exposure	Occupational Injury and Illness Classification System
What happened?	Nature of injury or illness and Event or exposure	Occupational Injury and Illness Classification System
What was the injury or illness?	Nature of Injury or illness and Part of body	Occupational Injury and Illness Classification System
What object or substance directly harmed the employee?	Source and Secondary Source of injury or illness	Occupational Injury and Illness Classification System

출처: U.S. Bureau of Labor Statistics

수집한다. BLS가 이를 분석하고 표준화된 통계를 생성하기 위해서는 OSHA(Occupational Safety and Health Administration) 양식의 텍스트 데이터를 표준 코드로 변환하는 과정이 필요했다. 과거에는 이 작업을 전적으로 사람이 수행하였으나, 2014년부터 기계 학습(Machine Learning)을 활용한 자동화 과정이 도입되면서 AI 기반 자동 코딩 시스템(AutoCoder)이 개발되었다.[6]

이러한 과정을 AI 활용 단계와 정책과정에 대입해 보자.

1) 미 노동통계국(BLS)은 산업 재해 및 질병 서베이(SOII)의 표준화된 통계를 산출하기 위해 먼저 OSHA 양식의 비정형 데이터를 수집하였다. 이를 표준 코드로 전환하기 위한 머신러닝 사용을 위하여, 먼저 학습 알고리즘에 이전에 코딩된 대량의 SOII 내러티브에 대하여 학습시켰다.

이는 비정형 데이터의 수집과 그 잠재적 패턴을 인식하는 인지 또는 식별(recognition) 단계에 해당한다.

2) BLS는 2014년 조사에서 머신러닝을 사용하여 사례 하위 집합을 코딩하였으며, 2018년 이후 보다 정교한 심층 신경망(Deep Neural Networks) 아키텍처로 선환되면서 2019년에는 전체 6가지 코딩 작업(직업, 사건, 원인, 부상 유형, 신체 부위, 2차 원인)에 대해 약 85%의 데이터를 자동 코딩할 수 있었다.

이는 AI 활용 단계에 있어서 확률적 신경망 추론을 통해 결과를 도출하는 추론(inference) 과정에 해당한다.[6]

---

3) 이 과정 중 2020년에 코로나19(COVID-19) 팬데믹이 발생하면서 기존에 없던 새로운 유형의 사례들이 등장하자, BLS는 코로나19 관련 사례의 신뢰성을 높이기 위해 수동으로 코딩하였다. 이로 인해 자동 코딩 비율이 일시적으로 감소하였으나 2021년부터 트랜스포머(Transformer) 아키텍처가 도입되면서, 코로나19 사례를 포함한 모든 데이터를 다시 자동화할 수 있게 되었고, 2021년과 2022년에는 전체 사례 중 92% 이상을 자동 코딩하는 성과를 거두었다.

이러한 과정은 강화학습을 기반으로 스스로 최적화된 분류 결과를 산출하는 최적화(optimization) 단계라 할 수 있으며, 정책과정에 있어서는 수집된 정보를 바탕으로 결과를 예측하고 최적화된 대안 결과를 산출하는 과정에 해당한다.

이러한 BLS의 자동 코딩 시스템은 산업 재해 및 질병 데이터 처리의 효율성을 대폭 향상시켰다. 기존에는 사람이 일일이 데이터를 확인하고 표준 코드로 변환해야 했던 업무가 기계학습 과정으로 자동화되면서 통계 생산 속도가 획기적으로 증가했다. 특히, 2014년에는 전체 사례 중 26%만이 자동으로 코딩되었으나, 2019년에는 85% 이상, 2021년부터는 92% 이상이 자동으로 처리되면서 일관성과 정확성이 크게 향상되었다. 이 자동코딩 기술은 산업 재해 및 질병 데이터를 보다 체계적으로 분석할 수 있도록 하면서 산업 현장의 안전 개선과 예방 조치의 강화에도 기여하고 있다.

사례4. AI 기반 재난 대응 관리 시스템

UNESCO는 일본 정부의 지원을 받아 동아프리카 재난 예방 접근법 강화 프로젝트(Strengthening Disaster Prevention Approaches in Eastern Africa, STEDPEA)의 일환으로, 남수단, 르완다, 탄자니아 등 동아프리카 국가에서 AI 기반 재난관리 시스템을 개발하고 도입했다.

2020년 홍수로 수십만 명이 집을 잃고 기본적인 서비스에 접근하지 못하는 상황에서 남수단 정부는 스마트폰 애플리케이션으로 개발된 AI 챗봇을 통해 재난 상황에 관한 예측 및 정보를 제공함으로써 주민들이 신속히 대처할 수 있도록 하였다(UNESCO, 2021. 9. 10).

르완다에서도 2020년 발생한 홍수와 산사태로 298명이 사망하고 414명의 부상 사상자를 낸 상황에서 AI 챗봇을 통해 피해지역 식별과 복구계획 수립에 도움을 받았다. 르완다 정부는 AI 챗봇을 통해 위험 지역의 지역 주민들에게 조기 경고 메시지를 전달하고 대피소 위치를 안내하도록 했다(Resilient Digital Africa, 2021. 9. 20).

1) 두 국가에서 활용된 이 AI 기반 재난관리 시스템은 재난 전 조기 경보(early warning)와 재난 중의 피해상황 보고 및 실시간 대응에 대한 지원, 재난 후 대피소 위치나 식량배급소 등과 같이 복구 지원을 위한 정보를 제공하였다.

2) 특히 이 시스템은 Weather News Inc.와 협력하여 위성 데이터를 활용한 위험 모델링과 예측 기능을 강화한 것이다.

이는 정책과정에 있어서는 재난상황에 대응하기 위한 정보수집과 다양한 대안의 탐색, 그리고 실시간 정보를 종합하여 재난 대응을 위해 어떠한 대안이 더 나은지에 대한 비교평가 및 결과예측 과정에 해당한다. AI 활용 단계에 있어서는 인지·식별(recognition)과 예측(forcasting) 및 추론(inference) 단계이자 이를 통해 최적 방안을 제시(optimization)하는 과정에 해당한다.

3) 또한 이 시스템은 남수단의 다양한 부족 언어와 르완다의 키냐르완다(Kinyarwanda) 언어를 포함한 다국어 지원을 통해 다양한 커뮤니티가 쉽게 접근할 수 있도록 하였다. 이러한 기술은 언어처리 시스템과 머신러닝(machine learning) 기술을 활용하여 시민들의 요구와 우려를 분석하고 이를 기반으로 적합한 정보를 제공하는 것이다. 이는 사례3에서 설명한 AI 활용의 과정이 동일하게 추가적으로 적용된다고 할 수 있다.

4) 이 AI 기반 재난 대응 시스템은 시민과 정부 간의 소통을 최적화하여 긴급상황에서 신속한 대응을 가능하게 함으로써 시민들의 정보 접근성을 제고하고, 피해 지역 및 피해 규모 평가를 통해 자원의 효율적 배분을 지원하는 한편 재난에 대한 지역사회의 회복력을 강화하는 역할을 할 수 있다.

이처럼 AI를 활용하여 재난 상황의 예측 시스템 개발과 피해 지역을 식별하고 피해규모를 평가하는 과정은 정책과정의 평가 및 환류 단계에 해당한다.

이 AI 활용 시스템은 기후변화로 인한 자연재해와 재난 위험의 증가에 효과적으로 대응할 수 있도록 돕는 혁신적인 사례로 제시될 수 있다. 다만, 이들 국가와 같이 데이터의 양과 인터넷 연결에 취약한 지역들의 경우 AI 챗봇의 사용이 제한되고, 데이터 부족으로 예측 정확도가 낮아질 가능성도 높다는 점에서 여전히 한계를 가진다.

5. 결론

AI의 공공부문에의 도입은 행정의 효율성(efficiency) 추구를 우선시하는 것이지만 그로 인한 공공가치의 실패(failure of public value)를 우려하는 관점도 존재한다(Schiff & Schiff, 2022). AI의 자동화된 의사결정(ADS)은 공정성(fairness)이 담보되어야 할 공공의 영역에서 오히려 편향된 데이터로 인한 불공정한 의사결정이나 투명성 및 책임성의 문제를 제기하고, 프라이버시 침해와 일자리 감소를 야기하기도 한다. 인간의 영역이었던 정책결정자의 의사결정(decision-making)이 기술에 위임되면서 정책에 공공가치가 반영되지 못하고 이는 정부의 성과에도 부정적 영향을 미치게 된다(Schiff, Schiff, & Pierson, 2022).

AI는 인간의 두뇌와 지능을 모방하고 인간의 노동과 자본을 대체함으로써 그 가치를 인정받는다. 즉, AI의 본질은 데이터와 알고리즘을 활용한 인간의 모방과 자원 대체라 할 수 있는 것이다. 그렇다면 AI 시대라 할지라도 정책결정의 핵심에는 여전히 인간이 존재할 수밖에 없다(윤상오 외, 2018).

과연, 우리는 데이터(data)와 알고리즘(algorithm)만으로 의사결정을 내릴 수 있을 것인가? 사회적 합의와 숙의 민주주의에는 어떻게 이를 수 있는가? 인간 고유의 가치판단, 역사적 유물과 개발 사이의 상충, 소수자의 고려, 종교 및 지역 간 갈등에 필요한 합의의 도출과 같이 우리 사회에는 AI에만 맡겨둘 수 없는 영역이 여전히 존재한다. AI를 통한 민주주의의 실현이라는 남은 숙제 역시 결국은 이를 어떻게 설계할 것인지에 대한 인간의 숙고를 요한다.

AI의 등장으로 우리 사회는 새로운 패러다임을 맞이하였다. 행정의 영역에서도 소수의 관료들이 정책적 의사결정과정을 독점하던 관료제의 철칙은 깨지고 이제 AI를 활용한 의사결정과 참여적 민주주의가 가능해진 시대가 되었다. 결국 우리는 AI라는 혁신적 수단이 인간과의 상호작용을 통해 보다 나은 사회와 인간의 삶의 질을 향상하는 데 기여하도록 할 필요가 있다. 그러나 여전히 인간이 만들어내는 데이터에는 다양한 오류와 편견이 포함되어 있을 수 있다는 점에서, 현재의 인간과 AI 간의 관계에서는 인간이 모든 결정과 판단을 AI의 자율성에 맡기기보다는 인간이 목적에 맞게 초기의 알고리즘을 설계하고 그러한 과정에서 최대한 편견과 오류를 줄일 수 있는 방안을 모색할 필요가 있다.

☞ 생각해 볼 만한 질문들

» 행정의 패러다임(Paradigm)은 AI의 활용으로 어떻게 변화하고 있는가?

» 행정 업무와 기술에 따라 AI가 적용되는 영역은 어떻게 달라질까?

» AI의 활용 단계들은 정책 과정과 어떻게 연결될까?

AI 기반 인사관리시스템의 도입 현황

이준혁

이 장에서는 인공지능(AI)의 도입이 조직구조와 인사관리시스템에 가져온 긍정적인 변화와 다양한 사례를 살펴보고, 그 이면에 존재하는 다양한 문제점과 향후 방안을 논의한다.

오늘날 AI는 생산성과 효율성 개선에 기여하는 핵심적인 기술로, 제조, 금융, 유통, 의료 등 다양한 산업에 도입되어 활발하게 사용되고 있다. 예를 들어, 제조업에서는 예측 유지보수 시스템으로 고장을 미리 감지하고, 금융권에서는 AI 알고리즘이 대출심사나 투자 전략 수립에 쓰인다. 유통업에서는 고객 데이터를 분석해 맞춤형 마케팅 전략을 세우고, 의료 분야에선 질병 진단과 치료 계획 수립에 활용된다.

그러나 AI는 단순히 조직의 업무 프로세스만을 바꾸는 것이 아니다. 조직을 구성하는 구조적 요소들—즉, 부서 간의 관계, 권한의 흐름, 계층 구조, 의사결정 방식—까지 근본적으로 재편하고 있다. 이는 단순한 기술 변화가 아니라, 조직이 운영되는 방식 자체의 전환을 의미한다.

AI의 도입은 특히 인사관리(Human Resource Management, HRM) 시스템에도 큰 변화를 불러오고 있다. 기존의 인사관리는 사람의 직관과 경험에 기반한 것이었다면, 오늘날의 인사관리는 데이터와 알고리즘을 기반으로 한 정량적이고 예측적인 시스템으로 변화 중이다. AI는 지원자의 역량을 자동 분석하고, 직원의 성과를 실시간으로 추적하며, 팀 간 협업 스타일까지 진단해 인재관리의 정교함을 한층 높이고 있다.

그러나 모든 변화가 긍정적인 것만은 아니다. 'AI가 인간의 역할을 대체할 수 있을까?', 'AI가 내리는 판단은 공정한가?'라는 질문이 끊임없이 제기되고 있으며, 이에 따라 조직은 AI 기술의 도입과 함께 윤리적 기준의 정립과 사회적 책임 이행이라는 새로운 과제를 마주하고 있다.

1. 서론: AI와 조직구조의 변화

AI가 조직에 가져오는 가장 눈에 띄는 변화는 업무 자동화를 통한 효율성과 생산성의 비약적 증가다. 반복적이고 시간이 많이 드는 업무는 AI에게 맡기고, 인간 구성원은 더 고차원적이고 전략적인 업무에 집중할 수 있게 되었다. 예를 들어, 회계팀은 AI가 자동 처리하는 거래 기록 정리를 넘어, 재무 전략 수립에 더 많은 에너지를 투입할 수 있게 된다. 이는 단순히 '편해졌다'는 차원을 넘어, 조직의 구조와 설계 자체를 바꾸는 힘을 지닌 변화다. 이처럼 AI는 조직의 근본적인 구조를 바꾸고 있으며, 이는 곧 구성원과 인사관리시스템의 변화로 이어진다. 따라서 AI가 인사관리시스템에 미치는 영향을 이해하기 위해서는 먼저 AI가 조직구조에 미치는 영향을 살펴볼 필요가 있다.

표 1. 구조의 변화: 전통적 조직 vs AI 도입 조직

구분	전통적 조직	AI 도입 조직
수평적 복잡성	부서 세분화, 직무 분리	부서 통합, 직무 융합
수직적 복잡성	중간관리자 중심 위계 구조	중간관리자 감소 + 신기술 기반 위계 재편
공식화	정형화된 절차 및 보고 강조	자율적 판단, 실시간 의사결정 강화
집권화	중앙집중형 의사결정	분산된 의사결정 구조, 임파워링 확대

수평적·수직적 복잡성

AI 도입에 따른 조직구조의 가장 큰 변화 중 하나는 조직 복잡성의 변화이다. 조직의 복잡성은 다양성과 전문성을 의미한다. 수평적 복잡성은 조직 내 부서 수, 직무의 다양성과 전문성을 의미한다. 수직적 복잡성은 조직의 계층 수, 즉 위계 구조의 높이를 뜻한다.

수평적 복잡성 감소

AI는 다양한 기능과 직무를 통합하고 자동화할 수 있는 능력을 갖추고 있다. 예를 들어, 과거에는 별도의 부서에서 담당하던 데이터 수집, 분석, 보고 작성 같은 작업들이 이제는 AI 시스템 하나로 통합 수행되기도 한다. 이로 인해 조직 내 직무가 소수의 전문 인력에 의해 관리되면서, 전체적으로 수평적 복잡성이 줄어드는 현상이 나타나고 있다.

예를 들어, 생산라인 운영에는 품질 관리, 설비 유지보수, 재고 파악, 생산 계획 등 다양한 직무가 필요했으나, 점차 센서, AI, 로봇 공정이 도입되면서 생산 설비가 스스로 상태를 진단하고, AI가 재고를 예측하며 생산 계획을 조정하게 된다. 이처럼 다양한 기능 부서가 통합되고, 생산 기술 엔지니어 몇 명이 이를 관리하는 구조로 간소화되고 있다.

과거 대부분의 조직은 기능별로 부서를 세분화해 운영했다. 예를 들어 마케팅 부서는 시장조사를 하고, 데이터 분석 부서는 수집된 데이터를 정제하고, IT 부서는 이를 저장하고 관리하는 식이었다. 이렇게 부서가 나뉘어 있으면 각각의 업무는 전문화될 수 있지만, 부서 간 협업을 위한 조정 회의, 정보 공유 프로세스, 보고 체계 등이 필요했고, 이는 시간과 비용을 증가시키는 요인이 되었다. 하지만 AI는 이러한 경계를 기술적으로 통합시킬 수 있게 한다.

예를 들어, 마케팅 부서와 데이터 분석 부서가 통합될 수 있다. 과거에는 마케팅 부서는 고객의 반응을 예측하기 위해 시장조사팀이 데이터를 수집하고, 수집된 데이터는 데이터 분석팀이 분석해 마케팅 전략으로 전환했고, 이 과정을 반복하려면 각 부서 간 지속적인 피드백 루프가 필요했다. 그러나 이제는 AI 시스템 하나가 데이터를 수집하고 분석까지 수행한다. 즉, 기술이 '중개자' 역할을 하던 사람들을 대체하면서 부서를 묶어준다. 예컨대, 한 AI 마케팅 담당자가 시장조사와 데이터 분석을 모두 수행하게 된다. 결과적으로, 부서를 나누어야 할 실질적 이유가 줄어들고, 조직은 기능 중심보다는 문제 해결 중심 또는 프로세스 중심의 유연한 구조로 재편될 수 있게 된다.

수직적 복잡성: 증가인가, 감소인가?

AI 도입이 수직적 복잡성, 즉 조직의 계층 구조에 미치는 영향은 양면적이다. 업무 자동화에 따라 단순 과업이 줄어들면, 이를 관리하던 중간관리자의 필요성이 줄어들게 된다. 콜센터의 경우, 과거에는 상담원 → 주임 → 팀장 등 여러 계층이 존재했지만, AI 챗봇이 1차 문의를 처리하고 남은 복잡한 문제만 주임 또는 팀장에게 전달되면 하위 또는 중간 계층의 수요는 줄어든다.

반대로, AI 기술은 단순히 기존 위계를 줄이는 게 아니라, 새로운 업무와 역할이 등장하면서 새로운 형태의 위계를 창출하기도 한다. 예를 들어, AI 결과를 검수하고 학습 데이터를 정제하는 데이터 태거(data tagger)

같은 직무는 과거엔 존재하지 않았던 분야다. 데이터 태거와 같은 직무가 생겨나면, 그것을 조정·운영·감독할 또 다른 계층이 필요해진다.

결국, 조직의 수직적 복잡성이 무조건 줄어드는 게 아니라, 전통적 관리 계층(예: 중간 관리자)은 줄어들지만, 동시에 신기술과 데이터 기반 업무를 관리할 새로운 계층이 생겨나는 구조로 방향이 전환된다.

복잡성 감소가 가져오는 인재상의 변화

조직 내 복잡성이 줄어든다는 건 단순히 부서 수나 직무 수가 줄어든다는 뜻만은 아니다. 그것은 곧 남아 있는 직무 하나하나가 훨씬 더 다양한 역할과 책임을 포함하게 된다는 의미다. AI가 다양한 기능을 자동으로 수행하게 되면서, 더 이상 단일 기능에만 특화된 인재는 조직 내에서 차별화된 가치를 내기 어려워진다. 과거에는 '전문성과 경험'이 인재 평가의 핵심이었다. 예컨대, 회계 전문가라면 10년간의 회계 경험과 자격증이 가장 중요한 평가 기준이었다. 하지만 이제는 AI가 그 전문 업무를 빠르게 대체하고, 더 적은 인원이 여러 직무를 통합 수행하게 되면서, 이전의 단일기능 전문성만으로는 조직에서 경쟁력을 갖기 어려운 시대가 되었다. AI 시대에 구성원에게 요구되는 역량과 인재상은 다음과 같다.

표 2. AI 시대 요구되는 역량과 미래형 인재상

인재 유형	내용	필요 역량(예)
파이(π)형 인재	다기능 융합적 역량	데이터 분석+전략 설계+커뮤니케이션
커뮤니케이터형 인재	경계를 넘나드는 소통	부서 간 조정과 협업, AI-사람 상호작용
실무형 AI 인재	능숙한 AI 활용 능력	AI 기반 자동화 도구, 시스템 및 플랫폼 운영

멀티 역량을 갖춘 파이(π)형 인재: AI가 수집·분석·리포트 작성을 모두 처리하는 시대에는, 사람은 단순 반복 업무보다 전략적 판단, 창의적 사고, 부서 간 소통 같은 융합적인 기능을 수행해야 한다. 예를 들어, 데이터 분석가는 단순 수치 해석을 넘어서, 마케팅 전략을 짜고 프레젠테이션을 직접 할 수 있어야 한다.

경계를 넘나드는 커뮤니케이터: 부서 간 경계가 약해지고 통합이 이뤄지면서, 조직 내 다양한 기능을 이해하고 연결할 수 있는 소통형 인재의 중요성이 커진다. 팀원 간 협업은 물론, AI 시스템이 제시하는 데이터를 인간 언어로 해석하고 현장에 적용하는 능력이 중요해진다.

디지털 도구를 능숙하게 다루는 실무형 인재: AI를 사용하는 조직에서는, 기초적인 데이터 분석, 자동화 툴 활용, 플랫폼 운영 능력이 기본기가 된다. AI에 '일을 맡길 수 있는 사람'이어야 한다. 이는 단순한 IT 지식이 아니라, 비즈니스 맥락에서 AI를 실용화할 줄 아는 능력이다.

공식화와 집권화

AI의 도입은 조직 내 의사결정 방식과 업무 수행 구조에도 큰 변화를 일으킨다. 과거엔 상위 계층에서 세세한 지시를 내려야만 업무가 진행되던 방식이었다면, 오늘날은 구성원이 스스로 판단하고 실시간으로 의사를 결정할 수 있는 환경이 마련되고 있다. 결과적으로, 과도하게 공식화된 절차나 강력한 중앙 통제는 AI 시대에 적합하지 않게 된다. 조직은 더 유연하고 분산된 시스템으로의 전환을 요구받고 있으며, 이러한 변화는 크게 다음의 세 가지 핵심 요소에 의해 유발된다.

임파워링(Empowering)의 확대

임파워링이란, 말 그대로 조직 구성원에게 더 많은 권한을 '부여'하는 것을 뜻한다. AI 시스템은 직원이 더 많은 정보를 실시간으로 확인하고, 이를 바탕으로 스스로 결정을 내릴 수 있도록 도와준다. 예를 들어, 금융 분야에서 AI는 고객 상담 직원이 고객 맞춤형 솔루션을 제공할 수 있도록 돕는다.

예를 들어, 과거 지점 창구 직원은 고객 상담 시 상품 추천이나 조건 변경에 대한 재량권이 거의 없으며, 본사 지침에 따라 표준화된 응대만 가능했다. 그러나 AI 도입 후, AI 기반 고객분석 시스템이 고객의 금융 성향, 거래 패턴, 리스크를 실시간 분석하여 맞춤형 금융상품을 추천하고, 창구 직원은 해당 정보를 바탕으로 직접 상품 제안과 조건 조정 권한을 갖게 된다.

더 이상 모든 업무가 상사나 조직의 승인 아래 이루어질 필요가 없고, 각 개인이 주도적으로 판단하고 움직이는 문화가 만들어진다.

정보의 실시간성

AI는 데이터를 수집·분석하고 실행 방안을 제시하는 전 과정을 거의 즉시 수행할 수 있다. 이런 정보의 실시간 처리 능력은 과거처럼 상위 조직이 정보를 모아서 판단한 뒤 하달하는 구조를 비효율적으로 만든다.

예를 들어, 공급망 관리에서, 과거에는 재고 부족 시 하청업체에 연락하려면 보고 절차를 밟아야 했지만, AI 시스템이 센서 데이터를 기반으로 즉각 예측하고, 자동 발주까지 연결해 준다. 즉, 중간 관리자나 본부의 개입 없이도 현장에서 의사결정이 가능해진다.

더 이상 상위 계층이 모든 것을 통제하지 않아도 되고, 조직은 훨씬 빠르고 유연하게 대응할 수 있다.

의사결정의 자동화

AI는 단순히 정보를 제공하는 것에 그치지 않고, 의사결정 과정 자체를 자동화하기도 한다. 복잡한 위계 구조에서 내려오는 지시를 기다릴 필요 없이, 시스템이 추천하거나 자동으로 실행할 수 있기 때문이다.

예를 들어, 고객 불만 접수 시, AI가 유사한 사례를 바탕으로 보상안을 추천하거나 자동 처리하게 된다. 이러한 보조 의사결정 시스템은 의사결정 속도를 빠르게 하고, 불필요한 승인·보고·조율 과정, 즉 인건비, 시간 낭비를 줄인다.

이를 통해 조직은 운영비를 줄이는 동시에, 변화에 더 빠르게 반응할 수 있는 민첩성(agility)을 확보할 수 있다.

2. 인사관리시스템의 변화: 감각이 아닌 데이터로 관리하는 시대

조직에서 가장 중요한 자산은 '사람'이다. 이를 관리하고 전략적으로 활용하는 역할을 맡는 것이 바로 인사관리다. 인사관리는 단순히 인력을 채용하고 급여를 지급하는 행정 업무를 넘어서, 인재의 선발, 배치, 개발, 평가, 보상, 이직에 이르는 전 과정에서 조직과 구성원이 함께 성장할 수 있도록 사람과 일의 관계를 전략적으로 설계하는 조직의 핵심 시스템이다.

과거 인사관리는 오랫동안 '사람의 직관과 경험'에 의존해 왔다. 면접관은 이력서를 통해 직감을 발휘하고, 면접 자리에서 느껴지는 태도와 말투를 종합해 '좋은 사람'을 골라내는 것이 중요했다. 관리자는 구성원의 성격을 파악해 팀을 구성하고, 평가 시즌마다 오랜 고민 끝에 성과를 정리했다. 하지만 이제 인사관리는 그 본질적 역할과 방식이 모두 변화하고 있으며, 그 변화의 중심에는 바로 AI가 있다.

AI의 도입은 인사관리를 직관 중심에서 데이터 기반의 예측적·객관적 시스템으로 변화시키고 있다. 이는 단순한 도구의 변화가 아니라, '사람을 이해하고 다루는 방식 자체'의 근본적인 패러다임 전환이다. 이러한 변화는 단지 '기술의 활용'이라는 수준을 넘어 인사관리의 기준과 철학을 다시 쓰고 있다. '사람 중심' 인사관리는 '데이터 기반'으로, 경험과 감에 의존하던 의사결정 방식은 알고리즘과 정량분석 중심으로 바뀌고 있다.

표 3. AI 도입에 따른 인사관리시스템의 변화

구분	기존 방식	AI 기반 변화
선발	면접관의 직감 및 안목, 이력서 수작업 검토	AI 면접, 게임형 평가, 자연어처리 기반 서류 검토
배치	조직과 직무에 사람을 맞춤	역량 분석, 조직문화 적합도를 토대로 사람을 직무에 배치
교육/훈련/개발	일괄형 온/오프라인 교육	맞춤형 콘텐츠 추천, 실시간 피드백
평가	주관적, 연 1~2회 평가	실시간 정량 평가, 감정 분석 기반 정성 평가
보상	규정에 의해 동일한 보상	개인화된 보상
유지/이직 관리	사후 대응	이직 예측, 몰입도 추적 기반 개인화된 유지/이직 관리

다음에서는 AI가 인사관리 각 영역에 어떻게 스며들고 있고, 그로 인한 인사관리시스템의 변화를 본격적으로 살펴보려 한다.

인재 선발: 안목에서 알고리즘으로

'선발(selection)'은 인사관리시스템의 시작점이자, 조직의 미래를 결정짓는 가장 중요한 순간이다. 수많은 지원자들 가운데 조직에 가장 적합한 사람을 찾아내고, 함께 일할 사람을 결정하는 과정이다. 단순히 좋은 스펙을 가진 사람을 뽑는 것이 아니라, 직무에 적합한 역량을 갖추고, 조직문화와 잘 어울리며, 성장 가능성이 있는 사람을 가려내는 일이다.

어떤 사람을 선발하느냐에 따라 조직의 경쟁력이 결정된다. 적합한 인재는 조직의 비전을 현실로 바꾸고, 문화에 생기를 불어넣으며, 지속적인 혁신을 가능하게 만든다. 반면, 부적합한 인재는 생산성 저하뿐 아니라 팀워크 붕괴, 조직 신뢰도 하락까지 야기할 수 있다. 결국, 선발은 단순한 절차가 아니라, 조직의 성패를 좌우하는 전략적 선택이다.

과거의 인재 선발은 면접관의 눈과 감각에 크게 의존했다. 이력서를 하나하나 검토하고, 구조화된 질문으로 면접을 진행하고, 면접관의 경험과 직감으로 '이 사람이 잘 맞을 것 같다'고 판단했다. 그러나 이런 방식은 시간이 많이 들고, 주관적인 편견이 개입될 수 있으며, 모든 지원자를 공정하게 판단하기 어렵다는 한계가 있다. 그러나 AI의 활용은 선발 과정을 속도, 공정성, 예측력 측면에서 크게 변화시키고 있다.

표 4. AI 기반 선발 시스템의 특징

구분	평가 요소	장점
AI 서류 심사	키워드, 경력 연관성	대량의 서류를 신속 심사, 실수/편향 최소화
AI 면접	표정, 언어, 감정 분석	평가의 일관성 확대, 언어적/비언어적 요소를 종합적으로 분석
게임형 평가	인지, 감정, 논리력	면접의 몰입도 증가, 내면의 행동 패턴 포착, 실제 업무 반응 예측

AI 기반 서류 심사

AI는 이력서와 자기소개서 등의 서류 전반을 자연어처리(Natural Language Processing, NLP) 기술로 분석한다. 이력서와 자기소개서에 기재된 핵심 키워드, 문장 구성, 어휘 수준, 경력 연관성 등을 자동 추출하여 지원자의 직무 적합도와 성향을 수치화한다. 이를 통해 기존에 인사담당자가 수작업으로 분류해야 했던 수천 장의 이력서를, 이제는 AI를 이용하여 몇 초 만에 분석할 수 있다.

또한, 심사 서류에 학벌, 사진, 성별 등 비직무 요소를 배제하여 편향 없이 공정하게 평가할 수 있으며, 동일한 기준으로 모든 지원자를 평가하여 일관성을 유지할 수 있다. 더욱이 기존 선발 데이터를 기반으로 이전 합격자/우수사원 데이터를 학습한 AI는 '이력서에서 어떤 패턴이 좋은 결과로 이어지는가'를 예측하며, 이를 통해 향후의 고성과를 창출할 수 있는 지원자를 선별할 수 있다.

Unilever는 글로벌 채용에서 AI 서류 필터링 시스템을 도입하여 연간 25만 건 이상 이력서 처리 시간을 80% 단축하였으며, 지원자의 만족도 또한 90% 이상으로 유지하고 있다.

AI 면접 시스템

AI 면접은 영상 기반 인터뷰에서 지원자의 표정, 음성 톤, 말의 속도, 언어 사용 패턴 등을 종합 분석한다. 딥러닝 기반 감정 분석(affective computing), 화법 분석 기술이 동원되어, 정서적 안정성, 커뮤니케이션 능력, 논리 전개력 등을 수치화할 수 있다.

면접에서 사전에 설정된 동일한 문항을 모든 지원자에게 동일하게 질문하고, 지원자는 비대면으로 AI 면접 시스템에 응답한다. 예를 들어, AI 면접 시스템이 "문제 상황에서 갈등을 조율했던 경험은?"이라는 질문을 던지고, 지원자는 해당 질문에 30초~2분의 응답을 하게 된다. AI는 지원자의 언어적 요소(예: 응답)뿐만 아니라 비언어적 요소(예: 표정, 행동)까지 다중 데이터 포인트를 분석한다. 예를 들어, 문장 끊김이 많으면 표현력 미흡, 눈을 자주 깜빡이면 높은 불안감, 긍정어 사용이 많으면 적극성이 높은 것으로 판단할 수 있다.

L'Oréal은 HireVue AI 면접을 도입하여 면접 심사의 첫 관문으로 활용하고 있으며, 최종 면접은 사람과의 인터뷰로 진행된다. L'Oréal은 AI 면접 도입한 후, 면접 시간을 75% 단축하였으며, 지원자의 90%가 AI 면접 시스템의 질문에 편하게 응답한 것으로 나타났다.

게임형 평가 및 심리 분석

게임 기반 평가(game-based assessment)는 짧은 게임(3~5분)을 통해 지원자의 인지능력, 감정 조절, 결정 속도, 논리력 등을 파악한다. AI가 행동 로그를 분석해 지원자의 반응 시간, 선택 패턴, 주의 분산 정도, 대응력을 정밀하게 측정함으로써, 성향, 업무 스타일, 잠재적 리스크 등을 예측한다. 이는 전통적인 문서 평가로는 보이지 않는 내면의 행동 패턴을 포착할 수 있고, 업무와 유사한 환경을 구성해 높은 수준의 업무 반응을 예측할 수 있다는 장점이 있다.

PwC는 신입사원 채용에 게임형 테스트를 도입해, 지원자의 몰입도, 일관성, 감정 조절력 등을 실제 업무 패턴과 연결하여 평가하고 있다. 이를 통해 기존 면접보다 적합도 예측의 정확도가 20% 향상되었다.

사람 중심의 직무 배치

'배치(placement)'란, 선발된 인재를 적합한 부서, 팀, 직무에 연결하는 과정을 말한다. 단순히 사람이 비는 자리에 채우는 것이 아니라, 개인의 역량, 성향, 가능성 등을 고려해 최적의 위치에 배치함으로써 성과를 극대화하는 전략적 행위다. 과거의 배치는 상사의 판단, 이력서상의 경험, 조직의 필요 중심으로 이뤄졌다면, AI는 사람의 직관과 경험을 넘어, 정량적 데이터와 예측 모델을 통해 더 정교한 결정을 가능하게 만든다.

또한, 과거에는 "이 직무에 필요한 사람이 누구인가?"가 배치의 중심이었다면, 이제는 "이 사람이 가장 잘 성장하고 성과를 낼 수 있는 자리는 어디인가?"가 핵심이 되고 있다. 이처럼 AI 배치 시스템은 사람을 정형화된 틀에 맞추는 것이 아니라, 사람에 맞는 직무를 찾아냄으로써 데이터 기반의 맞춤형 인력 배치를 가능하게 하고 있다.

표 5. AI 기반 직무 추천(배치) 방법 및 유형

구분	주요 내용
역량 기반 배치	성과/협업 데이터 분석을 통해 적합한 직무를 추천
조직문화 적합도 기반 배치	커뮤니케이션/협업/업무스타일 분석을 기반으로 직무 추천
성장 중심 배치	학습 스타일, 이전 성과, 개선 패턴 분석을 기반으로 직무 추천

역량 분석 기반 배치

AI는 구성원의 이전 성과 데이터, 협업 스타일, 커뮤니케이션 패턴, 프로젝트 기록 등을 분석해 구성원이 어떤 직무에 강점을 가지는지를 예측한다. 예를 들어, 한 직원이 다양한 협업 상황에서 갈등 조정 능력이

탁월하다고 판단되면, 고객응대 또는 기획팀 등 상호작용이 핵심역량이 되는 업무에 추천된다. IBM은 직원 행동 데이터를 기반으로, 내부 이동 시 이전의 성공 직무와 유사한 포지션을 AI가 추천한다.

팀/조직문화 적합도 분석

개인의 성과는 능력뿐 아니라 함께 일하는 팀, 조직문화와의 적합도에 의해 크게 좌우된다. AI는 조직 내 커뮤니케이션 데이터, 협업 기록, 업무 스타일 등을 분석해 누가 어떤 팀에 잘 어울리는지를 판단한다. 예를 들어, 이메일, 일정관리 도구 등에서 자발적 소통 빈도, 피드백 스타일, 멀티태스킹 능력 등 데이터를 수집하여, 성격적 궁합이 아닌 실제 협업 패턴을 기반으로 포지션을 추천한다. Google은 프로젝트 단위 인력을 편성할 때, 내부 AI 시스템을 활용해 기존 팀과의 호흡 지수(Team Sync Score)를 고려해 배치한다.

역량 강화 중심 배치 전략

조직은 이제 직원의 커리어 성장과 학습을 고려한 장기 배치 전략을 세우고 있다. AI는 단순히 "지금 당장 가장 잘할 수 있는 일"을 추천하는 데 그치지 않는다. AI는 특정 구성원이 향후 리더로 성장할 수 있다고 판단되면, 성장 잠재력을 기반으로 포지션을 추천한다. 또한, 개인의 학습 스타일, 이전 프로젝트 속도, 개선 패턴 등을 분석해 도전적인 직무 추천도 가능하다. AT&T는 AI 배치 시스템을 활용하여 직원의 학습 이력과 커리어 희망 분야를 기반으로, 성장 가능한 직무를 예측하고, 배치한다.

AI 기반 맞춤형 교육·훈련·개발

교육(education), 훈련(training), 개발(development)은 인사관리에서 직원의 역량을 강화하고, 조직의 성과를 높이기 위한 핵심 과정이다. 교육은 일반적이고 장기적인 지식과 태도 함양을, 훈련은 특정 업무를 잘 수행하기 위한 단기 실습을, 개발은 향후 직무나 리더 역할을 위한 잠재력 강화와 경력 성장 설계를 의미한다. 과거에는 이 세 가지가 '정기 교육'이라는 이름으로 통합 운영되었고, 대부분 일괄적, 오프라인 방식으로 진행되었다. 하지만 AI가 도입되면서, 교육 · 훈련 · 개발은 이제 맞춤형, 예측형, 실시간 시스템으로 혁신되고 있다. 이제 교육은 구성원 각자의 성장 곡선을 따라가는 '개인화된 코칭 시스템'이 되고 있으며, 조직은 AI를 통해 학습 문화를 '자율+데이터 기반'으로 변화시키고 있다.

표 6. AI 기반 맞춤형 교육 · 훈련 · 개발의 특징

유형	기존 방식	AI 기반 변화
맞춤형 콘텐츠 추천	일괄 커리큘럼 제공	업무 이력/관심 기반 맞춤 콘텐츠 제안
실시간 피드백	사후 평가 중심	업무 중 데이터 분석으로 학습 욕구 추출
실습 및 시뮬레이션	오프라인 실습 한정	AI 기반 가상 학습 환경 제공
학습 분석	수강 이력 위주 관리	교육 ROI 분석 + 성장 경로 설계

맞춤형 교육 콘텐츠 추천

AI는 각 직원의 업무 이력, 평가 결과, 관심사, 학습 패턴 등을 분석해 가장 필요한 학습 콘텐츠를 추천해 준다. 예를 들어, 한 직원이 기획 업무에서 문서 완성도가 낮다면, 문서 작성법 · 기획안 구조화에 관련된 콘텐츠를 추천하고, 팀 리더로 성장할 가능성이 있는 인재에게는 리더십

교육 경로를 자동으로 설계해 준다. AT&T는 AI 기반 '내 커리어 설계 플랫폼'을 통해, 각 직원에게 앞으로 필요한 기술과 학습 경로를 제시하고 있다.

실시간 피드백 학습 시스템

기존에는 주로 교육이 끝나고 난 뒤 효과를 측정했다면, 이제는 업무 중 수집되는 데이터를 통해 학습 니즈를 실시간 파악할 수 있다. AI는 이메일 작성 패턴, 협업 도구 사용 로그 등을 분석해 구체적으로 부족한 역량을 찾아내고, 필요한 교육을 추천한다. 예를 들어, 팀 협업 시 소통 지연이 잦은 직원에게는 피드백 기술, 비즈니스 커뮤니케이션 관련 학습을 제안한다. Salesforce는 자사 플랫폼과 연계된 AI 학습 시스템을 통해, 직무 중 발견된 학습 포인트를 실시간 콘텐츠로 제공한다.

시뮬레이션과 가상 학습 환경

AI 기반 시뮬레이션은 실제 현장을 가상으로 구현해, 리스크 없이 경험 기반 학습이 가능하게 한다. 예를 들어, 신입 영업직원이 AI 시뮬레이션을 통해 고객과의 대화, 반론 대응, 계약 마무리를 연습할 수 있다. 특히, AI 시뮬레이션 교육은 낮은 숙련도로 인해 높은 위험성 또는 생명에 위협이 되는 교육이 포함된 경우에 유용하게 활용되고 있다. Delta Air Lines은 조종사 훈련에 AI 기반 비행 시뮬레이터를 활용하여, 비정상 상황 및 비상 절차에 대한 대응 능력을 강화하고 있다.

학습 분석(Learning Analytics) 기반 개발 경로 설계

AI는 누가 어떤 콘텐츠를 얼마나 활용했는지, 그 이후 성과가 어떻게 변화했는지를 분석해 조직 전체의 학습 투자 효과와 개인별 성장 경로를 가시화할 수 있다. 어떤 유형의 교육이 성과에 연결되는지를 분석해 교육 ROI(Return on Investment, ROI)를 정량화할 수 있으며, 개인에게는 중·장기 성장 로드맵을 추천하게 된다. Google은 직원의 학습 이력을 기반으로, 다음 승진에 필요한 핵심 역량을 제안하고, 관련 교육을 AI가 자동 제공한다.

성과 평가의 객관화와 실시간 성과 추적

성과 평가는 조직 구성원이 맡은 업무를 얼마나 효과적으로 수행했는지를 측정하고 피드백 하는 과정이다. 과거에는 주로 연 1회 혹은 반기마다 관리자와의 면담을 통해 평가가 진행되었고, 상사의 인상이나 감정에 크게 의존하는 주관적 평가가 일반적이었다. 하지만 이런 방식은 업무 과정보다 결과 중심의 평가, 기억에 의존한 평가로 인한 왜곡, 피드백 시점 지연으로 인한 개선 기회의 상실과 같은 문제점을 낳았다. 그러나 AI 기반 성과 평가 시스템은 구성원의 업무 이력, 커뮤니케이션 패턴, 프로젝트 참여 로그 등 다양한 데이터를 실시간 분석하여, 성과를 보다 객관적이고 정밀하게 평가할 수 있게 만든다.

특히, 조직의 성과 평가 시스템이 어떻게 설계되었는가에 따라, 직원의 행동 방향과 조직 문화가 완전히 달라질 수 있다. AI는 이 평가의 틀을 더 빠르고 정밀하며, 공정하게 만드는 도구로 작용하고 있다. 이처럼 AI 기반

성과 평가 시스템은 단순히 점수를 주고 등급을 매기는 작업이 아니라 학습, 동기, 성장까지 연결되는 새로운 커뮤니케이션 도구의 역할을 한다.

표 7. AI 기반 성과 평가 시스템의 특징

평가 요소	내용	장점
업무 데이터 분석	업무 몰입도, 협업 기여도 추적	공정성과 투명성 향상
피드백 자동 수집 및 분석	동료/고객 피드백 정량화	보여지는 것이 아닌 실제 성과 향상에 기여한 구성원 선별 가능
목표성과 자동 추적	목표 대비 성과 기여도 추적	실시간 목표 달성 현황을 기반으로 피드백 제공 가능

업무 데이터 기반 실시간 평가

AI는 직원의 업무 데이터, 협업 패턴, 프로젝트 기여도 등을 실시간으로 수집하고 분석하여, 성과를 수치화하고 시각화할 수 있어 평가의 공정성과 투명성을 향상시킨다. 예를 들어, 한 프로젝트 내 기획, 리뷰, 문서 작업, 회의 발언 등의 비율을 분석하고, 단순 결과물뿐만 아니라 업무 과정의 참여도와 몰입도까지 평가한다. Microsoft는 직원의 협업 로그와 회의 시간, 문서 작성 활동 등을 분석해 업무 몰입지수(Productivity Score)를 도출한다.

정성 평가 보완: 피드백 자동 수집 및 분석

AI는 동료 피드백, 클라이언트 평가 등 텍스트로 구성된 문서에 대한 감성 분석과 핵심 역량 언급 빈도 등을 분석하고, 조직문화 적합성 평가 등을 정리할 수 있다. 이는 '말로만 칭찬받는 사람' vs '실제로 협업에 기여한 사람'을 구별하는 데 유용하게 활용된다. Google은 내부 피드백 시스템에서 수집된 글을 NLP로 분석해, 성과 외에 문화 기여도, 리더십 영향력까지 평가에 반영한다.

또한, AI는 실시간으로 직원의 업무 성과를 모니터링하고, 즉각적인 피드백을 제공함으로써 직원의 성장과 발전을 지원할 수 있다. 구체적으로 AI 기반 성과 관리 시스템은 직원의 업무 진행 상황을 실시간으로 추적하고, 목표 달성 여부, 업무 품질, 시간 관리 등에 대한 피드백을 제공한다. 이를 통해 직원은 자신의 강점과 개선점을 즉시 파악하고, 능동적으로 대응할 수 있다.

목표성과 관리 자동 추적

조직이 설정한 목표성과를 기반으로, 직원의 행동이 그 목표에 얼마나 기여하고 있는지를 실시간 추적하는 것도 가능하다. 목표성과 달성률, 기여 분산도, 시간 투입 비율 등을 분석하여 수치화하며, 관리자는 대시보드를 통해 성과 미달 시 즉시 개입할 수 있다. Intel, Adobe 등은 목표성과 기반 평가 시스템에 AI 기능을 접목해 직원의 목표-행동 간 정렬도를 실시간 추적하여 관리한다.

리스크 관리와 전략적 의사결정 지원

AI 기반 성과 평가 시스템은 잠재적인 리스크를 사전에 식별하고, 적절한 대응 방안을 마련하는 데 도움을 줄 수 있다. 또한, 데이터 기반의 예측을 통해 전략적 의사결정을 지원하여, 조직의 경쟁력을 강화하는 데 기여한다. 예를 들어, AI는 시장 변화, 고객 요구, 내부 역량 등을 종합적으로 분석하여, 미래의 도전 과제와 기회를 예측하고, 조직이 선제적으로 대응할 수 있도록 지원한다. 딥플로우(DeepFlow)는 동적 모델 경쟁 시스템을 통해 신제품의 성과를 예측하고, 제약 회사의 향후 1개월 판매량 예측 정확도를 90%까지 향상시켰다.

성과 보상: 같은 기준에서 맞는 기준으로

보상은 조직이 구성원에게 제공하는 금전적 · 비금전적 대가를 의미한다. 급여, 인센티브, 성과급 같은 직접 보상은 물론, 복지, 승진 기회, 인정, 일과 삶의 균형 같은 간접 보상도 포함된다. 보상의 목적은 단순히 '돈을 주는 것'이 아니라, 성과를 인정하고, 동기를 부여하며, 조직과 구성원을 장기적으로 연결하는 데 있다.

전통적 보상 시스템은 성과 측정이 주관적이거나 일관되지 않고, 직원별 차이를 반영하기 어려우며, 성과와 피드백 및 보상의 시간적으로 단절된다는 한계점을 지니고 있다. AI는 이러한 한계점을 보완하여 보상 시스템의 공정성과 전략성을 동시에 향상시키는 도구로 변화하고 있다.

표 8. AI 기반 성과 보상 시스템의 특징

구분	기존 방식	AI 기반 변화
성과 연계 보상	주관적 판단, 포괄적 기준	실시간 성과 데이터 기반 정밀화
비금전적 보상 추천	일괄적 복지 제공	개인 성향 및 동기 분석 기반 맞춤 설계
공정성 분석	관리자 판단 중심	성별/직군 간 보상 격차 자동 탐지

성과 연계 보상의 정밀화

AI는 실시간 성과 데이터를 기반으로, 직원별 맞춤형 보상 설계를 가능하게 한다. 업무 기여도, 협업 빈도, 프로젝트 성과 등을 수치화하여 정량적 보상 모델을 만들 수 있다. 또한, 성과 예측 모델과 연동하여

성과 추세 기반 보상을 사전에 설계할 수 있다. IBM은 직원 성과 로그와 KPI(Key Performance Indicator, KPI) 달성률을 분석해, 성과 기반 보너스와 스톡옵션 지급 범위를 정밀하게 설정하고 있다.

개인화된 비금전적 보상 추천

AI는 구성원의 성향, 업무 스타일, 스트레스 지수, 피드백 이력 등을 분석해 개인별 동기부여 요소를 파악하고, 맞춤형 보상안을 제안할 수 있다. 어떤 사람은 유연근무, 어떤 사람은 교육기회, 또 어떤 사람은 공개 인정에 더 큰 만족을 느낀다. AI는 이런 차이를 학습해 보상의 유형까지 최적화할 수 있다. Salesforce는 직원의 업무 데이터를 분석해 각자의 몰입도에 따른 휴식권장, 자기개발 지원 제안 등 비금전적 인센티브 정책을 자동으로 추천한다.

공정성 분석과 보상 투명성 강화

AI는 조직 내 보상 체계를 분석하여 성별, 나이, 부서별 보상 격차를 자동 탐시하고, 유사 성과 대비 보상 불균형을 제시함으로써 보상의 공정성과 형평성을 높이는 데 기여한다. SAP는 내부 AI 시스템을 통해 연봉 데이터를 분석하고, 동일 직무·성과 대비 보상 차이를 사전에 파악하여 수정 조치를 취하고 있다.

데이터 기반 유지와 이직관리

조직이 인재를 뽑고, 적재적소에 배치하고, 성장할 수 있도록 교육하며,

성과를 평가하고 보상하는 것만으로는 충분하지 않다. 진짜 어려운 문제는 그 이후에 찾아온다. "어떻게 하면 좋은 인재가 떠나지 않고 조직 안에서 오래 머물며 몰입할 수 있을까?" 이 질문에 답하는 것이 바로 유지와 이직관리이다.

예전에는 누군가 이직을 결심하고 사표를 내기 전까지, 조직은 그 징후조차 알아채지 못하는 경우가 많았다. 막상 퇴직 의사를 밝히면 이미 마음은 떠나 있었고, HR(Human Resource)은 "왜 떠나는가?"라는 질문에 대한 사후 대처에만 매달렸다. 하지만 이제는 다르다. 과거에는 "떠나지 않게 하는 법"을 고민했다면, 이제는 "꼭 붙잡아야 할 인재가 누구인지, 언제, 어떻게 개입해야 하는지"를 파악하는 기술과 전략이 중요해졌다. AI는 조직 구성원의 이탈 가능성을 사전에 감지하고, 적절한 개입을 통해 잔류를 유도하는 방안을 제공한다. 이를 통해 인사관리자는 더 이상 뒤늦은 대응자가 아니라, 조직의 '심박수'를 실시간으로 관리하는 조율자가 된다.

표 9. AI 기반 유지 및 이직관리의 특징

구분	주요 내용
이직 가능성 예측	업무 데이터, 커뮤니케이션 빈도, 회의 참석률, 학습 이력 등 행동 및 성과 데이터로 이직 위험 점수 산출
몰입도 실시간 모니터링	이메일, 회의 발언, 메시지 어조 등을 분석하여 구성원의 업무 스트레스, 감정적 거리감, 팀 몰입도 저하를 실시간으로 파악
개인화된 유지 전략	구성원의 이직 원인을 분석하고, 업무 성향, 과거 이력, 성과 곡선, 조직 내 관계망 등을 분석하여 개인화된 이직 방지 전략 설계

이직 가능성 예측

AI는 직원의 행동 데이터를 분석해 '이직 위험 점수'를 수치화할 수 있다. AI는 직원의 업무 데이터, 커뮤니케이션 빈도, 프로젝트 기여 패턴, 회의 참석률, 학습 이력 등을 종합적으로 분석해, 특정 인재가 언제, 왜 떠날 가능성이 있는지를 수치화한다. 예를 들어, 최근 3개월 동안 회의 발언이 줄고, 교육 프로그램 이수율이 낮아지며, 업무 처리 속도가 늦어진다면 AI는 이를 '이직 가능성 상승'의 신호로 인식한다.

IBM은 실제로 이러한 예측 모델을 자사 HR 시스템에 적용하여, 직원 이탈 가능성을 95% 정확도로 예측해 냈다. 이를 통해 핵심 인재의 이직을 사전에 차단하고, 연쇄 이탈을 방지하는 데 성공했다.

인게이지먼트(Engagement) 실시간 모니터링

AI는 이메일, 일정 앱, 사내 플랫폼 등에서 발생하는 데이터를 분석해 직원의 직무 몰입도, 감정 상태, 팀 내 유대감 등을 추적할 수 있다. AI는 단지 수치만 보는 것이 아니다. 구성원이 팀 내에서 얼마나 활발히 소통하고, 협업에 얼마나 참여하고 있는지, 심지어 이메일과 메시지의 어조, 회의 중 사용되는 언어의 긍정·부정 비율까지 분석할 수 있다. 이러한 기술을 활용하면, 한 직원의 업무 스트레스, 감정적 거리감, 팀 몰입도 저하를 실시간으로 파악할 수 있다.

Workday와 같은 HR 플랫폼은 이런 데이터를 기반으로, 리더에게 "이 팀원은 최근 정서적 에너지가 크게 떨어지고 있습니다", "이번 주 커뮤니케이션 응답률이 급감했습니다"와 같은 인사이트를 제공한다. 이는 단순한 '관리'를 넘어, 조직 전체의 분위기와 감정 흐름을 관리하는 새로운 방식이다.

개인화된 유지 전략 설계

AI는 이직 리스크가 높은 직원에게 개인화된 유지 전략을 제안한다. 모든 구성원이 같은 이유로 이직을 결심하는 것은 아니다. 누군가는 성장의 기회를, 누군가는 일과 삶의 균형을, 또 다른 누군가는 인정과 보상을 원한다. AI는 구성원의 업무 성향, 과거 이력, 성과 곡선, 조직 내 관계망 등을 분석해, "이 사람에게 가장 효과적인 잔류 전략은 무엇인가?"를 추천해 준다.

실제로 SAP는 이직 위험이 높은 인재에게 AI가 제안한 '직무 변경', '멘토링 연결', '보상 조정', '리더십 교육 연계' 등 맞춤형 개입 전략을 실행하여, 60% 이상의 이직 위험군 인재를 성공적으로 유지하는 성과를 거두었다.

AI 도입에 따른 문제점

AI는 인사관리시스템에 혁신을 가져왔지만, 그 이면에는 환각(hallucination), 윤리성과 편향성의 문제라는 그림자가 드리워져 있다. 기술의 발전이 반드시 정확성, 공정성과 투명성을 보장하는 것은 아니다. 오히려 잘못된 데이터나 알고리즘 설계로 인해 불공정한 결과를 초래할 수 있다. 따라서 AI를 인사관리에 도입할 때는 이러한 문제를 인식하고, 주의 깊은 접근이 필요하다.

알고리즘 편향성과 차별

AI는 학습한 데이터에 따라 판단을 내리는데, 그 데이터 자체가 과거의 편향과 차별을 반영하고 있다면, AI 역시 차별을 그대로 복제하거나 강화하게 된다. 예를 들어, 과거 특정 성별이나 인종이 덜 채용된 기록이 있다면, AI는 이를 '낮은 채용 확률'로 학습해 지원자에게 불이익을 줄 수 있다.

표 10. AI 도입에 따른 대표적인 문제들

문제 유형	주요 내용
알고리즘 편향	과거 데이터로 인한 차별적 판단
불투명성	판단 근거 및 설명에 대한 결여
개인정보 침해	과도한 추적 및 감시 우려
환각 오류	존재하지 않는 정보를 판단 근거로 사용하거나 사용자에게 제공
책임성	주체의 모호성, 인간의 책임성 약화

Amazon은 한때 AI 기반 채용 시스템을 운영했으나, 이 시스템이 여성 지원자의 이력서를 일관되게 낮게 평가하는 것으로 드러나 중단되었다. 이는 과거 남성 중심의 채용 데이터를 그대로 학습했기 때문이었다. 또한, Unilever는 AI 기반 채용 시스템을 도입하여 지원자 평가를 자동화했다. 그러나 초기 난계에서 AI가 특정 대학 출신 지원자들에게 일관되게 낮은 점수를 부여하는 경향이 발견되었다. 이는 과거 채용 데이터에서 특정 대학 출신이 적게 채용된 경향을 AI가 학습했기 때문이었다. Unilever는 이를 해결하기 위해 데이터 세트를 재구성하고, AI 알고리즘을 재훈련하여 편향성을 줄였다.

설명 불가능성과 투명성 부족

AI는 복잡한 알고리즘을 통해 결과를 도출하지만, 그 판단의 근거와 과정을 사용자가 쉽게 이해하거나 설명하기 어려운 경우가 많다. 이로 인해 결과에 대한 책임 소재가 불분명해지고, 사용자의 신뢰도 저하되는 문제가 생긴다.

Hilton Hotel은 AI를 활용한 인재 선발 시스템을 도입했지만, 지원자들은 자신의 평가 결과에 대한 명확한 피드백을 받지 못해 불만을 제기했다. Hilton Hotel은 이에 대응하여 AI의 의사결정 과정을 시각화하고, 평가 기준을 공개하는 등 투명성을 높이기 위한 조치를 취했다.

개인정보 침해 및 감시 우려

AI는 실시간 성과 데이터, 업무 행동 기록, 커뮤니케이션 로그 등을 분석한다. 이는 보상과 평가에 유용하지만, 동시에 직원의 감시 우려와 프라이버시 침해 문제를 일으킬 수 있다. 특히, 민감한 정보까지 수집·분석되면, 직원은 통제받는 느낌을 받고 자율성과 심리적 안전감을 잃을 수 있다.

Barclays Bank는 직원들의 생산성을 모니터링하기 위해 AI 기반 추적 시스템을 도입했다. 그러나 직원들은 자신의 업무 활동이 지나치게 감시된다고 느껴 불만을 표출했다. 이로 인해 Barclays Bank는 해당 시스템을 중단하고, 직원들의 프라이버시를 존중하는 방향으로 정책을 수정했다.

환각 오류

AI는 때때로 실제로 존재하지 않는 사실을 그럴듯하게 만들어내는 현상을 보이는데, 이를 '환각'이라고 한다. 특히 생성형 AI는 문맥상

그럴듯해 보이지만 사실이 아닌 정보나 잘못된 연결을 포함한 판단을 내릴 수 있다. 이것이 인사관리시스템에 적용될 경우, 없는 사실을 기반으로 평가하거나 오판할 가능성이 생긴다.

Amazon은 AI 기반 채용 시스템에서 이력서를 분석하는 과정 중, 특정 키워드나 문장 구조를 과도하게 강조한 결과 존재하지 않는 기술 경력이나 성과를 과대평가하는 오류를 범했다. 이는 지원자의 실제 능력과 무관한 요소를 중심으로 판단이 이루어진 것으로, 환각된 정보가 의사결정에 반영된 전형적인 사례다. 결국 Amazon은 해당 시스템을 폐기하고 AI 모델을 재설계하게 되었다.

인간 책임의 약화와 도구화 문제

AI가 판단을 내리는 과정에서, 인간은 점차 '검토자'가 아닌 '맹목적 수용자'로 전락할 수 있다. 그 결과, 잘못된 결정이 내려졌을 때도 "AI가 그랬다"며 책임 회피가 발생할 수 있으며, AI를 '도구'가 아닌 '결정권자'로 잘못 인식하는 문제도 생긴다.

Uber는 미국 애리조나에서 자율주행 시험 차량이 보행자를 치어 사망에 이르게 한 사고를 겪었다. 사고 차량에는 모니터링 요원이 탑승해 있었지만, 자율주행 시스템이 보행자를 감지하지 못했고, 모니터링 요원의 개입도 없었다. 이 사건은 자율주행 시스템의 오류와 함께, 사고에 대한 책임이 AI, 기업, 인간 중 누구에게 있는가에 대한 논쟁을 촉발했다. 이후 우버는 시험 주행을 일시 중단하고, 안전 프로토콜과 책임 체계를 전면 재정비했다.

3. 결론: AI 도입에 따른 조직구조 및 인사관리시스템의 재설계

AI와 조직 재설계

AI는 단지 반복 업무를 줄이고 생산성을 높이는 기술에 머물지 않는다. 그것은 조직의 본질적 구조와 설계 철학을 변화시키는 힘이다. 조직의 복잡성은 간결해지고, 부서 간 경계는 허물어지며, 구성원은 더 이상 단일 기능 수행자가 아니라 멀티 역량과 통합 사고를 갖춘 주체적 실행자로 변화하고 있다.

구체적으로 AI의 도입으로 수평적 복잡성은 점점 줄어들고 있다. 부서가 통합되고 직무가 압축되며, '기능 중심' 조직에서 '문제 해결 중심' 조직으로 재편되고 있는 것이다. 또한 수직적 복잡성은 단순히 감소하거나 해체되는 것이 아니라, 기존 위계는 줄어들되, 신기술을 관리하고 감독하는 새로운 계층이 형성되는 형태로 전환되고 있다. 이는 AI와 함께 일하기 위해 조직은 새로운 방식의 권한 분배와 책임 구조를 설계해야 함을 의미하며, 조직 운영의 민첩성을 높이는 기회가 된다.

공식화와 집권화는 AI로 인해 약화되고 있다. 정보가 실시간으로 흐르고, 구성원 스스로가 판단을 내릴 수 있는 역량을 갖추게 되면서, 조직은 더 이상 모든 결정을 중앙에서 하달하는 방식에 머물 수 없다. 이는 단지 조직문화의 변화가 아니라, 조직 설계 자체가 '통제'에서 '자율'로 전환되고 있다는 신호다.

결국 AI는 조직을 단순히 '편하게' 만드는 것이 아니라, 더 전략적으로, 더 민첩하게, 더 인간 중심적으로 재설계할 수 있는 기회를 제공한다. 이 변화는 단기적인 효율을 넘어, 조직이 변화에 적응하고 생존하며 성장하기 위한 근본적 변화의 방향을 제시하고 있다.

AI와 인사관리시스템의 재설계

우리는 지금, "AI가 바꾸는 HR"을 넘어 "AI와 함께 다시 쓰는 HR의 본질"과 마주하고 있다. AI는 조직이 사람을 이해하고, 성장시키며, 함께 오래 머물 수 있게 만드는 인사관리의 철학과 시스템을 근본적으로 재정의하는 도구다. 우리는 AI의 도입이 단지 채용을 자동화하고 평가를 정량화하는 기술 혁신으로 끝나지 않음을 목격하고 있다. 실제로 AI는 선발, 배치, 교육, 평가, 보상, 유지 전 과정에 걸쳐, 조직과 구성원의 관계를 보다 예측 가능하고, 투명하며, 개인화된 방식으로 변화시켜 왔다.

특히 선발 단계에서는 이력서에서 보이지 않는 능력을 찾아내고, 배치 단계에서는 구성원과 조직문화의 궁합을 분석하며, 교육과 개발에서는 각자에게 맞는 성장경로를 실시간으로 설계해 준다. 성과 평가는 업무 과정 전반을 분석해 공정한 피드백을 가능케 하고, 보상과 유지 전략은 구성원 개인의 동기요인과 감정 패턴까지 반영하여 정교하게 다듬어지는 시대가 도래한 것이다.

그러나 이러한 기술의 힘에는 언제나 윤리적 감시와 인간적 성찰이 병행되어야 한다. AI는 편향된 데이터를 학습하고, 존재하지 않는 정보를 만들어내며, 때로는 그 판단의 근거조차 설명하지 못한다. '환각'과 '책임 회피'라는 키워드는 AI가 무조건적인 해답이 아니라, "보조 수단"일 뿐임을 상기시켜 준다.

결국, 인사관리의 미래는 기술의 힘만으로 완성되지 않는다. AI는 구성원을 더욱 잘 이해하고, 그들의 가능성과 불확실성을 함께 관리할 수 있는 '공존의 프레임'을 제공할 뿐이다. 진정한 AI 인사관리시스템이란, 기술의 정밀성과 인간의 통찰력, 데이터 기반의 예측성과 가치 기반의 판단이 균형을 이루는 설계 속에서만 실현될 수 있다.

만약 당신이 단순한 AI 도입을 넘어, 조직의 근본적 재구조화를 모색하고자 한다면, 또한 AI 기반 인사관리시스템을 구축하고자 한다면, 다음과 같은 물음에 대한 깊이 있는 성찰이 필요하다.

☞ 생각해 볼 만한 질문들

» AI 도입을 통해 부서 통합, 직무 압축, 위계 재조정이 가능한가? 어떻게 조정할 것인가?

» AI 도입에 따른 실시간 정보 흐름과 자율성 확대가 조직 설계에 미치는 영향은 무엇인가?

» AI협업에 따라 조직 내 권한 구조는 어떻게 변화하며, 누구에게 어떤 방식으로 권한이 위임되는가?

» AI 도입에 의해 변화된 조직구조에서 강조되는 공유 가치는 무엇인가? 이러한 가치는 조직을 더 효율적이고 효과적으로 움직이게 하는가?

» AI 기반 선발 시스템의 편향성과 윤리적 이슈를 어떻게 통제할 것인가?

» AI 기반 직무 배치가 실제 성과와 조직 잔류율, 경력 만족도에 어떠한 영향을 미치는가?

» 맞춤형 교육 추천 알고리즘에서 제공하는 개인화된 학습 콘텐츠가 실제 업무성과로 이어지는가?

» AI 기반 성과 평가를 위한 실시간 모니터링 시스템이 구성원의 부담을 유발하거나 감시로 인식되지는 않는가?

» AI 기반 보상 설계(예: 개인화된 보상)가 직원들에게 어떻게 수용되고 있는가? 역차별로 인식되지는 않는가?

응용은 앞서갔고, 기반은 뒤따른다

한국 AI 산업의 미래 조건

이건우

이 장은 한국 AI 산업의 현황과 경제적 파급효과를 분석하며, 성장 과정에서 발생한 불균형 문제를 진단하고 균형 잡힌 발전 방향을 제시한다. 최근 몇 년 사이 한국의 AI 산업은 빠르게 성장하여 2023년 기준 약 5조 2천억 원 규모를 기록하며, 제조업, 금융업 및 의료업 등 다양한 분야에서 생산성 향상과 효율성 제고를 이루었다. 그러나 이러한 성장은 주로 응용 소프트웨어와 서비스 부문에 집중되어 있으며, 시스템 소프트웨어와 하드웨어와 같은 기반 분야의 발전은 상대적으로 부진하다.

AI 응용 소프트웨어는 실제 산업 현장에서 AI 기술을 구현하여 생산 자동화와 효율성을 높이고 총요소생산성(Total Factor Productivity, TFP)을 증가시키는 핵심 역할을 수행한다. 특히 금융 분야의 신용평가 모델과 알고리즘 트레이딩, 제조업의 스마트 팩토리 시스템, 의료 분야의 AI 기반 진단 시스템이 대표적이다. AI 서비스 산업은 클라우드 기반의 AI as a Service(AIaaS)를 통해 기술 도입의 진입장벽을 낮추고 중소기업과 스타트업의 혁신을 촉진하는 효과를 발휘하고 있다.

반면 시스템 소프트웨어와 하드웨어 분야는 AI 생태계의 지속 가능한 성장을 위한 필수적인 기반이지만, 한국에서는 투자가 미흡하여 글로벌 경쟁력 확보에 어려움이 있다. 특히 AI 하드웨어는 장기적인 개발 기간과 높은 초기 투자 비용, 시장 실패 가능성을 내재하고 있어 민간 부문의 투자만으로는 부족하며, 정부의 적극적인 개입과 전략적 투자가 필수적이다. 시스템 소프트웨어의 표준화 및 오픈소스 생태계 지원은 기술 간 상호 운용성을 높이고 AI 산업 전반의 혁신과 협력을 촉진할 수 있다.

따라서 여기서는 AI 산업의 지속 가능한 발전을 위해 시스템 소프트웨어와 하드웨어 분야에 대한 공공 R&D 투자 확대, 기술 표준화 촉진, 중소기업 및 스타트업의 AI 기술 접근성 강화, AI 전문 인력 양성을 위한 교육 투자 확대 등의 정책적 제언을 제시한다. 이를 통해 응용 기술의 성장을 유지하면서 기반 기술의 내실화를 이루는 균형 잡힌 AI 산업 생태계를 구축하는 것이 한국 AI 산업의 장기적 경쟁력과 안정성을 확보하는 데 필수임을 주장한다.

1. 서론

기술 진보는 산업 구조의 경계를 지속적으로 재편해 왔다. 20세기 초 포드주의 생산체제가 산업 생산의 패러다임을 근본적으로 변화시킨 것처럼, 20세기 후반 정보통신기술(Information and Communication Technology, ICT)의 확산은 세계 경제에 큰 구조적 변화를 가져왔다. 오늘날 우리는 다시 한번 기술 혁신의 중대한 전환점에 놓여 있으며, 이번 전환의 핵심에는 AI가 있다. AI는 특정 산업이나 개별 기업의 경쟁력을 높이는 국지적 기술이 아니라, 산업 전반을 아우르는 범용 기술(general-purpose technology)의 성격을 띤다. 이미 다양한 산업이 AI 기술의 영향을 직간접적으로 받고 있으며, 그 경제적 효과와 구조적 변화는 이제 단순한 가능성을 넘어 현실로 다가오고 있다.

특히 한국에서 AI 산업은 최근 몇 년 사이 급속한 성장세를 보였다. 국내 AI 기업들의 매출은 2018년 이후 불과 5년 만에 두 배 이상 증가하였고, 제조업, 금융업 및 의료업 등 산업 전반에서 생산성 향상과 비용 절감이라는 경제적 성과가 나타나고 있다. 이러한 성과는 기술 도입에 따른 일회성 효과가 아니라, 기업의 생산 구조와 운영 방식에 근본적인 변화를 초래하는 구조적 전환의 일환으로 이해할 수 있다. 기업들은 AI를 통해 생산 프로세스를 자동화하고 최적화하며, 이는 국가 경제 전체의 생산가능경계(production possibility frontier)를 확장시키는 효과로 이어진다.

예컨대 금융 산업에서는 AI 기반 신용평가 모델과 알고리즘 트레이딩 시스템이 자본의 효율적 배분을 가능케 하고 있으며, 제조업에서는 스마트 팩토리 시스템의 구축을 통해 품질 관리와 설비 유지보수의 혁신이 이루어지고 있다. 의료 분야에서도 AI 기반 진단 보조 시스템이 진료의 정확성과 효율을 동시에 제고하고 있다. 또한 AI 기술은 각 산업의 경계를 허물고 산업 간 융합을 촉진하는 주요 동력으로 작용하고 있다.

이러한 변화의 근저에는 AI 산업 자체가 지닌 복합적이고 구조적인 다층성이 자리 잡고 있다. AI 산업은 응용 소프트웨어, 응용 서비스, 시스템 소프트웨어, 하드웨어 등 다양한 세부 분야가 복합적으로 얽힌 생태계를 구성하며, 이들 간의 유기적 결합이 산업 전반의 전환 속도를 결정한다. 특히 응용 소프트웨어는 전체 산업 매출의 절반 이상을 차지하며 AI 기술의 성과가 사용자 수준에서 가시화되는 통로로 기능하고 있다. 한편 시스템 소프트웨어는 AI 생태계의 안정성과 호환성을 담보하는 핵심 플랫폼으로서, 기술 표준화와 네트워크 효과를 통해 산업 전반의 기술 내성을 높인다.

하드웨어 부문은 AI 연산을 가능케 하는 물리적 기반을 제공하며, 기술 자립성과 경제 안보 차원에서 그 전략적 가치가 날로 중요해지고 있다. 특히 글로벌 반도체 공급망 위기는 기반 기술 부문에서의 국가 경쟁력 확보가 단지 기술 문제가 아닌 경제적 생존의 문제임을 여실히 드러낸 바 있다. 한편, AI 서비스는 기술 보급의 가속화에 기여하며, 클라우드 기반 AI 서비스(AIaaS)는 중소기업 및 스타트업의 진입장벽을 낮추고 혁신의 사회적 확산을 가능하게 하는 기제로 작용한다. 그러나 이러한 기술 확산이 장기적으로 구조화된 성장으로 이어지기 위해서는, 시스템 소프트웨어와 하드웨어라는 기술 생태계의 기반이 함께 강화되어야 한다.

이와 같은 맥락에서, 현재 한국 AI 산업의 성장 구도는 중요한 구조적 과제를 안고 있다. 응용 소프트웨어 및 서비스 부문에서의 성장이 두드러지는 반면, 시스템 소프트웨어와 하드웨어 등 기반 기술 부문의 발전은 상대적으로 정체되어 있기 때문이다. 응용 부문의 빠른 진전은 분명 경제적 효율성과 기업 혁신을 견인하고 있으나, 이를 지지하는 기반이 취약한 상태에서는 기술 생태계 전반의 안정성과 지속 가능성에 구조적 제약이 발생할 수밖에 없다. 즉, AI의 세부 분야 내에서의 성장 양극화가 장기적 경쟁력 확보의 걸림돌로 작용할 수 있다는 점에서, 이러한 불균형은 정책적·전략적으로 우리가 주목해야 할 핵심 과제라 할 것이다.

본 장은 AI 산업의 복합적 구조와 그 경제적 파급 효과를 중심으로, 한국 AI 산업이 직면한 성장의 불균형 문제를 진단하고자 한다. 이를 통해 AI 기술이 단기적 혁신을 넘어 장기적이고 구조적인 경제 전환을 견인하기 위한 조건과 방향성을 탐색하며, 궁극적으로는 한국 사회가 AI 기반 산업 구조를 어떻게 균형 있게 구축할 것인지에 대한 전략적 시사점을 도출하고자 한다. 이러한 문제의식 아래, AI 산업을 구성하는 네 가지 핵심 영역(응용 소프트웨어, 서비스, 시스템 소프트웨어, 하드웨어)을 중심으로 각 부문의 경제적 기능과 상호작용 구조를 분석하고, 국내 AI 산업의 구조적 불균형 현황과 이를 뒷받침하는 데이터를 제시한다. 이러한 분석을 바탕으로 한국 AI 산업의 지속 가능한 성장을 위한 정책적 조건과 전략적 방향성을 제언한다.

2. 대한민국 AI 산업의 경제적 의미와 전망

AI 산업의 급속한 성장과 경제적 중요성

〈그림 1〉에서 확인할 수 있듯, 2023년 현재 대한민국 AI 기업들의 총매출은 약 5조 2천억 원에 이른다. 이는 2018년 이후 불과 5년 만에 달성된 급격한 성장으로, 특히 2020년부터 2023년까지 단 3년 사이 매출 규모가 두 배 이상 증가했다는 점은 주목할 만하다. 이러한 성장세는 AI가 한국 경제에서 차지하는 비중이 빠르게 커지고 있음을 보여줄 뿐만 아니라, 산업 구조 전반에 걸친 본질적인 재편이 빠르게 진행되고 있음을 시사한다. 더 나아가 AI 도입이 국내총생산(Gross Domestic Product, GDP)을 최대 12.6%까지 끌어올릴 수 있다는 한국은행(2025)의 분석은, AI 산업이 우리 경제에 미칠 수 있는 파급력과 성장 잠재력을 여실히 드러낸다.

그림 1. 대한민국 AI 기업 매출액 분석 (단위: 10억 원, 2018-2023년)

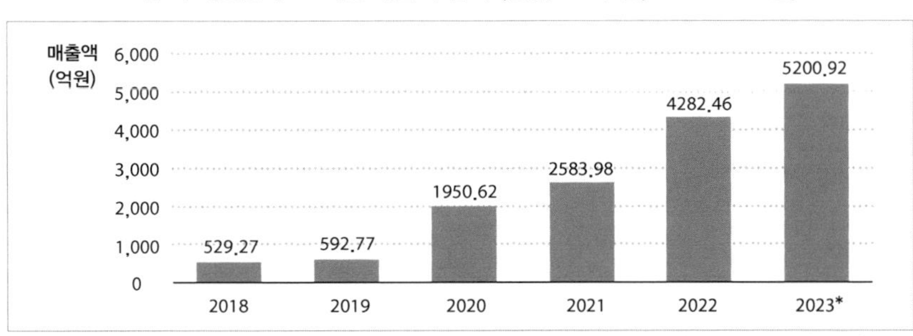

각주: 2023년 국내 AI 응용 소프트웨어 기업의 예상 매출액은 약 2조 3천억 원으로 집계되었다. 같은 해 AI 기업의 총매출은 약 5조 2천억 원으로 추정되었다. 이 조사는 AI 기술과 관련된 다양한 제품 및 서비스를 네 가지 범주로 구분했다. 뉴로모픽 반도체부터 머신러닝 플랫폼, 컨설팅 서비스까지 다양한 분야가 포함되었다.

참고: 대한민국, 2023년 9~11월, 1,876개 기업
출처: 지식연구그룹; 과학기술정보통신부(대한민국); SPRi

AI 기술 확산과 산업 구조의 변화

AI 기술의 확산은 기업의 생산 방식은 물론, 경제 구조 전반에 이르기까지 깊은 변화를 만들어내고 있다. 자동화와 최적화를 통해 인력과 자원을 보다 효율적으로 활용할 수 있게 되면서, 기업은 기존의 비즈니스 모델을 새롭게 구성하고 있다. 예를 들어 제조업에서는 AI 기반 예측 유지보수 시스템이 설비 고장을 사전에 감지해 불필요한 가동 중단을 줄이고 있으며, 서비스업에서는 고객 데이터를 분석해 맞춤형 서비스를 제공함으로써 고객 만족도와 매출을 동시에 끌어올리는 사례가 늘고 있다. 이처럼 AI는 생산성을 단순히 높이는 기술이 아니라, 국가 전체의 생산가능경계를 확장하는 구조적 동력으로 작동하고 있다.

2023년 현재, 한국의 AI 산업은 디지털 경제를 이끄는 핵심 축으로 빠르게 자리 잡았다. AI는 단일 산업의 성장을 견인하는 데 그치지 않고, 제조·금융·의료 등 다양한 분야에 걸쳐 기업의 운영 방식과 시장의 경쟁 구도를 근본적으로 바꾸고 있다. 이러한 변화는 단기적 효율 개선을 넘어서 경제 전반의 재편을 뜻하며, 그 중심에는 AI 산업의 다층적 구조가 자리한다. 이제 AI 산업을 응용 소프트웨어, 서비스, 시스템 소프트웨어, 하드웨어라는 네 가지 축으로 나누어, 각 부문이 가지는 경제적 의미와 구조적 파급효과를 살펴보고자 한다.

AI 산업의 구조적 다각화와 생태계 확장

AI 산업은 단일 시장이 아닌, 다양한 세부 분야로 분화하며 복잡한 생태계를 형성하고 있다. 이러한 다각화는 AI가 특정 영역에 국한되지 않고

출처: 지식연구그룹; 과학기술정보통신부(대한민국); SPRi

경제 전반에 걸쳐 혁신을 주도하고 있음을 시사한다.

〈그림 2〉에 따르면 AI 산업은 크게 응용 소프트웨어, 서비스, 시스템 소프트웨어, 하드웨어 등으로 구분되며, 실제 산업 현장에서는 이러한 구분은 더욱 세분화되어 있다. 먼저 응용 소프트웨어 영역에서는 고객 서비스용 챗봇, 생산공정 자동화 시스템 등이 활발히 도입되고 있으며, 시스템 소프트웨어 영역에서는 기업용 AI 엔진과 다양한 API 서비스가 개발되고 있다. 하드웨어 측면에서는 뉴로모픽 반도체(neuromorphic semiconductor)[1]와 같은 AI 연산에 최적화된 장치들이 등장하면서 기존 컴퓨팅 패러다임에도 변화를 가져오고 있다.

이러한 산업 다각화는 AI 기술이 다양한 산업 분야와 결합하여 새로운 부가가치를 창출하는 융합 생태계를 형성하고 있음을 의미한다. 이는 슘페터의 "창조적 파괴(Creative Destruction)" 개념[2]처럼, AI가 기존

---

1   인간의 신경망을 모방하여 정보를 처리하는 반도체로, 기존의 범용 프로세서보다 적은 전력으로 높은 연산 효율을 제공한다. 주로 AI 연산, 자율주행, 로봇공학 등에 활용된다.

2   오스트리아 경제학자 요제프 슘페터(Joseph Schumpeter)가 「Capitalism, Socialism, and Democracy」 (1942)에서 주창한 개념으로, 경제 성장 과정에서 기존의 산업 구조와 기업이 혁신적인 기술과 새로운

산업구조를 재편하고 새로운 경제적 기회를 창출하는 혁신의 원동력이
되고 있음을 나타낸다.

3. AI 산업의 핵심 분야

AI 응용 소프트웨어: 성장의 동력

그림 3. 대한민국 AI 응용 소프트웨어 기업의 매출액 (단위: 10억 원, 2018-2023년)

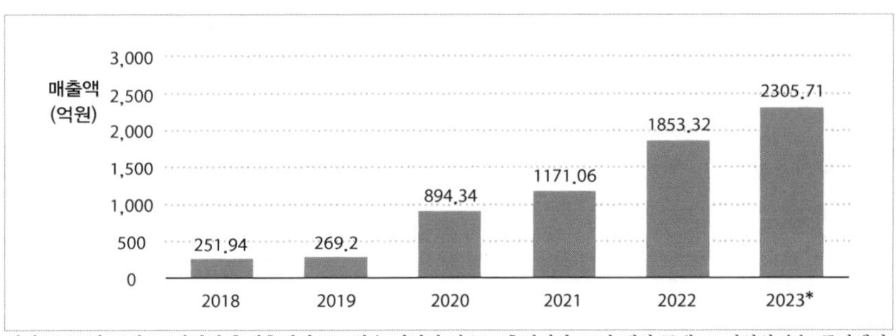

설명: 2023년 국내 AI 기업의 총매출액이 5조 원을 넘어선 것으로 추정된다. 조사 대상 국내 AI 기업의 수는 증가했지만, 불과 2년 전인 2020년에 기록한 수치와 비교하면 매출은 2배 이상 증가했다.
참고: 대한민국, 2018~2023년, 2023년 1,876개 기업, AI 소프트웨어, 서비스, 하드웨어 포함.
*추정치. (반올림) 2024년 9월 기준 1,000원은 미화 0.75달러 또는 유로 0.67유로에 해당한다.
출처: 지식연구그룹; 과학기술정보통신부(대한민국); SPRi

　〈그림 3〉을 보면, 응용 소프트웨어 분야가 2020년 이후 빠르게 성장해
2023년 현재 약 2조 3천억 원의 매출을 기록하고 있음을 확인할 수 있다.
이는 불과 3년 만에 약 2.6배 가까운 성장을 이룬 수치로, 전체 AI 산업
매출에서 거의 절반에 가까운 44.6%를 차지하고 있다. 이처럼 응용

비즈니스 모델에 의해 지속적으로 대체되는 현상을 의미한다. 그는 이를 자본주의 경제의 본질적인 혁신 동인(動因)으로 보고, 이와 같은 기업가적 혁신이 시장의 경쟁과 변화를 촉진한다고 설명한다.

소프트웨어가 차지하는 비중이 높은 이유는 단순한 기술 공급이 아니라, AI 기술을 실제 비즈니스 환경과 소비자 경험 속으로 끌어들이는 핵심 역할을 하기 때문이다.

응용 소프트웨어는 우리가 일상에서 AI를 실감하는 가장 직접적인 통로이다. 기업의 내부 운영 시스템, 고객 응대 챗봇, 개인화된 추천 알고리즘, 자동화된 금융 분석 도구 등 우리가 접하는 다양한 서비스와 제품 속에는 응용 소프트웨어가 들어 있다. 다시 말해, 사용자가 AI 기술을 체감하는 대부분의 순간에는 언제나 그 뒤에 응용 소프트웨어가 자리한다고 볼 수 있다. 따라서 이 영역의 성장은 단순한 산업적 수치 이상으로, AI가 경제와 사회 전반에 어떻게 스며들고 있는지를 보여주는 하나의 징표라고 할 수 있다.

경제적 파급효과

AI 기반 응용 소프트웨어가 만들어내는 변화는 단순한 생산 자동화에 그치지 않는다. 기업의 생산 구조나 조직 운영 방식까지도 다시 설계하게 만들 만큼, 그 영향은 더 깊고 구조적이다. 경제학적으로 보자면, 이 같은 변화는 노동과 자본을 단순히 더 투입해서 생기는 성장이 아니다. 오히려 기술이 내부에 내재화되고, 조직 안에서 다양한 기능이 유기적으로 통합되면서, 이른바 총요소생산성이 크게 높아지는 방식으로 나타나고 있다.[3] 다시 말해, 기술이 기업의 핵심 역량이 되는 순간부터 생산성의

---

3 McKinsey Global Institute(2018)는 AI 도입으로 인해 산업 전반에서 최대 1.2%p의 연간 GDP 성장률 제고 효과가 가능하다고 분석하며, 생산성 향상 효과가 특히 제조·소매·금융 등 전통 산업에서 두드러질 것으로 전망하고 있다.

향상은 일시적인 효율 개선이 아니라, 장기적인 경제 성장의 토대가 되는 것이다.

금융 분야에서는 AI 기반 신용평가 및 리스크 분석 모델의 도입을 통해 기존 방식 대비 신용 리스크 예측 정확도가 최대 20% 개선되고 있으며, 이에 따라 부실 대출 감소와 자본 배분 효율화가 이루어지고 있다. AI 기반 리스크 분석 기술은 연간 최대 약 200억 달러(한화 약 26조 원)의 비용 절감 효과를 창출할 수 있는 것으로 분석되며, 이는 전 세계 은행 산업 전체 매출의 약 2.8~4.7%에 해당하는 규모이다(McKinsey Global Institute, 2023, p.35). 자본시장에서도 AI 알고리즘 트레이딩이 빠르게 확산되며 정보의 비대칭성이 줄어들고, 결과적으로 시장의 유동성이 높아지는 등의 긍정적인 효과가 나타나고 있다.

제조업에서도 마찬가지다. AI 비전 기술이 품질 관리 시스템에 적용되면서 불량률이 평균적으로 30% 넘게 줄어들고 있고, 이로 인해 생산 라인의 예기치 못한 중단 위험도 낮아지고 있다(McKinsey Global Institute, 2018, p.12). 또한 유지보수에 소요되는 제반 비용의 절감이 이루어지는 사례도 많다. 이런 변화는 단지 비용을 일부 절감하는 문제가 아니다. 국가 전체의 생산가능경계, 다시 말해 '얼마나 생산할 수 있는가'라는 잠재적 한계 자체가 확장되는 구조적 변화로 이어지고 있다. 결국 이러한 생산성 향상은 장기적인 경제 성장률을 끌어올리고, 국민소득 증가에도 영향을 주게 된다.

더 나아가, 응용 소프트웨어의 확산은 기업 내부의 효율성 개선에 머물지 않는다. 소비자 경험과 시장 구조 자체를 바꾸는 데에도 깊이 관여하고 있다. 예를 들어, 실시간 데이터 분석을 바탕으로 맞춤형 서비스를 제공하거나, 지능적으로 수요를 예측하는 시스템은 산업 간 경계를 허물고 있다. 그 결과, 기존에 존재하지 않았던 융합형 비즈니스 모델이 새롭게 등장하고 있으며, 이는 AI가 단순히 기존 방식을 개선하는 기술이 아니라 시장의 규칙을 새롭게 쓰고 있음을 보여준다.

산업별 활용 사례

AI 기반 응용 소프트웨어는 이제 특정 분야에만 쓰이는 기술이 아니다. 다양한 산업 전반에서 핵심적인 생산 요소로 작동하면서, 기업의 운영 방식은 물론 산업 간 생산성 격차까지 흔들고 있다. 특히 금융, 제조, 의료와 같은 노동과 자본 집약적인 분야에서 이 기술은 빠르게 확산 중이며, 단순한 자동화를 넘어서 경제 구조 전체의 흐름을 바꾸는 동력으로 작용하고 있다.

이는 산업 현장에서 더욱 뚜렷하게 확인된다. 앞서 간략히 살펴보았듯 금융 산업에서는 고빈도 매매나 포트폴리오 전략을 자동화하는 알고리즘이 보편화되고 있고, 자산 관리나 사기 탐지 시스템도 빠르게 자리 잡고 있다. 이러한 기술의 도입은 거래비용을 낮추는 한편 투자의 안정성은 높여, 자본시장 전반의 효율성과 신뢰도를 끌어올리는 데 기여한다.

제조업에서는 AI 응용 소프트웨어가 스마트 팩토리의 핵심 기술로서 작용한다. 예측 유지보수, 실시간 품질 관리, 협업 로봇 시스템 등은 설비 고장을 줄이고 가동률을 높이며, 생산성과 비용 절감이라는 두 가지 목표를 동시에 실현해 내고 있다. 특히 고정비용을 줄이고 생산 단가를 낮추는 방식으로 규모의 경제(economies of scale)를 달성할 수 있게 되었고, 이는 기업의 수익성을 비롯하여 경쟁력을 동시에 끌어올리는 구조적 기반이 되고 있다.

의료 산업에서도 변화는 빠르게 확산되고 있다. 영상 판독이나 병리 분석을 지원하는 AI 진단 보조 시스템은 의료진의 판단 정확도를 높이는 동시에 판독 시간을 줄여주고 있다. 예를 들어, 폐암 진단 보조 시스템은 진단 속도와 정확도를 함께 끌어올리며, 같은 자원을 들여 더 나은 결과를 만들어내는 전형적인 파레토 개선(Pareto improvement)의 사례로 볼 수 있다. 이처럼 AI 응용 소프트웨어는 각 산업의 효율성을 높이는 기술인 동시에, 전체 사회의 후생을 실질적으로 높이는 수단으로서 작용하고 있다.

결국, 이러한 산업별 AI 응용 소프트웨어의 확산은 단순한 기술 발전을 넘어, 경제와 산업 구조의 근본적 전환을 이끄는 원동력이 되었음을 보여준다. 이제 이 기술은 전통 산업의 디지털화 수준을 넘어, 새로운 산업 생태계와 고용 구조 재편을 이끄는 방향으로 움직이고 있다.

응용 AI 서비스: 지식 경제의 새로운 패러다임

그림 4. 대한민국 AI 서비스 기업의 매출액 (단위: 10억 원, 2018–2023년)

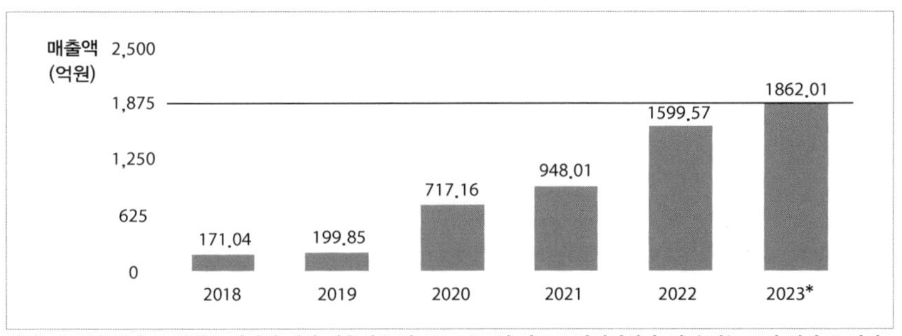

설명: 2023년 국내 AI 서비스 기업의 예상 매출액은 약 1조 8,600억 원으로 집계되었다. 이 수치는 조사 기간 중 가장 높은 매출액을 기록한 해였다. 이번 조사에서 정의한 AI 서비스는 AI 기술의 구현 및 유지 관리와 관련된 서비스를 의미한다. 여기에는 컨설팅, 시스템 관리, 클라우드 컴퓨팅, 정보 서비스 등의 활동이 포함된다.

참고: 한국, 2018~2023년, 1,876개 기업, 설정, 유지보수, 정보 서비스 포함, *추정치. (반올림) 2024년 2월 기준 한국 원화 1,000원은 미화 0.75달러 또는 유로 0.69유로에 해당한다.

출처: 지식연구그룹; 과학기술정보통신부(대한민국); SPRi

〈그림 4〉는 2023년 기준, AI 서비스 분야가 약 1조 8천6백억 원에 이를 뿐만 아니라, 전체 AI 산업에서 두 번째로 큰 비중(약 36%)을 차지함을 보여준다. 이 부문은 AI 관련 컨설팅, 시스템 통합, 유지보수, 클라우드 기반 AI 서비스(AI as a Service: 이하 AIaaS) 등을 포괄한다.

한편, AI 서비스 산업의 성장은 우리가 지식과 전문성을 중심으로 작동하는 지식 경제(knowledge economy)로 빠르게 이동하고 있음을 보여주는 대표적인 사례다. 이 산업에서는 고도의 전문 역량을 갖춘 인력이 핵심 자산으로 작용하며, 그들이 만들어내는 부가가치가 기업의 경쟁력을 결정짓는다. 그만큼 AI 전문가에 대한 수요도 빠르게 증가하고 있고, 노동시장에서도 이들에 대한 프리미엄이 점점 더 높아지고 있다.

AI 서비스는 경제학적 관점에서도 매우 흥미로운 구조를 가진다. 대표적인 예시로, 클라우드 기반 AI 서비스는 한 번 만들어 놓으면 추가 사용자에게 서비스를 제공하는 데 거의 비용이 들지 않는다. 이렇게 한계비용이 거의 0에 가까운 구조 덕분에, 사용자 수가 늘어날수록 전체 평균비용은 크게 떨어지게 된다. 이처럼 규모의 경제가 자연스럽게 실현되는 것이다. 동시에, 다양한 산업에 맞춘 맞춤형 서비스를 병렬적으로 제공할 수 있어, 범위의 경제(economies of scope)도 함께 달성할 수 있다. 즉, 하나의 기술 기반으로 여러 시장을 동시에 아우를 수 있다는 점에서, AI 서비스는 매우 효율적인 확장성을 지닌다.

진입장벽 완화와 혁신 촉진

AI 서비스 산업은 기술을 누가 얼마나 쉽게 사용할 수 있는지를 결정짓는다. 과거에는 AI 기술을 기업에 도입하려면 막대한 초기 자본과 고급 기술 인력이 필요했다. 이런 조건은 대기업에는 오히려 경쟁우위를 굳히는 요인이 되었지만, 중소기업이나 스타트업에는 매우 높은 진입장벽으로 다가왔다.

하지만 최근 등장한 AIaaS 모델은 이런 구조 자체를 흔들고 있다. 구독형 클라우드 기반 서비스는 기술 도입에 필요한 비용 구조를 고정비용 우위에서 가변비용 우위로 바꾸어, 초기 투자 부담을 크게 낮춘다. 덕분에 중소기업이나 창업 초기 기업들도 별도의 인프라나 전문 인력을 갖추지 않고도, 적기에 필요한 만큼 AI 기술을 유연하게 도입할 수 있게 되었다. 이전에는 상상하기 힘들었던 방식으로서, 소규모 사업자들 또한 AI 기반의 비즈니스 혁신을 시도할 수 있는 환경이 열린 것이다.

경제학적 관점에서 이 같은 흐름은 창조적 파괴라는 개념을 현실에서 구현하는 대표적인 예시이다. 진입장벽이 낮아진 시장에서 기존 대기업의 독점적인 지위는 약화되고, 혁신적인 아이디어를 가진 신생 기업들이 더 빠르고 유연하게 시장에 뛰어들 수 있다. 특히 AIaaS 기반 서비스는 초기 진입 비용을 낮출 뿐 아니라, 다양한 산업에 맞춘 맞춤형 · 저비용 · 고효율 서비스를 가능하게 한다는 점에서 산업 전반의 혁신 속도를 끌어올리고, 경쟁의 밀도와 질을 함께 높이는 역할을 한다.

또한 이러한 비용 구조의 변화는 시장 전체의 생산성 분포(distribution of productivity)를 바꿔놓고 있다. 기술에 쉽게 접근할 수 있는 환경 덕분에 중소기업의 성과가 빠르게 개선되고, 상위 기업과 하위 기업 간의 생산성 격차도 줄어드는 흐름이 감지된다. 이는 결과적으로 소비자 잉여(consumer surplus)의 증가로 이어지고, AI 기술 확산이 단순히 기업의 이익을 넘어서 사회 전체의 경제적 후생을 높이는 데에도 기여한다는 것을 시사한다.

결국 AI 서비스 산업은 단순히 기술을 판매하는 산업이 아니라, 혁신을 사회 전체로 퍼뜨리는 역할을 수행하고 있다. 이 산업이 가진 높은 유연성과 확장성은 경제의 역동성을 높이는 한편, 더 많은 이들이 성장의 기회를 누리는 포용적 성장의 기반이 된다.

시스템 소프트웨어 및 하드웨어: AI 생태계의 기반

〈그림 5〉에 따르면 시스템 소프트웨어 분야는 2023년 기준 약 7천8백억 원의 매출을 올려, 전체 AI 산업에서 약 15%의 비중을 차지하고 있다. 이 분야는 AI 엔진, 개발 프레임워크, API, 데이터 처리 솔루션 등을 포괄한다.

경제적 파급효과

AI 시스템 소프트웨어는 전체 AI 생태계의 기반을 이루는 핵심 기술이다. 겉으로는 잘 드러나지 않지만, 생태계의 지속 가능성과 확장성을 뒷받침하는 토대이며, 국가와 기업 모두에 전략적 자산으로서의 의미도 크다. 이 분야의 기술은 단순히 한 번 도입하고 끝나는 일회성 솔루션이 아니라, 다양한 소프트웨어와 서비스가 서로 연결되고 확장될 수 있도록 해주는 일종의 플랫폼 역할을 한다. 그 결과, 생산요소 간의 조정비용을 줄이고, 기존의 생산 구조 자체를 새롭게 정의할 수 있게 만든다.

이처럼 시스템 소프트웨어는 기술적 기반을 넘어 경제적 파급력을 가진다. 특정 플랫폼이나 개발 프레임워크가 널리 퍼지게 되면, 기업과 개발자들이 서로 협업할 수 있는 기회가 자연스럽게 늘어난다. 이런 구조는 단순히 개별 참여자들이 얻는 이익의 합을 넘어서는 양의 외부성(positive externality)을 만들어낸다. 협업이 늘어나고 생태계가 커질수록 기술은 더 빨리 채택되고, 산업 전반에서의 적응력과 호환성도 함께 높아진다.

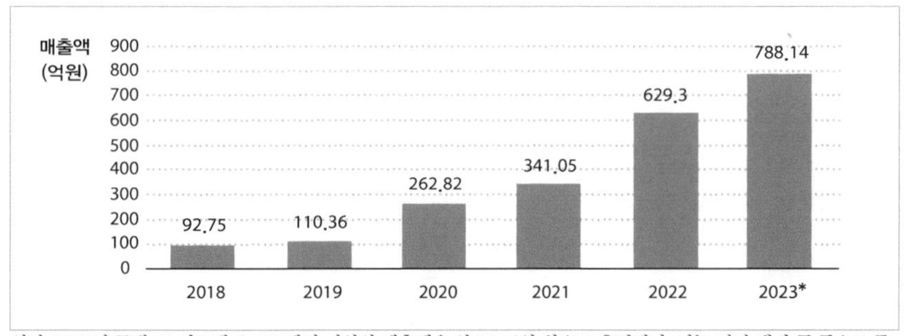

설명: 2023년 국내 AI 시스템 소프트웨어 기업의 매출액은 약 7,814억 원으로 추정된다. 이는 전년 대비 큰 폭으로 증가한 수치이다. 이 조사에서는 시스템 소프트웨어를 엔진이나 애플리케이션 프로그래밍 인터페이스(API)와 같이 AI 운영에 필요한 프레임워크 도구로 정의했다.

참고: 대한민국, 2018~2023년, 2023년 1,876개 기업, *추정치. (반올림) 2024년 2월 기준 1,000원은 미화 0.75달러 또는 유로 0.69유로에 해당한다.

출처: 지식연구그룹; 과학기술정보통신부(대한민국); SPRi

또한 시스템 소프트웨어는 네트워크 효과(network effect)가 특히 강하게 작용하는 시장이다. 사용자가 늘어나면 늘어날수록 해당 플랫폼의 가치가 지수적으로 커지고, 이는 곧 '승자독식(Winner-takes-all)' 구조로 이어질 가능성을 높인다. 결국 누가 먼저 시장을 선점하느냐가 산업 표준을 결정하고, 경쟁 우위를 확보하는 데 결정적인 역할을 하게 된다. 그래서 이 분야에서는 단순한 기술력뿐만 아니라, 초기 투자 시점과 정책적 선택이 매우 중요하다. 시스템 소프트웨어의 방향은 곧 AI 산업 전체의 구조를 좌우하게 되며, 장기적으로는 기술 자립성과 국가 경쟁력이라는 훨씬 더 큰 의제와도 연결된다.

기술 표준화: 효율성과 혁신의 동시 달성

AI 시스템 소프트웨어가 가진 또 하나의 중요한 역할은 기술 표준화를 통해 거래비용을 줄이고 효율성을 높이는 것이다. AI 기술은 본질적으로 복잡하고 서로 얽힌 구조를 가지고 있기 때문에, 다양한 주체—개발자, 기업, 서비스 제공자—가 원활하게 협력하려면 무엇보다 상호 운용성이 보장되어야 한다. 이 상호 운용성이 확보되지 않으면 기술 확산은 더뎌지고, 시장 전체의 효율성도 떨어질 수밖에 없다.

이런 점에서, 표준화된 API나 개발 프레임워크, 모델 설계 규약은 매우 중요한 역할을 한다. 개발자 입장에서는 학습해야 할 내용이 단순해지고, 기업들 간에도 기술을 맞추기가 훨씬 쉬워진다. 결과적으로 기술 개발의 진입장벽이 낮아지고, 누구든지 생태계에 빠르게 참여할 수 있는 환경이 마련된다. 이처럼 표준화는 단순한 편의성 이상의 의미를 지닌다. 생태계 기반의 혁신 모델을 강화하고, AI 응용 소프트웨어와 서비스 간의 보완성을 끌어올리는 데 핵심적인 토대를 제공한다.

실제로 기술 표준화는 규모의 경제뿐 아니라 범위의 경제를 실현할 수 있는 조건을 만든다. 하나의 기술 기반 위에서 다양한 응용 모델이 동시에 개발될 수 있는 구조가 갖춰지기 때문에, 산업 생태계는 더욱 튼튼해지고, 기술의 파급력도 자연스럽게 커진다. 따라서 기술 표준화는 단지 어떤 기술을 선택하느냐의 문제가 아니다. 이는 산업 혁신의 구조적 기반이자, 국가 차원에서도 정책적으로 우선순위를 두어야 할 전략적 영역으로 떠오르고 있다.

하드웨어: AI 기술 자립성과 경제 안보의 핵심 기반

하드웨어 분야는 2023년 기준 약 2천5백5십억 원의 매출을 기록하며〈그림 6〉, 전체 AI 산업에서 가장 낮은 비중(약 5%)을 차지한다. 그러나 이 영역은 AI 가속기, 뉴로모픽 반도체, 전용 프로세서 등 AI 연산의 물리적 기반을 제공하는 매우 중요한 분야이다.

설명: 2023년 국내 AI 하드웨어 기업의 예상 매출액은 약 2,550억 원으로 추정된다. 이 분야는 최근 몇 년 동안 상당한 성장을 기록했다. 이러한 전용 부품의 예로는 뉴로모픽 반도체를 들 수 있다.

참고: 한국, 2018~2023년, 1,876개 기업, 계산 및 프로세싱에 사용되는 부품 및 장치 포함, *추정치. (반올림)

출처: 지식연구그룹; 과학기술정보통신부(대한민국); SPRi

AI 하드웨어의 전략적 중요성

AI 하드웨어 산업은 단순히 시장 규모나 매출 수치만으로는 다 담아낼 수 없는, 훨씬 더 본질적인 중요성을 지닌다. 이 산업은 국가 경제의 장기적인 경쟁력과 기술 자립성이라는 두 축과 맞닿아 있으며, 결국 '핵심 생산요소'를 스스로 확보할 수 있느냐의 문제로 이어진다.

최근 세계적으로 불거진 글로벌 반도체 공급망 위기는 이 문제가 얼마나 중요한지를 여실히 보여줬다. 특정 국가나 기업에 지나치게 의존할 경우, 단지 부품 부족을 넘어 국가 전체 시스템의 리스크가 급격히 높아질 수 있음을 우리는 경험했다. AI 산업이 앞으로도 지속적으로 성장하려면, 소프트웨어 중심의 생태계뿐 아니라 이를 뒷받침할 수 있는 연산 인프라, 즉 하드웨어 기술의 내재화가 반드시 함께 이루어져야 한다.

하지만 AI 하드웨어는 개발부터 양산, 상용화에 이르기까지 시간이 오래 걸리고, 초기 R&D 비용도 만만치 않다. 여기에 시장 실패의 가능성까지 내포되어 있어, 민간 기업이 자발적으로 감당하기엔 위험이 크고 수익 예측도 어렵다. 이런 구조적 특성 때문에, AI 하드웨어는 정부의 전략적인 개입과 정책적 지원이 필수적인 영역으로 꼽힌다. 단순히 산업 하나를 키운다는 차원을 넘어서, 이 분야에 대한 공공 차원의 R&D 투자는 기술 주권(technological sovereignty)의 확보와 산업구조 재편을 위한 핵심 자원으로서 인식될 필요가 있다.

만약 국내에서 AI 가속기나 뉴로모픽 반도체 같은 기술이 본격적으로 상용화된다면, 그 파급효과는 매우 클 것이다. 지금까지 해외 제품에 의존해 온 부품을 대체함으로써 연간 수천억 원 규모의 수입을 줄일 수 있을 뿐 아니라, 그 기술 자체를 새로운 수출 산업으로 육성할 가능성도 충분하다. 결국 AI 하드웨어는 단지 기술을 구현하는 수단이 아니라, 한국 경제가 독자적인 기술 생태계를 만들 수 있는 기반, 그리고 전략 자산으로 작동하게 될 것이다.

투자 효과와 미래 전망

AI 하드웨어 산업은 기술적으로 높은 장벽을 가진 영역일 뿐만 아니라, 경제적으로도 진입이 쉽지 않은 구조를 가지고 있다. 무엇보다 막대한 연구개발(R&D) 자본을 필요로 하고, 실제 상용화까지는 오랜 시간이 걸린다. 고정비가 크고 투자 회수도 늦기 때문에, 이 분야의 기술 개발은 언제든 매몰비용(sunk cost)이 될 위험을 안고 있으며, 시장 실패(market failure)의 가능성 또한 상존한다.

특히 기술이 성숙하기 전 단계에서는 민간 기업이 이런 위험을 감당하기 어렵다. 수익 모델이 불확실하고, 실패 확률도 높은 상황에서 기업

입장에서는 투자 유인을 느끼기 어렵기 때문이다. 이런 구조적 한계 때문에, AI 하드웨어 산업은 시장의 자율에만 맡겨서는 사회적으로 바람직한 수준의 기술 개발이나 자원 배분이 이루어지기 어렵다. 다시 말해, 이 분야는 국가 차원의 전략적 개입이 불가피한 대표적 사례라 할 수 있다.

그렇기 때문에 정부의 역할은 단순한 재정 지원을 넘어서야 한다. 고위험·고비용·고효과 특성을 지닌 AI 하드웨어 기술의 경우, 정부는 최초 시장 형성자(first mover)로서 방향을 제시하거나, 위험 분산자(risk mitigator)로서 민간이 감당하기 어려운 리스크를 흡수하는 역할을 맡아야 한다. 이처럼 공공 주도의 R&D 투자는 단순한 산업 육성이 아니라, 국가의 기술 주권과 산업 구조 전환을 이끄는 핵심 전략이어야 하며 이는 Mazzucato(2018)의 주장과도 맥을 같이한다.

지금도 국내 주요 반도체 및 전자 기업을 중심으로 AI 가속기와 전용 프로세서 개발이 추진되고 있지만, 아직은 개념 실증(Proof of Concept, PoC)[4]이나 시제품 수준에 머물러 있는 단계다. 그러나 이 기술들이 상용화에 성공한다면, 그 경제적 파급효과는 단순한 생산 기술의 확보를 넘어선다. 국내 기술로 AI 연산용 반도체를 자체 생산할 수 있게 되면, 기술 수출 및 부품 공급 확대를 통해 신규 수출 산업으로 성장할 잠재력이 높다.

게다가 AI 반도체 기술은 다른 산업과의 연계 효과도 매우 크다. 클라우드 인프라, 스마트 팩토리, 자율주행차, 헬스케어, 보안 산업 등 다양한 응용 분야에서 고성능 연산 장치는 필수적인 기반이며, 이 장치의 성능과 자립 여부가 해당 산업의 생산성과 혁신 역량을 좌우하게 된다. 결국

---

4 PoC는 어떤 아이디어, 기술, 시스템, 제품 등이 실제로 구현 가능하고 효과가 있는지를 입증하기 위해 수행하는 초기 단계의 실험 또는 검증 작업을 의미한다.

AI 하드웨어 기술의 내재화는 전체 디지털 경제의 경쟁력을 좌우하는 핵심 인프라이자 전략 자산인 셈이다.

결국 이 산업은 단기적인 수익성보다는 국가의 기술 독립성과 디지털 주권이라는 더 큰 목표를 위해 우선순위가 부여되어야 할 분야다. 정부는 중장기적인 관점에서 민간과의 협력 모델을 기반으로 공공 R&D 투자를 확대하고, 조세 감면, 우선 구매 제도, 산업 클러스터 육성 등 정책 수단을 종합적으로 활용함으로써, 기술 상용화의 가능성을 높이고 산업 전반으로 확산될 수 있는 여건을 마련해야 할 것이다.

AI 기술 간 융합과 산업별 활용 사례

AI 산업은 네 가지 분야—응용 소프트웨어, 서비스, 시스템 소프트웨어, 하드웨어—가 단순히 병렬적으로 존재하는 구조가 아니다. 이들은 서로 긴밀히 연결되어 있고, 나선형의 방식으로 함께 움직인다. 즉, 하나의 분야가 성장하면 다른 분야에서도 자연스럽게 새로운 수요가 발생하고, 그 수요는 다시 기술 발전을 자극하는 순환 고리가 형성되는 것이다.

이는 기술진보가 외생적 충격이 아닌, 내부 축적과 상호작용을 통해 지속되는 성장의 원동력이라는 점에서 Romer(1990)가 제시한 내생적 성장 이론과도 맞닿아 있다. 예를 들어, 응용 소프트웨어가 널리 퍼지면 그 소프트웨어를 원활히 실행하기 위한 AI 서비스의 수요도 따라 늘어난다. 그러면 자연스럽게 더 나은 시스템 소프트웨어와 연산 하드웨어가 필요해지고, 다시 이 기술들이 고도화되면서 훨씬 더 정교하고 강력한 응용 소프트웨어를 만들어낼 수 있는 여건이 마련된다. 이처럼 각 분야가 서로를 뒷받침하며 성장하는 선순환 구조가 형성되는 것이다.

이런 시너지는 AI 산업 내부에만 머물지 않는다. 경제 전체의 산업 구조를 디지털 중심으로 재편하는 힘으로 작용한다. 이제 산업은 과거처럼 제조, 서비스, 금융처럼 구분되지 않는다. AI 기술을 중심으로 새로운 가치 사슬(value chain)이 만들어지고 있고, 이는 기존 산업의 경계를 허물고 융합 산업이라는 전혀 다른 형태의 산업 지형을 만들어내고 있다. 물론 단기적으로는 새로운 기술에 적응하지 못한 일자리가 사라지거나, 구조적 실업과 같은 조정비용(adjustment cost)이 발생할 수 있다. 하지만 장기적으로 보면, 이 변화는 더 많은 일자리와 완전히 새로운 비즈니스 모델을 만들어내며, 경제 전체에 활력을 불어넣는다.

결국 한국의 AI 산업이 앞으로도 지속 가능한 방식으로 성장하려면, 이 네 가지 분야가 균형 있게 발전해야 한다. 지금은 응용 소프트웨어와 서비스가 매출의 대부분을 차지하고 있지만, 시스템 소프트웨어와 하드웨어 분야에도 전략적인 투자가 함께 이루어져야 한다. 그래야만 이 순환 고리가 끊기지 않고, AI 산업이 단기 유행이 아닌 장기 성장 동력으로 자리 잡을 수 있다.

균형 잡힌 AI 산업 생태계 구축을 위한 정책적 제언

AI 산업 성장의 지속가능성을 확보하려면, 네 분야가 고르게 발전하는 것이 중요하다. 특히 지금의 불균형을 보면, 시스템 소프트웨어를 비롯하여 특히 하드웨어 분야에 대한 전략적 투자 확대가 절실하다는 사실이 드러난다.

2023년 기준으로 국내 AI 개발자 중 절반 이상(약 16,900명)이 소프트웨어 개발에 몰려 있음을 알 수 있다(그림 7). 인력 분포만

봐도, AI 기술의 중심축이 소프트웨어에 과도하게 쏠려 있다는 점이 뚜렷하게 나타나는 것이다. 하드웨어 쪽 사정도 비슷하다. AI 연산에 필요한 GPU 인프라를 자체적으로 보유한 기업은 약 20%에 불과하고, 상당수 기업들은 여전히 외부 클라우드에 의존하고 있다(과학기술정보통신부 · 한국산업기술진흥원, 2023, p.48). 이처럼 고성능 연산 인프라에 대한 접근성이 양극화된 현실은, 중소기업이나 스타트업이 자체 기술을 축적하고 실험하기 어려운 구조임을 시사한다. 이러한 맥락에서, Baek & Lee(2025)는 한국 기업의 AI 활용이 더딘 주요 원인으로 숙련된 인재, 공유 데이터, 플랫폼 인프라의 부족과 정책 지원의 미비를 함께 지적한 바 있다. 결국 국가 차원에서의 인프라 투자와 기술 접근성 보장이 필요한 시점이다.

또 하나 주목해야 할 부분은, AI 기술의 표준화와 오픈소스 생태계에 대한 지원이다. 지금 많은 기업들이 오픈소스 모델과 자체 개발 모델을 병행해 사용하고 있지만, 모델 간의 상호 운용성이나 데이터 공유 체계는 여전히 부족한 편이다. 특히 AI 학습에 필요한 데이터 활용 측면에서 기업 간 격차가 크다. 현재는 대부분 고객 데이터나 내부 데이터에 의존하고 있고, 공공 데이터 또는 외부 데이터의 활용도는 상대적으로 낮은 편이다〈그림 8〉.

이런 상황에서 공공 데이터를 적극적으로 개방하고, 모델과 인터페이스의 표준화를 추진하는 것은 단순한 기술 지원을 넘어서 생태계 전반의 협업과 혁신을 촉진하는 핵심 기반이 될 수 있다. 기업 간 기술 교류가 활발해지고, 다양한 산업에 AI 기술이 보다 쉽게 확산될 수 있는 길이 열린다면, 이는 결국 AI 산업 전체의 생산성과 혁신 역량을 높이는 데 크게 기여할 것이다.

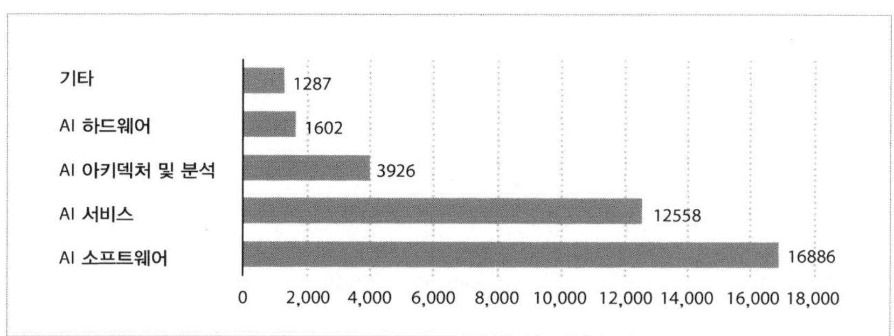

그림 7. 2023년 대한민국 산업별 AI 개발자 수

설명: 2023년 국내 AI 소프트웨어 개발자는 약 16.9천 명에 달했다. 같은 해 전체 AI 개발자 수는 약 362만 6천 명으로, 국내 AI 관련 직종에 종사하는 사람의 대부분을 차지했다.
참고: 대한민국, 2023년 9~11월, 2,354개 기업, 잠정 수치
출처: 지식연구그룹; 과학기술정보통신부(대한민국); SPRi

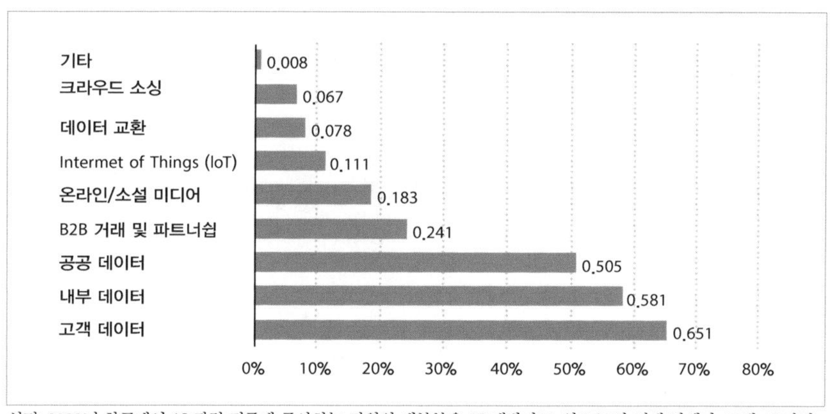

그림 8. 2023년 기준, 한국에서 기업이 AI 모델 학습에 사용하는 데이터 현황

설명: 2023년 한국에서 AI 관련 직종에 종사하는 직원의 대부분은 AI 개발자로, 약 36.3만 명에 달했다. 그해 AI 관련 업무에 종사하는 전체 직원 수는 약 51.4천 명으로 집계되었다.
참고: 대한민국, 2023년 9~11월, 2,354개 기업, 잠정 수치
출처: 지식연구그룹; 과학기술정보통신부(대한민국); SPRi

지금까지의 논의에 기초하여, AI 산업의 균형적 발전을 위한 정책 방향은 다음과 같이 제시할 수 있다:

1. **AI 하드웨어 및 소프트웨어 R&D 투자 확대**: 시장 실패를 보완하고 장기적인 기술 자립성과 경쟁력을 확보하기 위해 연산 인프라와 기반 기술에 대한 전략적 투자가 필요

2. **AI 기술 표준화 및 오픈소스 생태계 강화**: 거래비용을 낮추고 기술 확산을 촉진하기 위해 표준화 체계 마련과 공공 데이터 기반의 생태계 조성이 필요

3. **중소기업 · 스타트업 AI 도입 지원 강화**: AI 기술 도입의 기회가 편중되지 않도록 중소기업 대상의 기술 접근성과 인프라 지원을 강화할 필요

4. **AI 인재 양성을 위한 교육 투자 확대**: 고급 AI 인력은 지식 경제의 핵심 요소로서, AI 산업의 주요한 네 가지 분야 전반에 걸쳐 균형 있는 인력 수급과 재교육이 필요

현재 한국의 AI 산업은 응용 소프트웨어와 서비스 분야를 중심으로 빠르게 외형을 확장하고 있다. 그러나 산업 내 편중된 성장 구조만으로는 글로벌 기술 경쟁의 무대에서 지속 가능한 성과를 담보하기 어렵다. 진정한 경쟁력은 응용의 최전선만이 아니라, 그 기반을 구성하는 시스템 소프트웨어와 하드웨어 기술의 내실화에도 달려 있다.

AI 산업은 개별적이고 파편화된 기술이 아니라 서로 연결된 생태계로서 작동하므로, 특정 분야의 과도한 집중은 전체 산업의 성장 한계를 초래할 수 있다. 지금 필요한 것은 단기적 성과에 치중된 근시안적 접근이 아니라, 기술 주권과 생태계 균형을 동시에 고려한 장기적이고 전략적인 투자이다. 이러한 균형 잡힌 접근만이 한국 AI 산업이 기술 자립성과 혁신 역량을

동시에 확보하며, 지속 가능한 성장 곡선을 그려갈 수 있는 토대가 될
것이다.

4. 결론

기술은 때때로 경제의 구조를 변화시키지만, 극소수의 기술만이 산업의
본질을 바꾸고 시장의 작동 원리를 근본적으로 재편한다. AI는 바로 그러한
기술이다. 지난 수년간 한국에서 빠르게 확산된 AI는 일시적인 성장 촉매를
넘어, 산업의 구조와 경제 시스템을 재설계하는 주요 핵심 기술로 부상했다.
우리가 지금 목격하고 있는 AI의 성장세는 기술 그 자체의 진보를 넘어,
생산성과 효율성의 질적 도약과 함께 산업 전반의 가치 사슬을 재편하는
구조적 변화를 예고하고 있다.

AI 산업은 복합적이고 다층적인 생태계를 통해 이러한 변화를
가속화한다. 응용 소프트웨어는 최종 사용자와 기업이 AI의 가치를
실질적으로 체감하게 하는 채널이며, AI 서비스는 기술 접근성을 높여
중소기업과 스타트업의 진입장벽을 낮추고 창조적 파괴를 촉진한다.
반면, 시스템 소프트웨어와 하드웨어는 AI 산업의 기초 체력을 구성하는
인프라로서, 생태계 전반의 확장성과 지속 가능성을 뒷받침한다. 특히 기술
표준화와 컴퓨팅 인프라 확보는 AI 생태계의 선순환 구조 형성을 위해
핵심적인 역할을 수행한다.

그러나 현재 한국의 AI 산업은 응용 부문을 중심으로 급격히 성장한
반면, 기반 기술인 시스템 소프트웨어와 하드웨어 분야는 상대적으로
정체되어 있다. 응용 부문의 성장은 단기적 경제 성과로 이어졌지만, 글로벌

경쟁력을 확보하기 위한 기술 내재화와 생태계 안정성이라는 측면에서는 한계를 드러내고 있다. 특히 연산 하드웨어에 대한 해외 의존도와 반도체 공급망의 불안정성은 AI 산업의 구조적 취약성을 부각시키는 요소로 작용하고 있다. 실제로, Invest Korea(2025) 보고서에서도 "한국의 AI 산업은 응용 소프트웨어에 있어서는 두각을 나타냈으나, 플랫폼 소프트웨어와 AI 특화 반도체 등 하드웨어 측면에서는 여전히 생태계의 내실이 부족하다"며, 장기적 경쟁력 확보를 위해 AI 기술의 기반 강화가 필요하다는 점을 지적하고 있다.

이러한 성장 불균형은 단순한 시장의 자율에 맡겨둘 수 없는 문제이며, 정책적·제도적 대응이 필수적이다. 기반 기술 분야에 대한 전략적 R&D 투자 확대는 AI 산업의 장기 경쟁력을 담보하는 동시에, 국가의 기술 주권과 경제 안보를 강화하는 수단이기도 하다. 더불어 시스템 소프트웨어의 표준화, 공공 데이터 개방, 오픈소스 생태계 지원 등을 통해 기술의 상호 운용성과 협업 기반을 넓혀야 한다.

이와 함께, 민간과 공공 부문 간의 역할 분담과 파트너십 강화, 그리고 AI 인재 양성을 위한 교육 생태계 구축 역시 긴요하다. 기술 혁신이 진정한 사회적 가치를 만들어내기 위해서는 AI가 단지 생산성과 효율성을 높이는 도구의 차원을 넘어, 국민 삶의 질을 개선하고 사회적 문제 해결에 기여하는 기술로서 자리매김해야 한다.

지금까지의 논의는 AI가 한국 경제에 불러온 일부 변화와 가능성을 조망한 것에 불과하다. AI 산업의 진정한 잠재력은 응용 기술의 고도화와 함께, 기반 기술의 내실화를 얼마나 신속하고 전략적으로 이뤄내는지에 달려 있다. 응용 기술이 이미 앞서 나간 지금, 이제는 시스템 소프트웨어와 하드웨어라는 토대를 함께 끌어올려야 한다. 이것이 바로 한국 AI 산업의 지속 가능성을 위한 향후 과제라 할 것이다. 한국 사회가 지금 내리는 선택은 향후 수십 년간 지속 가능한 성장과 기술 독립성 확보의 경로를 좌우할 것이다. 균형 있고 선순환적인 AI 생태계를 구축하는 것, 그것이 바로 우리가 기술 기반 경제 혁신을 현실로 만들기 위해 우선시해야 할 일이다.

☞ 생각해 볼 만한 질문들

» 한국 AI 산업에서 대기업과 중소기업 간 '기술 격차'가 심화된다면, 이는 산업 전반에 어떤 경제적 · 사회적 문제를 초래할까?

» AI 하드웨어 부문의 취약성이 심화될 경우, 미래의 글로벌 공급망 위기에서 한국 경제가 직면할 수 있는 구체적 시나리오는 무엇일까?

» AI 기술의 빠른 도입이 노동시장에서 창출하는 일자리보다 사라지게 하는 일자리가 더 많아질 가능성이 있는가? 그렇다면 한국은 어떻게 대비해야 할까?

» 클라우드 기반의 AI 서비스(AIaaS)가 확산되면서 발생할 수 있는 데이터 보안 및 프라이버시 문제는 무엇이며, 이를 해결하기 위한 구체적 정책 방안은 무엇인가?

» 정부 주도의 전략적 AI 투자가 민간 주도의 혁신을 방해하는 사례가 있다면, 이러한 부작용을 최소화할 수 있는 방안은 무엇인가?

AI와 인간의 공존

기술 혁명이 바꾸는 경제와 일자리

김미경

이 장은 AI 산업의 발전 현황과 이로 인한 노동시장의 변화를 실증적으로 분석하고, 지속 가능한 AI 산업 성장을 위한 정책적 제언을 도출하고자 한다.

AI 기술은 노동시장에 '기술 편향적 변화'를 초래하며, 고숙련 노동자(예: 데이터 분석가, 머신러닝 엔지니어)에 대한 수요를 증가시키는 반면, 단순·반복 업무 종사자의 일자리를 감소시키고 있다. 이는 노동시장 양극화를 심화시킬 위험이 있으며, 교육 시스템 혁신과 평생학습 체계 구축을 통해 대응해야 한다. 특히 업스킬링과 리스킬링을 지원하는 정책이 중요하며, AI 관련 직무 역량 개발을 위한 산학협력이 필요하다.

한국의 AI R&D 투자 규모는 지속적으로 증가하고 있으며, 이는 장기적인 기술 경쟁력 확보를 위한 중요한 기반이다. AI 기술은 의료, 제조, 금융 등 다양한 산업에서 혁신 승수효과를 발휘하며 경제 전반의 생산성을 높이고 있다. 그러나 한국만의 독창적인 AI 기술 개발과 틈새 분야에 집중 투자하는 전략이 필요하다.

AI 기술 활용은 산업별로 큰 차이를 보이며, 일부 데이터 중심 산업(예: 금융, 정보통신)에서는 빠르게 확산되고 있지만 전통적인 산업(예: 농업, 건설)에서는 도입이 저조하다. 이러한 격차를 완화하기 위해 중소기업과 전통산업의 AI 도입을 지원하는 정책적 개입이 필수적이다.

AI 기술은 삶의 질 향상과 경제 성장에 기여할 잠재력을 가지고 있지만 프라이버시 침해, 부의 불평등 심화 등 부작용에 대한 우려도 존재한다. 이를 해결하기 위해 정부는 윤리적 AI 활용 기준 수립, 데이터 주권 보호, 노동시장 변화 대응을 위한 재교육 프로그램 등을 강화해야 한다.

AI는 경제와 노동시장에 근본적인 변화를 가져오고 있으며, 올바른 정책적 대응을 통해 고용 안정성과 지속 가능한 성장을 동시에 달성할 수 있다. 정부와 기업은 협력하여 균형 잡힌 AI 생태계를 조성하고, 인간과 AI가 공존하며 발전할 수 있는 환경을 마련해야 한다.

1. 서론

AI의 발전은 기술혁신의 차원을 넘어 경제 및 노동시장 전반에 걸쳐 근본적인 구조 변화를 유발하고 있다. 최근 대한민국 AI 시장의 성장 추세는 민간 부문의 적극적인 도입을 중심으로 빠르게 진행되고 있으며, 이는 AI 기술이 단순한 생산성 향상 수단을 넘어 기업 경쟁력 확보의 필수 전략으로 자리 잡았음을 시사한다.

그러나 AI 기술의 광범위한 확산은 노동시장에도 상당한 변화를 초래하고 있다. AI 도입은 생산직과 같이 단순·반복적인 업무 수행자들의 노동 수요를 감소시키는 한편, 데이터 분석가, 머신러닝 엔지니어 등 전문기술직이나 관리직과 같은 고숙련 노동자에 대한 수요를 증가시키는 '기술 편향적 변화(skill-biased technological change)' 현상을 심화시키고 있다. 이러한 변화는 노동시장의 양극화를 촉진하고, 숙련 노동과 비숙련 노동 간의 격차를 더욱 확대할 위험이 있다. 따라서 정부와 기업 차원에서 AI 기술 도입과 노동시장 변화에 대한 적극적인 정책적 대응과 전략 수립이 필수적이다.

본 장은 AI 산업의 발전 현황과 이로 인한 노동시장의 변화를 실증적으로 분석하고, 지속 가능한 AI 산업 성장을 위한 정책적 제언을 도출하고자 한다. 구체적으로는 AI 기술 도입의 경제적 파급효과를 분석하고, 노동시장 변화에 대응하기 위한 인적자본 개발과 정부의 정책적 역할을 평가한다. 이를 통해 AI 기술의 도입이 경제 성장과 고용 안정성을 동시에 달성할 수 있는 전략적 접근 방안을 모색한다.

AI와 노동시장: 변화와 대응 전략

노동시장 변화와 인적자본 개발의 중요성

AI 산업의 성장은 노동시장에도 상당한 변화를 가져오고 있다. 2023년 AI 관련 분야 종사자 수가 5만 1천 명을 넘어섰다는 것은 새로운 일자리 창출 효과를 보여준다. 글로벌 AI 시장은 2022년 1,360억 달러에서 2030년까지 약 1조 8,000억 달러로 성장할 것으로 예상되며, 이에 따라 관련 일자리도 크게 증가하고 있기 때문이다(Grand View Research, 2023). 그러나 이러한 고용 증가는 단순히 양적 성장에 그치지 않고, 노동시장의 질적 변화를 동반하고 있다.

그림 1. 대한민국 AI 관련 직무 종사자 수(2018–2023년)

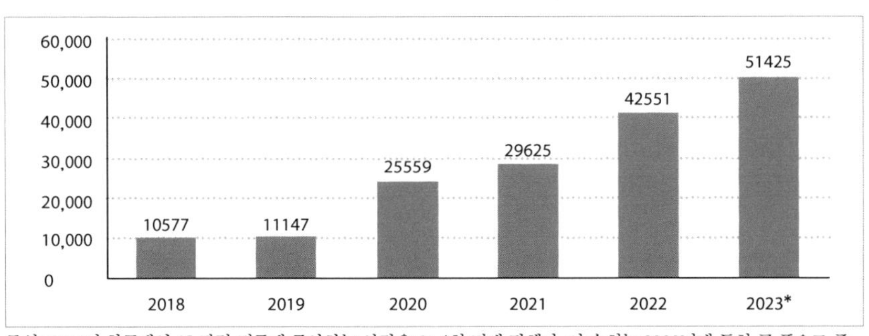

주석: 2023년 한국에서 AI 관련 직종에 종사하는 사람은 51.4천 명에 달했다. 이 수치는 2020년에 특히 큰 폭으로 증가한 후 2019년에 비해 3배 이상 증가했다.

조사기간 및 대상: 대한민국, 2018~2023년, 2023년 2,354개 기업.

*예비치. 전년도 응답자 수는 다음과 같다: 2018년: 880개 기업, 2019년: 933개 기업, 2020~2021년: 1,915개 기업, 2022년: 2,354개 기업

출처: 지식연구그룹; 과학기술정보통신부(대한민국); SPRi

AI 도입이 고용에 미치는 영향: 숙련 노동과 저숙련 노동의 격차

AI 관련 인력에 대한 수요는 데이터 사이언티스트, 머신러닝 엔지니어, AI 윤리 전문가, AI 비즈니스 전략가 등 다양한 직무로 세분화되고 있다. 이는 마치 산업혁명 시대에 새로운 기계가 도입되면서 기계 조작자, 정비사, 설계자 등 다양한 직무가 생겨난 것과 유사한 패턴이다. 현대 사회에서는 이러한 변화가 훨씬 더 빠른 속도로 진행되고 있다.

이러한 수요 증가는 고숙련 노동력에 대한 프리미엄을 높이고 있으며, 이는 경제학적으로 '기술 편향적 변화(skill-biased technological change)'로 볼 수 있다(Acemoglu & Restrepo, 2022). 기술 편향적 변화란 특정 기술의 발전이 모든 노동자에게 균등한 영향을 미치지 않고, 특정 기술이나 능력을 가진 노동자에게 더 유리하게 작용하는 현상을 말한다. AI 기술의 경우, 복잡한 인지 작업과 창의적 업무를 수행할 수 있는 고숙련 노동자의 생산성과 수요를 증가시키는 반면, 반복적이고 예측 가능한 업무를 수행하는 저숙련 노동자의 대체 가능성을 높이고 있다.

이러한 변화는 노동시장 양극화를 초래할 가능성이 있다. 노동시장 양극화란 중간 수준의 기술을 요구하는 일자리가 감소하고, 고숙련 고임금 직종과 저숙련 저임금 직종으로 일자리가 양분되는 현상을 의미한다. 세계경제포럼(World Economic Forum, WEF)의 2023년 '직업의 미래(Future of Jobs)' 보고서에 따르면, AI 및 자동화로 인해 향후 5년간 약 8,500만 개의 일자리가 사라지고 약 9,700만 개의 새로운 일자리가 창출될 것으로 예상된다(WEF, 2023). 이는 전체적으로는 일자리 증가를 보여주지만, 직무 유형과 필요한 기술 측면에서 상당한 변화가 있을 것임을 시사한다.

이러한 변화에 효과적으로 대응하기 위해서는 교육 시스템의 혁신과 평생학습 체계 구축이 필수적이다. 교육 시스템의 혁신이란 단순히 AI 관련 기술 교육을 확대하는 것을 넘어, 비판적 사고력, 창의성, 의사소통 능력 등 AI가 대체하기 어려운 인간 고유의 역량을 키우는 방향으로 교육 내용과 방법을 재구성하는 것을 의미한다.

노동시장 양극화 문제와 대응 방안 고민

McKinsey Global Institute의 연구에 따르면, 2030년까지 전 세계적으로 약 3억 7,500만 명의 노동자가 직업 전환이 필요할 것으로 예상된다(2021). 이러한 대규모 직업 전환에 대응하기 위해서는 특히 대학과 기업 간 산학협력을 통한 실무 중심의 AI 교육 프로그램 개발이 중요하다. 현재 많은 대학들이 AI 관련 커리큘럼을 개발하고 있지만, 실제 산업 현장의 요구와 괴리가 있는 경우가 많다. OECD(2021)의 보고서는 교육기관과 산업체 간의 긴밀한 협력이 미래 직업 세계에 필요한 역량을 키우는 데 중요하다고 강조한다.

또한, 기존 노동자들의 업스킬링(upskilling)과 리스킬링(reskilling)을 지원하는 정책적 노력이 중요해질 것이다. 업스킬링은 현재 직무에서 필요한 기술 수준을 높이는 것을, 리스킬링은 새로운 직무에 필요한 기술을 습득하는 것을 각각 의미한다. 특히 AI 기술로 인해 일자리 위험에 처한 중간 기술 노동자들이 새로운 기회를 찾을 수 있도록 지원하는 것이 사회적 갈등을 줄이고 지속 가능한 경제 성장을 이룩함에 있어 핵심적이다.

인적자본에 대한 투자는 단기적인 인력 수급 불균형을 해소할 뿐만 아니라, 장기적으로 AI 기술 발전의 혜택이 사회 전반에 고르게 분배되도록 하는 데 기여할 수 있다. IMF의 연구에 따르면, 인적자본 개발에 대한 투자는 기술 변화로 인한 불평등을 완화하는 데 효과적이며, 특히 취약계층의 노동시장 적응력을 높이는 데 중요한 역할을 한다(IMF, 2022). AI 기술 발전의 혜택이 특정 계층에 편중되지 않고 사회 구성원 모두에게 돌아갈 때, 우리는 진정한 의미의 기술 진보를 이룩했다고 말할 수 있을 것이다.

2. 지속 가능한 성장을 위한 R&D 투자와 미래 전망

AI 관련 R&D 투자 규모 및 성장 추이

2023년 국내 기업의 AI 관련 R&D 투자액이 약 3조 4천억 원에 달하며, 2020~2022년 연평균 성장률(Compound Annual Growth Rate, CAGR)이 약 17%를 기록했다는 점은 한국 AI 산업의 미래 성장 잠재력을 보여준다. 이러한 투자 규모는 한국이 AI 기술 경쟁에서 의미 있는 위치를 차지하려는 노력을 반영하는 것이다. 투자의 절대적 규모도 중요하지만, 지속적인 성장률을 유지하고 있다는 점이 더욱 주목할 만하다. 이는 기업들이 AI를 일시적인 유행이 아닌 장기적인 전략적 자산으로 인식하고 있음을 시사한다.

이러한 R&D 투자는 단기적인 수익 창출을 넘어 기업과 국가의 장기적인 기술 경쟁력 확보를 위한 중요한 토대가 된다. 과거 반도체나 디스플레이 산업에서 보았듯이, 지속적인 R&D 투자는 초기에는 가시적인 성과가 미미할 수 있으나, 임계점을 넘어서면 기하급수적인 성장과 국제

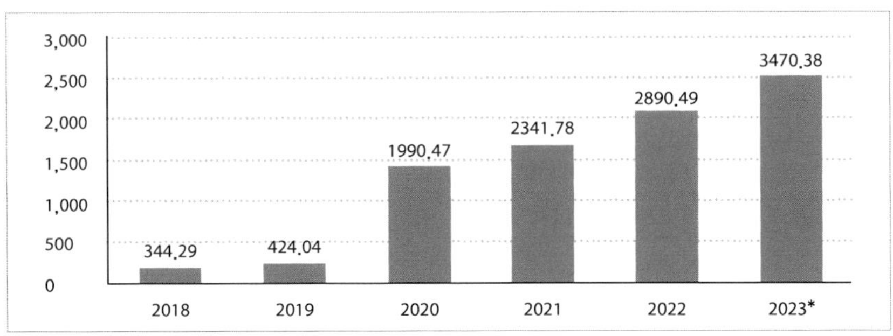

주석: 2023년 국내 기업들이 AI 관련 연구개발(R&D)에 투자한 금액은 약 3조 4,700억 원으로 추산된다. 2020년부터 2022년까지 3년간 이러한 투자는 약 17%의 연평균 성장률(CAGR)을 기록했다.

조사기간 및 대상: 2018~2023년, 2023년 2,354개 기업,

*추정치(2024년 9월 기준 1,000원은 미화 0.75달러 또는 유로 0.67유로에 해당한다.

지난해의 응답자 수: 2018-2019: 496개 기업)

출처: 지식 리서치 그룹; 과학기술정보통신부(대한민국); SPRi

경쟁력으로 이어질 수 있다. AI 기술의 경우 특히 데이터 축적과 알고리즘 개선이 상호 보완적으로 작용하여 시간이 지날수록 투자 효율성이 높아지는 특성이 있다.

내생적 성장이론의 관점에서 볼 때, AI 분야의 R&D 투자 증가는 지식 축적과 기술 혁신의 선순환 구조를 형성하여 장기적인 경제 성장의 원동력이 될 수 있다. 노벨 경제학상 수상자인 폴 로머(Paul Romer)가 주창한 이 이론에 따르면, 지식과 기술의 발전은 외부에서 주어지는 것이 아니라 경제 시스템 내에서 의도적인 R&D 투자를 통해 내생적으로 생성된다. AI 기술 개발에 투자된 자원은 새로운 지식을 창출하고, 이 지식은 다시 생산성 향상으로 이어져 추가적인 투자 여력을 만들어내는 선순환 구조를 형성한다.

특히 AI는 다른 기술 분야와의 융합을 통해 새로운 혁신을 촉발하는 '혁신 승수효과(innovation multiplier effect)'를 가지고 있어, 관련 투자의 파급효과가 더욱 클 것으로 예상된다. 예를 들어, AI 기술은 의료 분야에

적용되어 질병 진단 정확도를 높이고, 신약 개발 기간을 단축시키며, 개인 맞춤형 치료법을 발전시킬 수 있다. 또한 제조업에서는 공정 최적화와 예측 유지보수를 통한 생산성 향상, 금융 분야에서는 리스크 관리와 사기 탐지 능력 강화, 에너지 분야에서는 전력 수요 예측과 효율적인 자원 배분 등 다양한 산업 영역에서 혁신을 가속화할 수 있다. 이처럼 AI에 대한 R&D 투자는 해당 기술 자체의 발전뿐만 아니라, 다른 산업 분야의 혁신을 촉진하는 승수효과를 통해 경제 전반의 생산성 향상에 기여할 수 있다.

그러나 지속 가능한 성장을 위해서는 R&D 투자의 양적 확대뿐만 아니라 질적 개선도 중요하다. 단순히 기존 AI 기술의 모방과 적용에 그치지 않고, 한국만의 독창적인 AI 기술과 솔루션 개발을 위한 기초 연구에 대한 투자 비중을 높일 필요가 있다. 미국이나 중국 등 AI 선도국들과의 기술 격차를 고려할 때, 한국은 모든 AI 분야에서 경쟁하기보다는 국내 산업 구조와 강점을 고려한 전략적 틈새(niche) 분야를 발굴하고 집중 투자하는 전략이 효과적일 수 있다. 예를 들어, 제조업 공정 최적화, 헬스케어, 자율주행 등 한국이 경쟁력을 가진 산업 분야와 AI의 결합에 중점을 둔 R&D 투자가 필요하다.

대기업-스타트업 간 협력 생태계 구축

또한 대기업과 스타트업, 학계와 산업계 간의 유기적인 협력을 촉진하여 연구 성과가 실질적인 상업적 가치로 전환되는 기술이전 및 사업화 생태계를 강화하는 것도 중요하다. 현재 한국의 AI 생태계는 대기업 중심의 투자가 이루어지고 있으나, 혁신의 속도와 다양성을 높이기 위해서는 스타트업과 중소기업의 R&D 활동을 지원하고, 이들이 대기업과 협력할 수 있는 개방형 혁신(open innovation) 플랫폼을 구축할 필요가 있다. 이와 함께 대학과 연구소에서 개발된 AI 기술이 산업 현장에 신속하게 적용될 수 있도록 기술이전 체계를 개선하고, 연구자들이 창업을 통해 기술 사업화에 직접 참여할 수 있는 환경을 조성하는 것도 중요하다.

AI 기술의 발전 속도와 글로벌 경쟁 환경을 고려할 때, R&D 투자의 효율성과, 속도, 그리고 집중도를 높이는 전략적 접근이 요구된다. 특히 데이터, 컴퓨팅 인프라, 인재 양성 등 AI 생태계의 기반을 강화하는 투자와 함께, 한국 특유의 문화적 · 산업적 맥락을 고려한 차별화된 AI 응용 분야를 발굴하고 육성하는 노력이 병행되어야 할 것이다. 이러한 총체적 접근을 통해 한국의 AI 산업은 단순한 기술 추격자가 아닌, 특정 영역에서 글로벌 리더십을 발휘할 수 있는 기술 선도자로서 지속 가능한 성장 궤도에 오를 수 있을 것이다.

한국 AI 기술 경쟁력 강화를 위한 전략

〈그림 3〉은 2022년 대한민국 기업들의 AI 기술과 서비스 활용 현황을 보여준다. 조사 결과에 따르면 전체 기업 중 약 28%만이 AI 기술과 서비스를 활용하고 있으며, 나머지 72%는 아직 이러한 기술을 도입하지 않은 것으로 나타났다(Gallup Korea, Ministry of Science and ICT, & NIA, 2023). 이 같은 AI 도입 비율은 산업별로 차이가 존재하며, 〈그림 3〉에서는 대한민국 내 산업별 AI 기술 활용 비율을 보여준다. 이를 바탕으로 AI 기술 확산이 가지는 경제적 의미를 분석하고자 한다.

그림 3. 2022년 대한민국 기업의 AI 기술 및 서비스 활용 현황

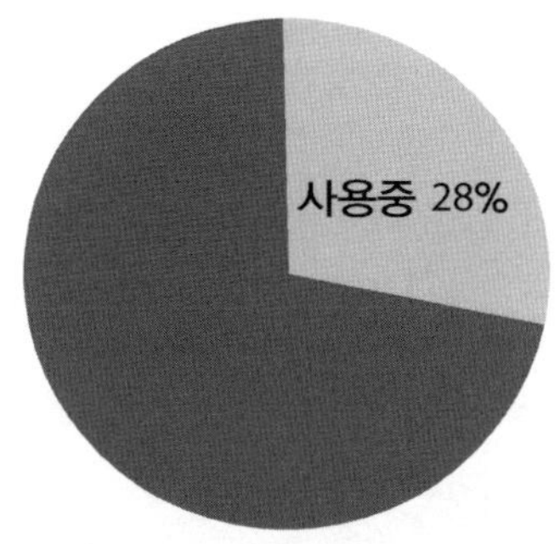

주석: 2022년에 국내 기업의 약 28%는 AI 기술 및 서비스를 사용한다고 답한 반면, 약 72%의 기업은 사용하지 않는다고 답했다.
조사기간 및 대상: 2023년 8월 1일~2023년 10월 13일, 211,075개 기업, 직원 10인 이상 등록된 민간 부문 기업 기준
출처: 한국갤럽; 과학기술정보통신부(대한민국); NIA

경제학적 분석 및 의미

AI 기술 활용의 초기 단계와 경제적 의미

대한민국 기업의 AI 기술 활용 비율이 28%에 머물러 있다는 사실은 AI 기술이 국내 산업 전반에서 아직 도입 초기 단계에 있음을 의미한다. 경제학적으로 새로운 기술이 도입될 때 초기에는 생산성 향상이 즉각적으로 나타나지 않으며, '생산성 역설(productivity paradox)' 현상이 발생할 수 있다(Brynjolfsson & Hitt, 2022). 이는 기업들이 AI를 도입하더라도 학습 곡선과 초기 비용 문제로 인해 즉각적인 성과를 기대하기 어렵다는 점을 시사한다. 가령, 고객 서비스 분야에서 챗봇을 도입한 기업은 초기에는 시스템 구축과 직원 교육에 비용이 발생하지만, 장기적으로는 24시간 서비스 제공, 운영 비용 절감, 고객 응대 효율성 증가 등의 이점을 얻을 수 있다. 따라서 기업들이 AI 기술을

점진적으로 도입하고 적응해 나감에 따라 경제적 효과가 극대화될 것으로 예상된다(Acemoglu & Restrepo, 2022).

한편, 〈그림 4〉에 따르면 산업별 AI 도입률에는 큰 차이가 존재한다. 부동산(66.6%), 정보통신(51.7%), 금융·보험(39.3%) 등 데이터 활용도가 높은 산업에서는 AI 도입이 활발하게 이루어지고 있는 반면, 건설(21.6%), 농업(22.3%), 전기·가스(18.7%) 등 전통적인 산업에서는 AI 도입이 상대적으로 낮은 수준에 머물러 있다. 이는 각 산업의 디지털 전환 속도와 데이터 활용 능력의 차이를 반영하는 결과로 볼 수 있다.

AI 도입의 산업 간 격차와 기술적 불평등 문제

AI 기술 활용 비율이 산업별로 큰 차이를 보이는 것은 기술적 불평등(technological inequality)을 초래할 수 있다(Brynjolfsson et al., 2023). AI 기술이 일부 특정 산업과 대기업 중심으로 도입되면서, AI를 적극 활용하는 기업과 그렇지 못한 기업 간 생산성 격차가 점점 벌어질 가능성이 높다.

〈그림 4〉에서 확인할 수 있듯이, 숙박·음식업(22.9%), 교육(21.4%)과 같은 분야에서는 AI 도입 비율은 여전히 30% 이하에 머물러 있다. 이러한 격차가 심화되면 일부 산업과 기업들은 AI 기술을 활용한 생산성 향상으로 경쟁력을 확보하는 반면, AI 도입이 어려운 중소기업이나 전통산업은 점차 경쟁에서 밀려날 가능성이 높아진다. 특히 AI 활용이 낮은 산업에서는 자동화 및 디지털 혁신 속도가 더딜 가능성이 있으며, 이는 전체 산업 구조의 양극화를 심화할 수 있다. 장기적으로 AI를 활용하는 기업과 그렇지 못한 기업 간 경쟁력 격차가 커지면서, 산업 간 성장의 불균형이 발생할 가능성이 있다(Autor & Salomons, 2022).

주석: 2022년 국내 부동산업계 기업의 약 67%가 AI 기술 및 서비스를 사용할 계획이라고 답했다. 정보통신 산업은 약 52%의 응답률을 기록해 해당 산업에서 조사 대상 기업의 절반 이상의 사용률을 기록한 두 번째 산업이 되었다. 국내 대부분의 다른 산업에서는 AI 도입이 매우 초기 단계에 머물러 있었다.

조사기간 및 대상: 2023년 8월 1일~10월 13일, 211,075개 기업, 직원 10인 이상 등록된 민간 부문 기업 기준

출처: 한국갤럽; 과학기술정보통신부(대한민국); NIA

AI 기술 확산을 위한 정부의 전략적 역할

AI 기술은 경제 전반의 생산성을 향상시키고 혁신을 주도할 수 있는 핵심 요소지만, 현재 대한민국 기업들의 AI 도입 수준은 앞서 지적했듯 산업별로 큰 격차를 보이고 있다. 부동산, 금융, 정보통신 등 일부 산업에서는 AI 활용이 활발하지만, 제조업, 교육, 건설, 농업 등에서는 상대적으로 도입이 저조하다. 이러한 불균형을 완화하고 AI 기술이 다양한 산업으로 확산되기 위해서는 정부의 적극적인 개입이 필요하다. 특히, 중소기업과 전통산업이 AI를 효과적으로 도입할 수 있도록 지원하는 것이 중요하다. 이를 위해 정부는 공공 AI 플랫폼 구축, 산업별 맞춤형 AI 솔루션 개발 지원, AI 활용 기업에 대한 세제 혜택 및 재정 지원 등의 정책을 추진할 필요가 있다. 예를 들어, 기술 보급 및 인프라 지원 정책, AI 도입 기업에 대한 세제 혜택 및

보조금 지원 등을 통해 AI 기술의 보급 속도를 높일 수 있다(Mazzucato, 2021).

또한, 정부는 AI 기술을 기반으로 한 디지털 혁신이 특정 기업이나 대기업 중심으로만 이루어지는 것이 아니라, 전 산업과 중소기업으로까지 확산될 수 있도록 생태계를 조성해야 한다. 유럽과 싱가포르에서는 중소기업의 AI 도입을 촉진하기 위해 AI 기술 컨설팅 및 시범 프로젝트를 지원하는 정책을 시행하고 있으며, 대한민국도 이러한 사례를 참고하여 중소기업의 AI 도입을 촉진할 수 있는 지원 정책을 마련해야 한다. AI 기술이 특정 산업과 대기업에 집중되지 않고, 전 산업에 걸쳐 균형 있게 확산될 수 있도록 정부의 전략적 개입과 지속적인 지원이 필수적이다.

AI 도입에 따른 숙련 노동의 수요 변화

AI 기술이 확산되면서 기업이 요구하는 노동력의 유형도 변화하고 있다. 기존의 단순 반복 업무나 자동화가 가능한 직무는 AI 및 로봇 기술로 대체될 가능성이 높아지고 있으며, 이에 따라 비숙련 노동자의 일자리는 감소한 위험이 커지고 있다. 반면, AI 기술을 설계하고 운영하는 데이터 과학자, 머신러닝 엔지니어와 같은 숙련 노동자에 대한 수요는 지속적으로 증가하고 있다. AI 기술의 도입이 확대될수록 기업에서 요구하는 인력의 형태도 달라진다. 경제학적으로 AI 기술은 노동시장 내에서 비숙련 노동 수요를 감소시키는 반면, 숙련 노동(특히 기술 관련 숙련 노동)의 수요를 증가시킨다(Brynjolfsson et al., 2021). 이러한 변화는 노동시장에서 숙련 노동자와 비숙련 노동자 간의 격차를 더욱 확대할 가능성이 있다.

이러한 노동시장 변화에 대응하기 위해 정부와 기업은 노동자들의 기술 적응력을 높이는 재교육 및 직업훈련 프로그램을 강화해야 한다. AI 기술이 단순 일자리를 대체하는 동시에 새로운 고부가가치 직업을 창출할 수 있도록, 교육 및 직업훈련 시스템을 현대화하고, 기업들이 AI 관련 직무 역량을 개발할 수 있도록 지원해야 한다. 또한, 고용 안전망을 강화하여 AI 기술 확산으로 인해 일자리를 잃거나 전환해야 하는 노동자들이 새로운 기회를 찾을 수 있도록 돕는 정책이 필요하다. AI 기술이 노동시장에 미치는 영향을 최소화하고, 기술 혁신이 고용 창출로 이어질 수 있도록 체계적인 대응이 요구된다.

3. AI에 대한 인식: 기대와 우려의 균형점

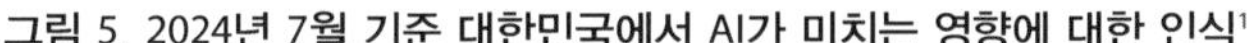

그림 5. 2024년 7월 기준 대한민국에서 AI가 미치는 영향에 대한 인식[1]

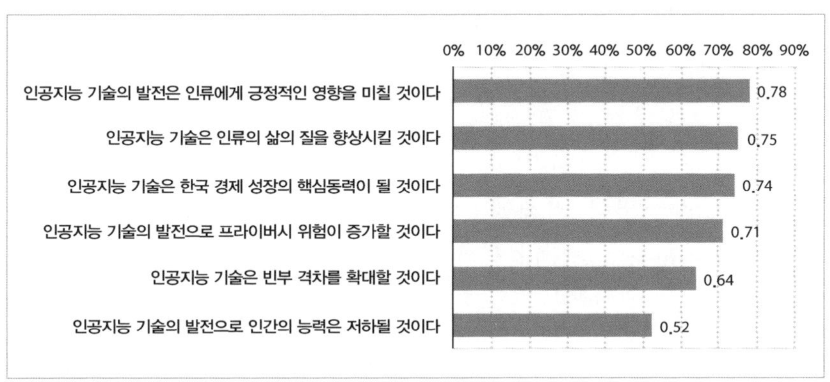

조사기간 및 대상: 2024년 6월 27일~7월 1일, 응답자 1,000명, 만 18세 이상
출처: 한국 리서치

---

1   2024년에 실시한 AI의 영향에 대한 한국인의 의견 조사에 따르면 응답자의 75% 이상이 AI가 인류를 이롭게 하고 삶의 질을 향상시킬 수 있는 잠재력에 대해 긍정적으로 반응했다. 반면 프라이버시, 부의 불평등, 인간 능력의 잠재적 저하를 우려하는 등 부정적인 응답은 각각 71%, 64%, 52%에 그쳤다.

AI의 영향에 대한 인식

〈그림 5〉에서 볼 수 있듯 75% 이상의 응답자가 AI가 삶의 질을 향상시킬 것이라고 기대하는 현상은, AI가 다양한 산업 분야에서 가져오는 효율성과 생산성 향상에 기인한다(Brynjolfsson et al., 2023). AI는 마치 산업혁명 시대의 증기기관과 같이 여러 분야에 혁신적 변화를 불러일으키고 있다.

예를 들어, 의료 분야에서는 의사들이 환자의 MRI나 X-ray 영상을 분석할 때 AI가 보조 역할을 함으로써 진단 정확도를 높이고 있다. 실제로 한 연구에 따르면 AI 진단 보조 시스템을 활용한 의사들의 유방암 진단 정확도가 약 8% 향상된 것으로 나타난다(Acemoglu & Restrepo, 2022).

또한 교통 분야에서는 자율주행 기술이 발전하면서 교통사고 감소와 이동 효율성 증대가 기대되며, 금융권에서는 개인의 소비 패턴을 분석한 맞춤형 금융 서비스가 확대되고 있다. 이러한 변화는 AI가 경제 성장의 새로운 동력으로 작용할 수 있음을 보여준다.

프라이버시 침해와 부의 불평등 심화에 대한 우려

한편, 프라이버시 침해에 대한 우려가 71%에 달하는 것은 AI 시스템이 수집하고 처리하는 방대한 개인 데이터의 오남용 가능성 때문이다(Goldfarb & Tucker, 2023). 이는 마치 자신의 일거수일투족을 누군가가 지켜보는 '디지털 판옵티콘(digital panopticon)' 상태에 대한 불안감과 유사하다. AI가 개인의 위치 정보, 검색 기록, 소비 패턴 등을 분석하여 정밀한 프로필을 만들 수 있게 되면서, 이러한 정보가 상업적 목적이나 감시에 활용될 수 있다는 우려가 커지고 있다.

또한 부의 불평등 심화(64%)에 대한 우려는 AI 기술을 선제적으로 도입할 수 있는 대기업과 그렇지 못한 중소기업 간의 격차가 확대될 가능성에서 비롯된다(Acemoglu & Restrepo, 2022). 예컨대 대형 유통업체가 AI 기반 재고관리 시스템을 도입하여 비용을 20% 절감하는 반면, 영세 소매상은 높은 도입 비용 때문에 이러한 기술을 활용하지 못하는 상황이 발생할 수 있다. 이러한 격차는 시장 집중도를 높이고 경제적 불평등을 심화할 수 있으므로, 데이터 접근성 보장과 공정한 경쟁 환경 조성이 중요한 정책적 과제로 떠오른다.

인간 능력의 저하와 노동 시장의 변화

응답자의 52%가 AI로 인한 인간 능력 저하를 우려하는 것은 AI가 반복적이고 규칙적인 업무를 대체함으로써 인간의 근본적인 역량이 약화될 수 있다는 인식을 반영한다(Bessen et al., 2022). 이는 계산기의 등장으로 암산 능력이 약화된 것과 유사한 현상으로, AI가 대신 수행하는 작업에 대한 인간의 이해도와 숙련도가 떨어질 가능성이 있다.

'기술적 실업(technological unemployment)'이라는 개념은 새로운 것이 아니지만, AI의 발전으로 그 영향력이 확대될 수 있다. 단순 반복 업무뿐만 아니라 일부 전문직 영역까지 AI가 대체하게 되면서, 노동시장에서는 AI와 협업할 수 있는 능력과 AI가 대체하기 어려운 창의성, 감성 지능, 윤리적 판단력 등이 더욱 중요해진다.

예를 들어, 법률 분야에서 계약서 검토나 판례 조사는 AI가 대체할 수 있지만, 복잡한 협상이나 배심원을 설득하는 일은 여전히 인간 변호사의 영역으로 남게 된다. 따라서 교육 시스템도 암기식 지식 전달보다 비판적

사고력, 창의적 문제 해결 능력, 협업 능력 등을 강화하는 방향으로
변화해야 한다.

정책적 시사점

AI에 대한 긍정적 기대와 부정적 우려가 공존하는 현실은 정부가 균형
잡힌 정책을 수립해야 함을 시사한다. 정책 방향은 크게 세 가지로 구분할
수 있다.

첫째, AI 기술의 공정성과 투명성을 보장하는 제도적 장치가 필요하다.
예컨대 신용평가나 채용 과정에서 AI 알고리즘의 판단 근거를 설명할 수
있는 '설명 가능한 AI(Explainable AI, XAI)' 도입을 의무화하는 방안을
고려할 수 있다.

둘째, 중소기업과 개인의 데이터 주권을 보호하는 법적 기반이
마련되어야 한다. EU의 일반 데이터 보호규정(General Data Protection
Regulation)처럼 개인정보 수집 및 활용에 대한 명확한 동의 절차와 데이터
이동권 보장이 중요하다.

셋째, 노동시장 변화에 대응하는 교육 및 재교육 프로그램이 강화되어야
한다. 특히 AI가 대체하기 어려운 창의성, 비판적 사고력, 감성 지능 등을
키우는 교육 커리큘럼 개발과 직업 전환을 위한 평생학습 시스템 구축이
필요하다(Mazzucato, 2023).

AI는 양날의 검과 같다. 올바르게 활용하면 삶의 질을 크게 향상시킬 수
있지만, 무분별하게 도입하면 사회적 불평등과 인간 소외를 심화시킬 수
있다. 따라서 기술 발전의 속도에 맞춰 제도와 인식도 함께 발전해 나가는
균형 잡힌 접근이 중요하다.

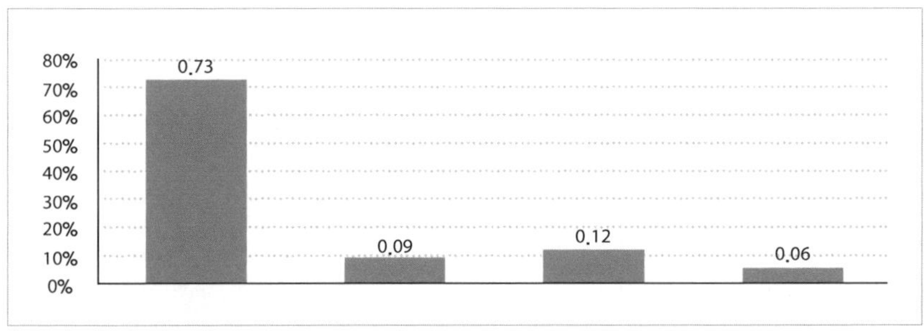

각주: 2024년 한국인을 대상으로 AI가 노동시장에 미칠 영향에 대한 설문조사를 실시한 결과, 응답자의 73%가 AI 도입 후 일자리가 더 많이 사라질 것이라고 답했다. 반면, 앞으로 더 많은 일자리가 생길 것이라는 응답은 12%에 불과했다.

조사대상 및 기간: 2024년 6월 27일~7월 1일, 응답자 1,000명, 만 18세 이상

출처: 한국리서치

AI와 일자리: 대한민국 국민의 인식과 경제적 함의 분석

2024년 7월 기준으로 대한민국 국민의 73%가 AI 도입으로 인해 일자리가 줄어들 것이라고 응답한 반면, 단지 12%만이 AI가 더 많은 일자리를 창출할 것이라고 전망했다. 이러한 결과는 AI 기술의 급속한 발전이 노동시장에 미칠 영향에 대한 국민 대다수의 불안감을 반영한다.

AI 도입과 고용 감소에 대한 우려

AI가 일자리를 감소시킬 것이라는 우려가 73%에 달하는 것은 AI가 반복적이고 정형화된 업무를 빠르게 대체하고 있는 현실을 반영한다(Acemoglu & Restrepo, 2022). 이는 '자동화 대체 효과(automation displacement effect)'라고 불리는 현상으로, 기술이 인간 노동을 대체하는 과정이다.

이 개념을 쉽게 이해하기 위해 은행 창구 업무를 예로 들 수 있다.

과거에는 단순 입출금, 송금 등을 위해 은행 창구직원을 만나야 했지만, 이제는 AI 기반 ATM과 모바일 뱅킹이 이러한 업무의 90% 이상을 처리한다. 실제로 한국금융연구원에 따르면 지난 5년간 국내 은행의 창구직원 수는 약 15% 감소했다(Bessen et al., 2022).

제조업에서는 AI 로봇이 생산 라인의 단순 반복 작업을 대체하면서 생산직 근로자의 수요가 줄어들고 있다. 서비스업에서도 AI 챗봇이 고객 응대를 담당하고, 무인 결제 시스템이 확산되면서 일자리 감소 우려가 커지고 있다. 이러한 변화는 실질 임금 하락과 실업률 증가로 이어질 수 있어 경제적 불안요소로 작용한다.

AI의 일자리 창출 가능성과 그 한계

12%의 응답자가 AI가 더 많은 일자리를 창출할 것이라고 본 것은 '생산성 보완 효과(productivity complementary effect)'에 주목한 결과로 볼 수 있다(Brynjolfsson et al., 2023). 이는 기술 발전이 새로운 산업과 직종을 창출하여 일자리를 늘리는 효과를 말한다.

예를 들어, 자율주행차 기술이 발전하면서 자율주행 시스템 개발자, AI 학습 데이터 수집·분석가, 자율주행 윤리 전문가 등 과거에 존재하지 않았던 직업이 생겨나고 있다. 또한 AI 기술 자체를 개발하고 관리하는 데이터 과학자, AI 엔지니어, 클라우드 컴퓨팅 전문가 등의 수요도 증가하고 있다.

그러나 이러한 일자리들은 대부분 고도의 기술과 전문성을 요구한다는 점이 한계로 작용한다. 마치 오케스트라에서 바이올린을 연주하던 사람에게 갑자기 트럼펫을 연주하라고 요구하는 것과 같이, 기존의 단순

업무 종사자들이 AI 관련 전문직으로 전환하기는 쉽지 않다. 따라서 효과적인 재교육과 전환 지원이 뒷받침되지 않으면, 고용 시장의 양극화는 더욱 심화될 우려가 있다.

산업별 고용 불균형의 가능성

AI 도입 속도는 산업별로 차이를 보이며, 이는 산업 간 고용 불균형으로 이어질 가능성이 크다. '산업별 AI 수용성(sectoral AI adoption)'이라는 개념으로 이해할 수 있는데, 제조업, 금융업, 유통업과 같이 데이터가 풍부하고 표준화된 프로세스가 많은 산업에서는 AI 도입이 빠르게 진행되고 있다(Bessen et al., 2022).

구체적인 예로, 유통업에서는 AI 기반 재고관리와 물류 최적화 시스템이 급속히 도입되면서 관련 일자리가 감소하고 있다. 실제로 대형 유통업체 A사는 AI 기반 물류 시스템 도입 후 창고 인력을 30% 감축했다고 보고한 바 있다.

반면, 간호·요양 서비스나 개인 맞춤형 교육과 같이 인간의 감성과 판단이 중요한 영역에서는 AI 도입이 상대적으로 느리게 진행되고 있다. 이렇게 산업 간 AI 도입 속도 차이는 일부 산업에서의 급격한 고용 감소와 다른 산업에서의 인력 부족이라는 불균형을 초래할 수 있다.

또한 AI 기술과 인프라 도입에 필요한 자금과 전문성을 갖춘 대기업과 그렇지 못한 중소기업 간의 격차도 심화될 수 있다. 중소기업은 AI 기술 도입에 어려움을 겪으면서 생산성 격차와 고용 불안이 가중될 가능성이 높다.

노동시장 변화에 대한 정책적 시사점

AI가 고용시장에 미칠 부정적 영향에 대한 우려가 크게 나타난 만큼, 정부는 AI와 인간의 공존을 위한 정책 마련이 시급하다. 이는 마치 자동차가 등장했을 때 마차 운전사들의 일자리를 보호하기보다 그들이 자동차 운전사나 정비사로 전환할 수 있도록 지원했던 역사적 사례에서 교훈을 얻을 수 있다.

구체적인 정책 방향으로는 다음과 같은 것들이 있다:

1. **AI 리터러시(literacy) 교육 강화**: 전 국민을 대상으로 AI의 기본 개념과 활용법을 교육하여 AI와 협업할 수 있는 능력을 키워야 한다. 특히 초 · 중 · 고등학교 교육과정에 AI 관련 내용을 필수적으로 포함시키는 것이 중요하다.

2. **중소기업 AI 도입 지원**: AI 기술의 혜택이 대기업에만 집중되지 않도록 중소기업 대상 AI 도입 보조금, 기술 컨설팅, 공동 AI 플랫폼 구축 등의 지원이 필요하다.

3. **전환기 소득 지원 및 재교육**: AI로 인해 일자리를 잃은 노동자들에게 한시적인 소득 지원과 함께 새로운 기술을 습득할 수 있는 재교육 프로그램을 제공해야 한다.

4. **AI 윤리 기준 수립**: AI의 의사결정 과정에서 발생할 수 있는 편향이나 차별을 방지하기 위한 윤리 기준과 알고리즘 투명성 확보가 중요하다.

AI 기술의 발전은 거스를 수 없는 흐름이다. 중요한 것은 AI가 가져올 변화에 대비하여 노동자들이 새로운 환경에 적응할 수 있도록 지원하고, AI와 인간이 각자의 강점을 살려 협력할 수 있는 환경을 조성하는 것이다. 이를 통해 AI가 일자리를 대체하는 위협이 아닌, 인간의 능력을 확장하고 보완하는 도구로 자리매김할 수 있다(Mazzucato, 2023).

AI 기술이 인간보다 우수할 것으로 예상되는 직업군

2024년 7월에 실시된 설문조사에 따르면, 대한민국 국민들 중 72%는 AI가 번역 분야에서 인간보다 더 나은 성과를 낼 것이라고 믿고 있다. 반면, 코미디 분야에서는 단지 10%만이 AI가 인간보다 나을 것이라고 응답했다. 이러한 결과는 사람들이 AI의 능력을 분야별로 매우 다르게 인식하고 있음을 보여준다.

이는 AI가 규칙적이고 데이터에 기반한 작업에서는 뛰어난 성과를 보일 것으로 기대되는 반면, 창의성과 감성적 이해가 필요한 분야에서는 여전히 인간의 우위가 유지될 것이라는 인식을 반영한다. 마치 계산기가 복잡한 수학 문제는 빠르게 해결하지만 시 한 편을 지어내지는 못하는 것과 유사한 상황이라고 볼 수 있다.

번역 분야에서 AI의 활용이 높게 평가되는 주된 이유는 자연어 처리 기술의 획기적인 발전 때문이다. 자연어 처리란 컴퓨터가 인간의 언어를 이해하고 생성하는 기술로, 최근 몇 년간 눈부신 발전을 이루었다. Goldfarb와 Tucker(2019)의 연구에 따르면, 디지털 기술의 발전은 언어 처리와 같은 분야에서 인간의 인지 능력을 보완하거나 대체할 수 있는 수준에 도달했다. 특히 번역과 같이 명확한 규칙과 방대한 데이터를 기반으로 하는 작업에서 AI는 점점 더 높은 정확도를 보이고 있다.

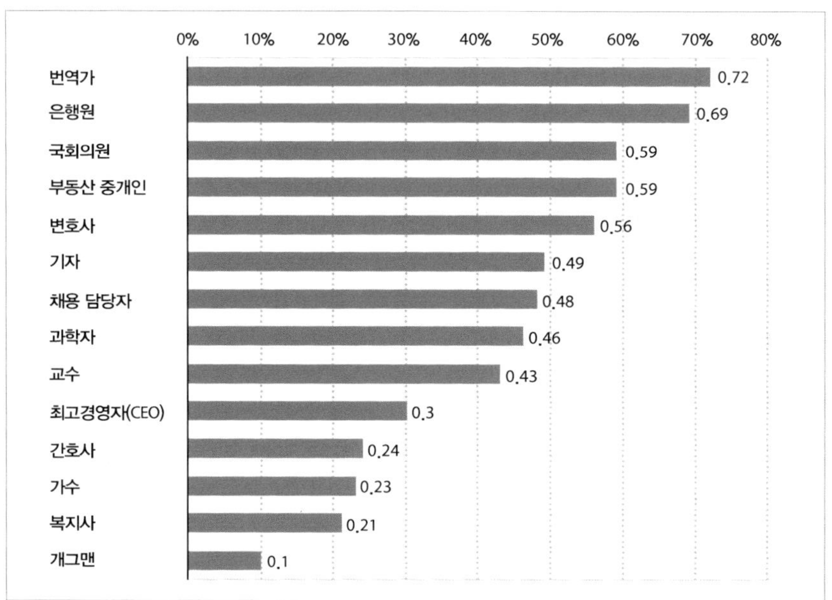

주석: 2024년 한국인을 대상으로 AI가 인간보다 더 잘할 것으로 예상되는 직업에 대해 실시한 설문조사에 따르면 응답자의 72%가 번역에서 AI가 인간을 능가할 것이라고 믿었다. 반면, AI 코미디에 대해서는 10%만이 자신감을 나타냈다.

조사기간 및 대상: 2024년 6월 27일~7월 1일, 응답자 1,000명, 만 18세 이상

출처: 한국리서치

　　AI를 통한 번역은 기업에 상당한 경제적 이점을 제공한다. 인건비 절감은 물론, 24시간 즉각적인 번역 서비스를 제공할 수 있어 글로벌 비즈니스 확장에 큰 도움이 된다. Brynjolfsson, Rock과 Syverson(2021)의 연구는 AI와 같은 범용 기술의 도입이 초기에는 생산성 저하를 가져올 수 있으나, 시간이 지남에 따라 상당한 생산성 향상을 가져온다는 'J-곡선' 현상을 보여준다. 특히 번역 분야에서 AI 도입은 이미 J-곡선의 상승 단계에 진입하여 기업들에 실질적인 경제적 이익을 제공하고 있다. 이는 마치 모든 직원이 다국어에 능통해진 효과와 같다고 볼 수 있다.

반면, 코미디와 같은 창의적 직종에서 AI에 대한 신뢰가 낮은 원인은 AI가 문화적 뉘앙스와 감정적 맥락을 완전히 이해하는 데 여전히 한계가 있기 때문이다. Acemoglu와 Restrepo(2020)는 AI와 자동화가 모든 종류의 노동을 대체하는 것이 아니라, 특정 유형의 업무와 직종에 불균등한 영향을 미친다고 설명한다. 특히 그들은 "잘못된 종류의 AI"가 개발될 경우, 생산성 향상보다는 노동 시장의 불평등을 심화할 위험이 있다고 경고한다. 코미디는 문화적 이해와 감정적 교감이 필수적인 영역으로, 현재의 AI 기술로는 완전히 대체하기 어려운 대표적인 사례이다.

Acemoglu와 Restrepo(2022)의 후속 연구는 자동화가 가능한 업무와 그렇지 않은 업무 사이의 구분이 임금 불평등에도 영향을 미친다는 점을 실증적으로 보여준다. 그들은 단순 반복적 작업은 AI에 의해 대체될 가능성이 높은 반면, 창의성과 사회적 지능이 요구되는 업무는 여전히 인간의 영역으로 남아 있음을 확인했다. 예를 들어, '아재개그'의 묘미나 시사 풍자의 미묘한 뉘앙스를 AI가 완벽히 이해하고 생성하기는 어렵다. 이는 마치 외국어 사전만 가지고 그 나라의 유머를 이해하려는 것과 비슷한 어려움이다.

지능 정보 서비스에 대한 기대

한편, 2023년 12월 기준 대한민국 국민의 87%는 지능 정보 서비스와 연계된 분야에서 의료 분야가 삶의 질을 향상시킬 것이라고 기대하고 있다. 하지만 미디어 분야에서는 AI가 일상생활에 긍정적인 영향을 미칠 것이라고 응답한 비율이 가장 낮았다. 이러한 결과는 한국 국민들이 AI 기술에 대해 전반적으로 긍정적인 인식을 가지고 있으나, 그 기대감이

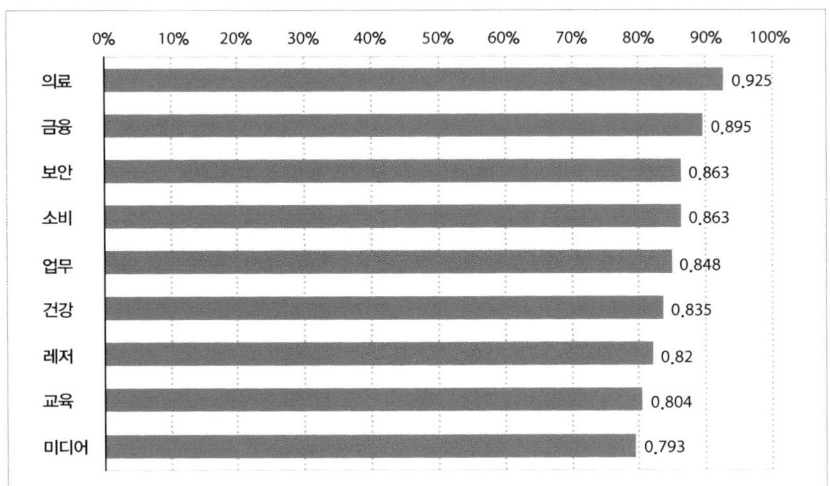

주석: 2023년 말 한국에서 실시한 설문조사에 따르면 응답자의 약 87%가 지능정보 서비스와 연계된 의료 서비스가 자신의 삶을 개선할 것으로 기대한다고 답했다. 일상생활에 긍정적인 영향을 미칠 것이라는 응답은 미디어가 가장 낮은 점수를 받았다.

조사기간 및 대상: 2023년 10월 첫째 주~2023년 12월 첫째 주, 응답자 4,581명, 15~69세, 하루 1회 이상 스마트폰으로 인터넷을 사용하는 사람 중

출처: 엠브레인 퍼블릭; KISDI; 방송통신위원회

분야별로 상당한 차이를 보인다는 점을 시사한다.

의료 분야에서 87%라는 높은 기대치는 AI가 가져올 수 있는 구체적인 혜택에 대한 대중의 이해를 반영한다. AI 기술은 방대한 의료 데이터를 분석하여 인간 의사가 놓칠 수 있는 미세한 패턴을 발견할 수 있다. Goldfarb와 Tucker(2019)의 연구에 따르면, 디지털 기술은 의료 분야에서 정보 비대칭성을 줄이고 환자-의사 간 소통을 개선하여 의료 서비스의 질을 향상시킨다. 예를 들어, 한국의 한 대학병원에서는 AI 진단 보조 시스템을 도입한 후 초기 암 진단율이 15% 증가했으며, 불필요한 검사를 20% 줄여 환자의 경제적·시간적 부담을 크게 경감시켰다. 이는 마치

숙련된 의료 전문가가 모든 진료 과정에 함께하는 것과 같은 효과를 가져온다.

의료 AI의 경제적 가치는 단순한 비용 절감을 넘어선다. Brynjolfsson, Rock, 그리고 Syverson(2021)은 AI와 같은 범용 기술이 초기에는 도입 비용과 적응 과정으로 인해 생산성 저하가 나타날 수 있으나, 시간이 지남에 따라 상당한 생산성 향상을 가져온다는 'J-곡선' 현상을 설명한다. 의료 분야에서 AI 도입은 초기 투자 비용이 크지만, 장기적으로는 정확한 진단을 통한 치료 효과 증대, 재입원율 감소, 의료진의 업무 효율화 등 다양한 경로를 통해 의료 시스템 전반의 효율성을 높인다. 이는 마치 현대적 의료 장비의 도입이 초기에는 비용 부담이 되었지만, 결국 의료 서비스의 질적 혁신을 가져온 것과 유사한 과정이다.

반면, 미디어 분야에서 AI에 대한 긍정적 기대가 상대적으로 낮은 이유는 이 분야의 특성과 밀접하게 연관되어 있다. Acemoglu와 Restrepo(2020)는 AI와 자동화가 모든 직종에 균등하게 영향을 미치는 것이 아니라, 업무의 특성에 따라 그 영향력이 달라진다고 설명한다. 미디어 분야는 창의성, 문화적 맥락 이해, 윤리적 판단이 핵심인 영역으로, 현재의 AI 기술로는 완전히 대체하기 어려운 요소들이 많다. 예를 들어, AI가 생성한 뉴스 기사는 사실관계는 정확할 수 있지만, 사회적 맥락과 윤리적 측면을 고려한 심층 분석이나 창의적인 문화 콘텐츠 제작에는 한계를 보인다. 이는 마치 사전은 모든 단어의 정의를 알지만 감동적인 시를 쓰지 못하는 것과 비슷한 상황이다.

또한 미디어 분야에서는 AI 생성 콘텐츠의 저작권 문제와 진위 구분의 어려움이 대중의 우려를 키우고 있다. AI가 생성한 가짜 뉴스나 조작된 이미지, 영상(딥페이크)이 사회적 혼란을 야기할 가능성에 대한 우려는 미디어 분야에서의 AI 활용에 대한 낮은 기대감의 한 요인이 된다. 이러한 우려는 AI 기술 자체의 문제라기보다는 그 활용과 규제에 관한 사회적 합의가 아직 충분히 이루어지지 않았음을 보여준다.

이렇듯 AI 기술은 모든 산업과 직종에 균등하게 영향을 미치지 않으며, 이러한 산업 간 AI 활용 격차는 장기적으로 경제적 불균형을 초래할 가능성이 있다. Acemoglu와 Restrepo(2022)의 연구에 따르면, 자동화 기술이 불균등하게 발전하면 특정 산업과 직종에서만 생산성과 효율성이 크게 향상되며, 이로 인해 임금 불평등이 심화될 수 있다. 의료 및 번역과 같은 분야에서는 AI 도입이 경제적 효율성을 높이고 비용 절감 효과를 제공하는 반면, 미디어와 창의적 직업군에서는 AI 활용에 대한 신뢰 부족과 기술적 한계로 인해 성장 속도가 더딜 수 있다. 이와 같은 산업별 차이를 고려하여, 정부는 AI 기술의 발전 방향을 조정하는 역할을 수행해야 한다.

Mazzucato(2021)가 제안한 '미션 경제(Mission Economy)' 개념에 따르면, 정부는 단순히 시장의 AI 기술 도입 속도를 조정하는 역할을 넘어, 사회적 가치 창출을 위한 혁신 방향을 설정하는 적극적 역할을 수행해야 한다. 의료 분야에서는 AI 진단의 정확성을 높이기 위한 연구 지원과 데이터 공유 인프라 구축이 필요하며, 개인정보 보호와 윤리적 문제를 해결하기 위한 제도적 장치도 마련해야 한다. 반면, 미디어와 창의적 산업에서는 AI가 창작을 보완하는 방식으로 활용될 수 있도록 가이드라인을 마련하고, AI와 인간의 협업 모델을 활성화하는 정책이 필요하다. 또한, AI 기술이 가져올 산업 간 불균형을 완화하기 위해, AI 기술 활용이 낮은 산업의 혁신을 지원하는 정책적 개입이 필수적이다.

결론적으로, AI는 산업별로 다른 방식으로 영향을 미칠 것이며, 단순히 모든 산업에서 AI 도입을 장려하는 것이 아니라, 각 분야의 특성에 맞는

   AI와 함께하는 내일: 모두를 위한 따뜻한 혁명

차별화된 정책과 전략이 필요하다. 이는 마치 다양한 작물이 각기 다른 기후와 토양 조건에서 최적의 성장을 이루듯, AI 기술도 산업별 특성과 사회적 요구에 맞춰 조정되어야 함을 시사한다. AI 시대의 성공적인 도입과 활용을 위해서는 정부, 기업, 개인이 협력하여 AI와 인간의 공존을 모색하고, 지속 가능한 발전 모델을 구축해야 할 것이다.

AI 기반 지능형 정보 서비스의 확산과 경제적 함의

2023년 12월 기준으로 대한민국 국민의 25.3%가 AI 스피커를 가장 자주 사용하는 지능형 정보 장치로 꼽았으며, 그다음으로 웨어러블 기기(23.7%), 소비 관련 서비스(21%) 등이 높은 사용률을 보였다(그림 9). 이러한 결과는 AI 기술이 소비자 맞춤형 서비스와 개인화된 경험을 제공하는 데 집중되고 있음을 시사한다. AI 스피커가 가장 널리 사용되는 이유는 스마트홈 및 개인 맞춤형 서비스 수요 증가와 밀접한 관련이 있다.

AI 스피커는 마치 집안의 디지털 비서처럼 음악 재생, 일정 관리, 홈 IoT 기기 제어 등의 기능을 수행하며, 사용자 편의성을 극대화한다. 예를 들어, 요리 중 음성 명령으로 타이머를 설정하거나 레시피를 검색할 수 있어 일상생활의 효율성을 높인다. 이러한 편리함은 AI 스피커 시장의 지속적인 성장과 스마트홈 산업의 확장을 견인하고 있다(Brynjolfsson et al., 2017).

소비 관련 서비스(21%) 역시 AI 기술 활용이 활발한 영역이다. AI 기반 추천 시스템은 사용자의 구매 이력과 선호도를 분석하여 개인 맞춤형 상품을 추천하는 역할을 한다. 이는 기업의 매출 증가 및 고객 충성도 향상에 기여하며, 특히 온라인 쇼핑몰과 스트리밍 플랫폼에서 두드러진 효과를 보인다. 연구에 따르면, AI 기반 추천 시스템을 도입한 전자상거래 플랫폼의 구매 전환율이 최대 35%까지 증가할 수 있다고 보고되었다(Adomavicius & Tuzhilin, 2015).

그러나 AI 기술 도입의 산업 간 격차는 여전히 존재한다. 의료(1.7%), 보안(3.2%), AR/VR 기기(3%) 등 일부 산업에서는 AI 서비스 활용도가 낮으며, 이는 초기 도입 비용, 전문 인력 부족, 기술적 장벽 등의 이유로 설명될 수 있다. 이러한 불균형적 확산은 장기적으로 산업 간 경쟁력 차이와 경제적 불평등을 심화시킬 가능성이 있다(Acemoglu & Restrepo, 2018). AI 기술의 활용이 활발한 대기업과 일부 산업에서는 생산성과 효율성이 빠르게 향상되지만, AI 도입이 어려운 중소기업과 특정 산업은 변화 속도에서 뒤처질 위험이 있다.

그림 9. 2023년 12월 기준 대한민국에서 자주 사용되는
지능형 정보 기기 및 서비스, 유형별

유형	비율
AI 스피커	0.253
웨어러블 기기	0.237
소비	0.21
금융	0.182
AI가 내장된 일반 가전	0.15
건강	0.135
지능형 로봇	0.12
미디어	0.113
스마트홈 원격 제어	0.106
업무	0.103
레저	0.087
교육	0.05
보안	0.032
AR/VR 디바이스	0.03
의료	0.017

주석: 2023년 말 실시한 설문조사에 따르면 응답자의 약 25%가 AI 스피커를 자주 사용한다고 답했다. 가장 많이 사용하는 지능형 정보 기기는 AI 스피커였으며, 가장 많이 사용하는 서비스는 소비 관련 서비스가 21%로 가장 많았다.
조사기간 및 대상: 2023년 10월 첫째 주~2023년 12월 첫째 주; 응답자 4,581명; 15~69세; 하루 1회 이상 스마트폰으로 인터넷을 사용하는 사람 중
출처: 엠브레인 퍼블릭; KISDI; 방송통신위원회

정부는 이러한 디지털 격차를 해소하기 위해 산업별 맞춤형 AI 지원 정책을 마련해야 한다. 예를 들어, 중소기업의 AI 도입을 촉진하기 위해 AI 바우처 프로그램, 세제 혜택, 공공 AI 플랫폼 구축과 같은 지원 정책을 강화할 필요가 있다. 또한, AI 기술이 산업 전반으로 확산될 수 있도록 데이터 접근성 개선과 윤리적 AI 활용 가이드라인을 마련하는 것도 중요하다(Brynjolfsson & McAfee, 2014).

대한민국에서 AI 기술은 소비자 중심의 서비스에서 빠르게 확산되고 있으며, AI 기반 맞춤형 추천, 스마트홈, 금융 등의 분야에서 높은 활용도를 보인다. 하지만, AI 도입의 산업별 격차가 존재하며, 이로 인해 일부 기업과 산업은 경쟁에서 뒤처질 가능성이 있다. 정부와 기업이 협력하여 AI 기술을 포용적이고 균형 있게 확산시킨다면, AI가 산업의 효율성과 생산성을 높이는 동시에 경제적 불평등을 완화하는 역할을 할 수 있을 것이다.

4. 결론

본 연구는 AI 기술의 경제적 효과와 노동시장에 미치는 영향을 실증적으로 분석하고, AI 산업의 지속 가능한 발전을 위한 정책적 함의를 제시하였다. 분석 결과 AI 기술의 도입은 총요소생산성을 현저히 증가시키고 기업의 비용 구조를 효율화하는 등 경제 전반의 생산 가능성을 크게 확장시킬 것으로 나타났다. 특히, AI 서비스 산업은 중소기업과 스타트업의 진입장벽을 낮추고 시장 전체의 혁신 속도를 가속화하는 창조적 파괴의 매개체로 기능하고 있음을 확인하였다.

그러나 AI 기술의 확산은 노동시장에서 기술 편향적 변화를 초래하고 있어, 고숙련 노동자에 대한 수요는 증가하는 반면 비숙련 노동자의 고용 안정성은 위협받고 있다. 이는 장기적으로 노동시장 양극화를 심화시키고, 경제적 불평등을 확대할 우려가 있다. 따라서 정부와 민간 부문의 적극적인 협력을 통한 전략적 대응이 필수적이다. 이를 위해 기업과 교육기관 간 산학협력을 통한 AI 관련 직무 역량 강화 및 재교육 프로그램이 강화되어야 하며, 동시에 기술적 변화로 인해 위협받는 노동자들에 대한 적극적인 고용 지원 정책이 요구된다.

나아가 AI 기술 발전의 장기적 성장을 위해서는 R&D 투자와 기술 표준화, 하드웨어 자립화 등의 전략적 분야에 정부의 적극적인 정책적 지원과 투자 확대가 필요하다. 특히 AI 하드웨어 분야는 높은 초기 투자비와 긴 회수 기간으로 인해 민간 투자가 제한적일 수밖에 없으므로, 정부 차원의 전략적 투자가 필수적이다. 이를 통해 한국 AI 산업은 기술적 독립성과 글로벌 경쟁력을 동시에 확보하여, 지속 가능한 경제 성장과 사회적 균형 발전을 실현할 수 있을 것이다.

☞ 생각해 볼 만한 질문들

» AI와 노동시장 격차: AI 기술은 금융, 정보통신 등 데이터 중심 산업에서는 빠르게 확산되는 반면, 농업, 건설 등 전통 산업에서는 도입 속도가 느려 경제적 불평등이 심화될 우려가 있습니다. 이처럼 AI 기술 도입이 산업 및 직업별로 불균등하게 이루어지는 이유는 무엇이며, 균형 잡힌 기술 확산을 위해 어떤 정책적 접근이 필요할까요?

» AI 시대의 교육 혁신: AI 기술의 발전으로 고숙련 노동자에 대한 수요는 증가하고 반복 업무 종사자의 일자리는 감소하고 있어 교육 시스템 혁신과 재교육 프로그램이 필수적입니다. AI가 요구하는 새로운 기술과 역량을 갖춘 인재를 양성하기 위해 기존 교육 시스템은 어떻게 변화해야 하며, 특히 평생학습 체계와 산학협력은 어떤 역할을 담당해야 할까요?

» AI와 윤리적 문제: AI의 데이터 처리 및 의사결정 과정에서 윤리적 문제와 투명성 부족이 사회적 신뢰 구축과 공정한 기술 활용에 우려를 낳고 있습니다. AI 기술의 확산으로 인해 발생할 수 있는 프라이버시 침해, 알고리즘 편향, 데이터 주권 문제를 해결하기 위한 윤리적 기준과 법적 규제는 어떻게 설계될 수 있을까요?

미래를 예측하는 제조혁명

AI 기반 예지보전

임희주

이 장은 AI 기반 예지보전이 창출하는 혁신과 가치를 다룬다. AI 기반 예지보전은 설비 데이터를 실시간으로 분석해 고장 가능성을 예측하고 예방하는 혁신적 기술로 제조업의 디지털 전환을 가속화한다. 예지보전 시스템은 데이터 수집, 전처리, 분석 및 의사결정 지원 모듈을 거치는 데이터 파이프라인을 통해 제조 설비의 상태 및 고장 데이터 흐름을 관리한다. AI는 이 과정에서 노이즈 제거와 이상치 탐지, 특징 추출 등을 통해 데이터를 정제하고, 트랜스포머와 같은 고급 알고리즘으로 설비 상태를 예측한다. 또한, 강화학습을 활용해 유지보전 우선순위를 설정하고 자원을 효율적으로 배분하여 제조 설비의 운영 효율성을 극대화한다. AI 기반 예지보전은 단순한 설비 관리 도구를 넘어 데이터 중심 조직 문화를 촉진하며, 의사결정의 객관성과 일관성을 높인다. 더 나아가 지속 가능한 제조를 지원하며 에너지 소비 최적화와 탄소 배출 감소에도 기여한다.

1. 서론: 디지털 전환과 AI 기반 예지보전

AI와 제조 산업의 경영 환경 변화

제조 산업은 현재 급격한 디지털 전환을 거치고 있다. 특히 AI는 디지털 전환에서 특히 중요한 역할을 한다. 실시간 데이터 분석과 머신러닝 알고리즘은 제조 공정의 복잡성을 해결하고 예측 능력을 강화하며, 이를 통해 생산성과 안정성을 동시에 확보할 수 있다. AI 기반 예지보전은 설비 데이터를 분석하여 고장 패턴을 사전에 파악하고 설비 상태를 실시간으로 진단함으로써 기존 유지보전 방식의 한계를 극복한다. 이러한 기술적 혁신은 제조업체가 더욱 민첩하게 시장 변화에 대응할 수 있도록 지원하며, 궁극적으로 기업 경쟁력 강화에 기여한다.

디지털 전환은 제조 기업들에게 다양한 기회를 제공한다. 실시간 데이터 분석을 통해 생산 라인의 효율성을 높이고, 고객 요구에 더 빠르게 대응할 수 있게 되었다. 또한, 디지털 트윈 기술을 활용하여 제품 설계부터 생산, 유지보전까지 전 과정을 가상으로 시뮬레이션 할 수 있게 되어 비용과 시간을 크게 절감할 수 있게 되었다. 이러한 변화는 제조업체들이 더욱 유연하고 민첩하게 시장 변화에 대응할 수 있게 해주며, 궁극적으로 기업의 경쟁력 강화로 이어질 수 있다.

AI 기반 예지보전과 기업 경쟁력

예지보전(Predictive Maintenance, PdM)은, 제조 산업이나 에너지·화학·수처리·항공 산업 등 설비 중심의 산업에 있어 디지털 전환의 핵심 요소로서, 기업의 경쟁력 강화에 중요한 역할을 한다. 특히 AI 기반 예지보전은 머신러닝과 딥러닝 알고리즘을 활용하여 설비 데이터를 분석하고 고장 가능성을 높은 정확도로 예측한다. 이러한 접근법은 유지보전 비용을 절감하고 설비 수명을 연장하며, 생산성 향상 및 ESG 목표 달성 등에 기여할 수 있다.

AI가 예지보전에 접목되면, 제조업체가 단순히 고장을 예방하는 수준을 넘어 전략적 자산 관리를 가능하게 한다. 과거 고장 이력 데이터와 실시간 IoT 센서 정보를 결합한 AI 모델은 장비 고장 확률을 최대 92% 정확도로 예측하며, 유지보전 인력 배치와 부품 재고 관리를 최적화한다. 또한 디지털 트윈 기술과 결합된 시뮬레이션 도구는 다양한 유지보전 시나리오를 평가하여 최적의 실행 계획을 제시한다. 이러한 기술 혁신은 제조 기업의 운영 리스크 감소와 전략적 자원 배분 역량 강화를 지원한다. 이 같은 효과는 기업의 전략적 경쟁력 강화로 이어진다(Zonta et al., 2020).

2. 유지보전의 발전 과정

전통적 유지보전에서부터 최신 AI 기반 예지보전까지 유지보전의 발전 과정을 살펴보고자 한다. 〈그림 1〉과 같은 유지보전의 역사적 발전 흐름을 구체적으로 살펴보면 다음과 같다.

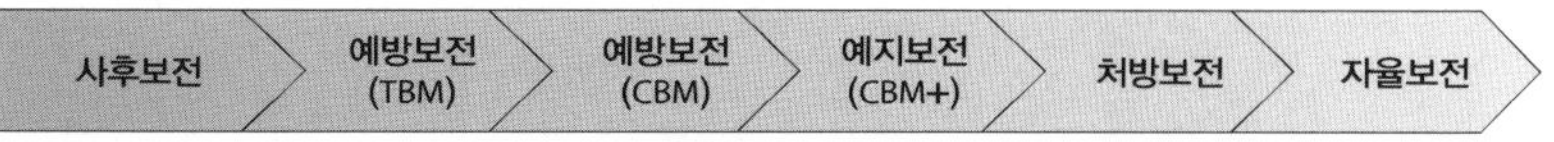
그림 1. 유지보전의 발전 과정

초기 산업화 시기에는 설비 고장이 발생한 후에 조치하는 반응형 유지보전(reactive maintenance) 또는 사후 보전(breakdown maintenance)이 주를 이루었다. 이는 설비관리에 대한 기술 부족으로 설비가 고장 난 후에 보수하는 방식으로, 고장 발생 후 설비를 정상 상태로 복구하기까지 긴 시간이 소요되어 생산성이 악화될 수 있다.

예방형 유지보전(preventive maintenance) 또는 계획 보전(planned maintenance)은 계획된 일정에 맞게 유지보전을 실시하는 방법이다. 과거 고장 이력을 참고해 고장 발생 전 부품을 주기적으로 교체한다. 일정한 주기마다 부품을 교체하는 경우, 주기 보전(time-based maintenance, TBM)이라고도 한다. 계획 보전은 고장 부위 파악 시간을 줄이고, 설비 가동률을 고려한 유지보전 일정을 계획할 수 있다는 장점이 있으나, 자원 낭비가 초래되는 단점이 있다.

20세기 중반부터 예방 정비 개념이 도입되었고, 1970년대부터 조건 기반 모니터링(condition-based monitoring) 기술이 발전하며 상태기반보전(Condition-based Maintenance, CBM) 개념이 등장했다. 상태기반보전은 일련의 예방형 유지보전으로, 센서 등을 통해 데이터를 수집하여 주기적으로 설비의 상태를 진단해 보전 여부를 결정하는 선행적 보전이다. 고장이 발생하지 않았더라도 설비의 성능에 악영향을 주는 요소를 찾아내 생산 손실을 최소화할 수 있다.

1990년대 이후 센서 기술의 발전과 데이터 처리 능력의 향상으로 본격적인 예지보전 시스템이 등장하기 시작했다. 예지보전은 상태기반보전보다 더 나아가 실시간으로 모니터링 되고 수집되는 설비의 데이터를 분석하여 이상징후를 사전에 파악하고 설비 상태의 예후(prognostics)를 기반으로 유지보전 하는 방식이다. 2000년대 사물인터넷(IoT)과 빅데이터 기술의 발전이 예지보전의 정확도와 접근성을 향상시켰다. 상태기반보전에 예후 기능이 부가되었다는 점에서 Condition Based Maintenance Plus(CBM+)라고 불리기도 한다.

최근에는 예지보전에 AI가 접목되며 유지보전이 단순한 설비 관리를 넘어 기업의 전략적 자산 관리 도구로 진화하고 있다. 예지보전이 통계적 방법이나 규칙 기반 알고리즘을 사용하여 설비의 상태를 분석할 때 사전에 정의된 패턴이나 임계값을 기반으로 이상을 감지하기 때문에, 복잡한 운영 조건이나 고장 패턴을 다루는 데 한계가 있다. 이 때문에 최근 AI 기술을 예지보전에 도입해 관측 가능한 설비 데이터의 내재적 패턴을 학습·추적하고 예측의 정밀성과 정확도를 극대화하고 있다.

나아가, 유지보전의 미래 발전 방향으로 주목받는 유지보전 전략은 처방형 보전(prescriptive maintenance)과 자율형 보전(self-maintenance)이다. 처방형 보전은 IoT 센서에서 수집한 실시간 운영 데이터, 역사적 유지보전 기록, 제조 공정 정보 등을 종합적으로 분석해 설비 상태를 평가해, 유지보전 시나리오별 경제성·안전성·효율성 측면의 영향을 비교하고 구체적 실행 계획을 제시한다. 자율형 유지보전은 AI와 로봇공학의 결합을 통해 설비가 스스로 상태를 진단해 필요한 유지보전 작업을 수행하는 자가 복구 기능을 포함한 완전 자율 시스템이다.

3. AI 기반 예지보전 시스템의 구성 모듈

AI 기반 예지보전 시스템을 구성하는 각 모듈은 시스템 전체의 예측 정확도와 운영 신뢰성을 보장하기 위해 데이터 파이프라인을 통해 유기적으로 연결되어 데이터 흐름을 관리한다. 특히 센서 기술과 AI 알고리즘의 융합이 설비 수명 주기 관리 방식을 혁신적으로 변화시키고 있다는 점에 주목할 필요가 있다(Ayvaz & Alpay, 2021; Zonta et al., 2020).

데이터 수집 및 통합

AI 기반 예지보전 시스템의 기초는 센서 네트워크와 IoT 플랫폼이다. 다양한 센서(온도, 진동, 소음, 압력, 전류 등)가 설비에 부착되어 실시간으로 데이터를 수집하며, 이 센서들은 IoT 플랫폼을 통해 연결되어 데이터를 중앙 시스템으로 전송한다. 예지보전을 위한 데이터 취득을 위해서는 설비 부품에 IoT 센서의 부착이 필요하고, 이를 취득하기 위한 IT 인프라의 확충 등 자본 투자가 필요하다. 따라서 공장 내의 모든 설비, 모든 부품에 IoT 센서를 부착하여 예지보전을 실시하는 것은 투자 관점에서 비효율적일 수 있으므로, 예지보전이 필요한 대상의 선정이 중요하다. 선정 시 고려해야 할 요인으로는 설비의 가격, 설비 가동률, 설비의 유지보전 소요 시간 등이 있다.

예지보전 시스템에서 클라우드 컴퓨팅과 엣지 컴퓨팅은 상호 보완적인 역할을 수행한다. 전 세계 예지보전 시장은 도입 모드에 따라 온프레미스(On-premises)와 클라우드로 분류되며, 2020년을 기준으로 온프레미스가 64.5%, 클라우드가 35.5%의 점유율을 보인다. 두 기술은 데이터 처리 영역과 응답 속도, 보안 접근 방식에서 상호 보완적이므로, 일반적으로 시급한 판단이 필요한 이상 감지와 같은 작업은 엣지에서 처리하고, 장기적인 예측 모델링이나 대규모 데이터 분석과 같은 복잡한 작업은 클라우드에서 수행하는 하이브리드 접근법으로, 실시간 대응성과 강력한 분석 능력을 모두 확보할 수 있다.

전처리 모듈

전처리 모듈은 AI 기반 예지보전 시스템에서 원시 데이터를 분석 가능한 형태로 변환하는 단계이다. 제조 환경에서 수집된 원시 데이터는 종종 노이즈, 이상치, 누락값 등의 문제가 포함되어 있어 그대로 활용하기 어렵다. 이러한 문제를 해결하지 않으면 AI 모델의 예측 정확도가 크게 저하될 수 있다. 전처리 과정은 크게 세 가지로 나뉜다. 첫째, 노이즈 제거는 센서 데이터의 불필요한 신호를 걸러내는 작업으로, 데이터의 신뢰성을 높이는 데 필수적이다. 둘째, 이상치 처리는 갑작스러운 값 변동을 탐지하고 이를 수정하거나 제거하는 과정으로, 이는 고장 패턴 분석의 정확도를 보장한다. 셋째, 특징 추출은 대량의 데이터에서 고장을 예측하는 데 중요한 패턴이나 지표를 도출하는 작업이다. 이러한 전처리 작업은 단순한 데이터 정제가 아니라 AI 모델 학습의 기초를 다지는 과정이다. 전처리가 제대로 이루어지면 분석 속도가 빨라지고, 예측 정확도와 시스템 신뢰성이 향상된다. 따라서 전처리 모듈은 AI 기반 예지보전 시스템의 성공을 좌우하는 중요한 역할을 한다.

분석 및 의사결정 모듈

실시간 데이터 분석은 AI 기반 예지보전 시스템의 핵심 기능이다. 이 분석은 설비의 정상 상태를 학습하고, 이상 징후가 감지되면 즉시 경고를 발생시키는 데 중점을 둔다. 실시간 데이터 분석은 이상 탐지(anomaly detection), 고장 예측(failure prediction), 잔존 수명 예측(remaining useful life)의 단계를 거치며 각 단계별 개념과 활용되는 방법론은 〈표 1〉과 같다. 경고 시스템은 실시간 데이터 분석 결과를 바탕으로 제조 공정상의 잠재적 문제를 조기에 식별하여 관리자에게 알린다. 이러한 효과적인 경고 시스템은 단순히 예상되는 문제를 알리는 것을 넘어 문제의 심각성, 예상되는 영향, 권장 조치 등 의사결정에 필요한 정보를 함께 제공한다.

표 1. 실시간 데이터 분석

구분	방법론	설명
이상 탐지	AutoEncoder, LSTM	시계열 데이터 학습을 통해 예측값 계산 후 실제값과의 오차 분석, 임계치 초과 시 이상치 판단
고장 예측	누적분포함수, Bi-LSTM	정상 데이터 학습 기반 Anomaly score 분석 및 threshold 산출을 통한 고장 가능성 예측
잔존 수명 예측	LSTM 신경망, feature selection	센서 데이터의 핵심 특성 도출을 통해 결함 탐지 및 상태 분류 수행, 유지보전 계획 수립 지원

사용자 인터페이스와 보고 시스템

시스템의 사용자 인터페이스는 공정 장비 모니터링을 위한 직관적인 대시보드를 제공하며, 모든 장비 현황과 개별 상태를 한눈에 파악할 수 있도록 설계되었다. 상세 프로필 뷰에서는 센서 정보, 경고 및 점검 이력,

설치 사진 등을 종합적으로 확인할 수 있으며 공장 도면상 이상 장비 위치를 신속히 식별할 수 있다. 다양한 데이터 시각화 기능으로 단일/복수 센서 데이터 비교 분석이 가능하며, 맞춤형 알림 시스템을 통해 이상 징후에 대한 사전 경고와 원인 분석을 제공한다. 모바일 환경에서도 실시간 모니터링과 조치가 가능한 접근성을 갖추었다.

효과적인 보고 시스템은 실시간 설비 상태 정보와 이상 탐지 유형/심각도/발생 시점 등 상세 분석 내용을 제공한다. 장기적인 성능 추세 분석과 유지보전 이력/계획 정보를 통합하여 관리자의 의사결정을 지원하며, 예지보전 도입으로 인한 비용 절감 효과와 투자수익률(Return on Investment, ROI) 분석 결과를 계량화하여 보고한다. 이처럼 사용자 인터페이스와 보고 시스템은 데이터 기반 의사결정을 체계적으로 지원하는 핵심 도구이다.

4. AI 기반 예지보전의 비즈니스 가치

AI 기반 예지보전은 단순한 유지보전 기술을 넘어 기업의 비즈니스 모델과 가치 창출 방식을 근본적으로 변화시키고 있다. 이러한 기술 혁신은 기업이 장비 고장을 사후적으로 대응하는 방식에서 벗어나 사전에 예측하고 예방하는 전략적 접근법으로 전환할 수 있게 해준다.

[사례] BMW 자동차 제조 공정의 AI 기반 예지보전 도입 효과

BMW, AI 기반 예측을 통한 제조 공정 효율성 혁신 (Carvalho et al., 2019)

BMW는 자동차 조립 라인의 로봇 시스템에 AI 기반 예지보전 시스템을 도입하여 생산 효율성과 품질 관리를 동시에 개선하였다. 차체 조립 라인의 로봇 시스템에 설치된 진동 센서와 열화상 카메라를 통해 데이터를 수집하고 딥러닝 알고리즘으로 분석하는 유지보전-품질 통합 모델을 적용하였다는 것이 특징이다. 이를 통해 단순 장비 모니터링을 넘어 생산 데이터와 품질 데이터의 상관관계 분석까지 시스템을 확장하였다. 또 다른 주목할 점은 다양한 데이터 소스(진동, 온도, 소리, 전력 소비 등)를 통합하여 분석하는 접근법이다. 이러한 멀티모달 데이터 분석은 단일 데이터 소스를 활용할 때보다 고장 예측의 정확도를 크게 향상시켰다. 또한 인간-로봇 협업 환경을 구축해 작업자 안전성을 높이고 생산 효율성을 극대화하는 혁신적인 접근법을 채택했다. 〈그림 2〉는 AI 기반 유지보전이 적용된 BMW 공장의 라인 제어실 모습이다.

BMW의 AI 기반 예지보전 시스템은 생산 효율성과 지속가능성 측면에서 혁신적 성과를 달성하였다. IoT 센서와 클라우드 플랫폼을 활용한 실시간 장비 모니터링으로 생산 라인의 계획 외 다운타임을 45% 감소시켰으며, 이는 연간 500분 이상의 가동 중단 시간을 방지하는 효과로 이어졌다. 머신러닝 기반 부품 수명 예측 알고리즘을 도입해 로봇 부품 교체 주기를 최적화함으로써 관련 유지보수 비용을 25% 절감하였는데, 이는 과잉 교체 방지와 예비 부품 재고 관리 효율화 덕분이다. 용접 로봇의 데이터 기반 품질 관리 시스템을 적용하여 불량률을 15% 개선하였으며, 이는 15,000개 일일 스폿 용접 데이터의 실시간 분석을 통해 공정 변동을 사전에 탐지한 결과이다. 에너지 소비 패턴 분석 AI 모델을 통해 공장 전체의 에너지 효율을 20% 향상시켰으며, 이는 탄소 배출량 감축 목표와 연계된 지속가능 경영 전략의 일환으로 실행되었다. 이러한 기술 도입은 BMW 글로벌 생산 네트워크에 표준화되어 확장 적용 중이며, 유지보수 비용 절감과 자원 활용 최적화를 동시에 실현하고 있다.

그림 2. AI 기반 예지보전이 적용된 BMW 공장 라인 제어실 (출처: 인공지능신문)

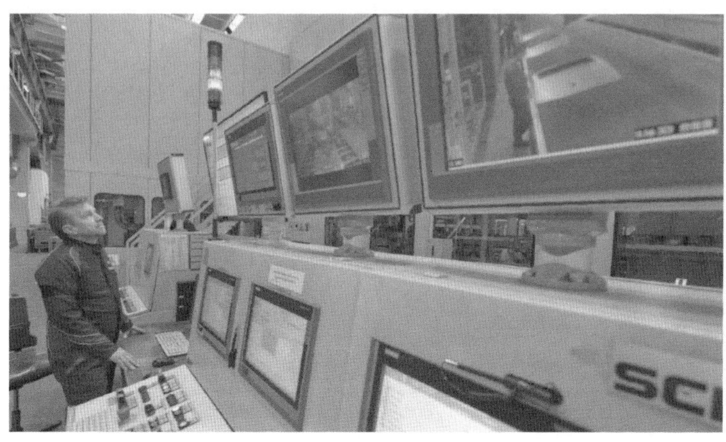

위 〈사례〉는 AI 기반 예지보전을 도입한 BMW 사례이다. AI 기술의 발전으로 예지보전 시스템의 예측 정확도가 크게 향상되며 예지보전이 기업에 상당한 경쟁 우위를 제공함을 알 수 있다. 설비 유지보전 영역에 새로운 패러다임이 형성되어, 기업의 수익성과 지속가능성에 긍정적인 영향을 미친다. 이러한 AI 기반 예지보전의 비즈니스 가치를 구체적으로 살펴보면 다음과 같다.

다운타임 감소로 인한 생산성 향상

다운타임은 설비가 예상치 못한 고장이나 계획된 유지보전으로 인해 가동되지 않는 시간을 의미한다. AI 기반 예지보전 시스템은, 전통적인 유지보전과 달리, 설비의 실시간 상태 모니터링을 통해 고장 가능성이 있는 부품을 사전에 식별하고 고장을 예방하므로, 예상치 못한 다운타임을 크게 줄이고 유지보전의 효율성과 생산라인 전체의 생산성 향상을 가능케 한다(Ayvaz & Alpay, 2021).

AI 기반 예지보전이 다운타임 감소에 기여하는 방식은 다음과 같다. 첫째, 사전 고장 감지를 통해 예상치 못한 장비 고장을 최소화한다. AI 알고리즘은 센서 데이터에서 미묘한 패턴 변화를 감지하여 잠재적 고장을 식별할 수 있어 고장 발생 전 유지보전을 가능케 하여 다운타임을 크게 줄일 수 있다. 둘째, 예지보전은 단순히 고장을 예측하는 것뿐만 아니라, 유지보전 작업을 최적의 시점에 최적의 자원을 할당하여 최적의 우선순위에 따라 수행할 수 있도록 도움을 준다. 특히 유지보전 용량이 제한된 환경에서는 여러 설비 중 어떤 설비에 대해 우선적으로 유지보전을 수행할지 결정하는 것이 중요하다(Koopmans & de Jonge, 2023). 셋째,

고장의 원인을 정확히 파악하고 있기 때문에 필요한 부품과 도구를 사전에 준비할 수 있어 전체 유지보전 시간이 단축된다. 더욱이, AI와 IoT 기술을 활용하면 고장 원인을 실시간으로 분석하여 예측 가능성을 높이고, 이를 통해 유지보수 작업을 사전에 계획할 수 있다(Deloitte, 2023).

유지보전 비용 절감

전통적인 유지보전 방식에서 AI 기반 예지보전으로 전환함으로써 기업은 다음과 같이 유지보전 비용을 절감할 수 있다:

먼저, 불필요한 유지보전 작업을 줄일 수 있다. 전통적 유지보전은 실제 장비 상태와 관계없이 정해진 일정에 따라 부품 교체 등의 유지보전을 수행한다. 반면 예지보전은 장비의 실제 상태를 기반으로 유지보전을 수행하므로, 불필요한 부품 교체나 점검을 줄일 수 있다. 또한, 사후 보전 시 발생하는 고장 발생 비용을 최소화한다. 고장 발생 시에는 긴급 수리, 급히 조달해야 하는 부품, 생산 손실, 품질 불량 등 여러 추가 비용이 발생하는데, 예지보전을 통해 이러한 비용을 크게 줄일 수 있다. 자원 최적화를 통한 부품 재고 관리의 효율성을 개선 역시 비용 절감에 기여한다. 부품의 교체 시기를 보다 정확히 예측해 적정 수준의 재고를 유지함으로써 과도한 재고 보유로 인한 비용과 재고 부족으로 인한 납기 지연 위험을 모두 줄일 수 있다.

자산 수명 연장

AI 기반 예지보전은 자산의 수명을 연장하는 데도 중요한 역할을 한다.

이는 기업의 총소유비용을 줄이고 자본 투자의 효율성을 높이는 데 크게 기여하며, 장기적으로 기업의 재무 성과와 경쟁력 향상으로 이어진다.

우선, 예측을 기반으로 적절한 시점의 유지보전을 수행함으로써 작은 문제가 큰 고장으로 발전하기 전에 조기에 발견해 장비의 마모를 최소화하고 장비의 손상을 예방할 수 있다. 장비 상태를 지속적으로 모니터링하고 최적의 시점에 유지보전을 수행함으로써, 부품의 수명을 극대화하고 전체 장비의 수명을 연장할 수 있는 것이다. 예를 들어, 베어링의 미세한 이상 진동을 조기에 감지하여 교체함으로써, 모터 전체가 손상되는 것을 방지할 수 있다. 또한 장비의 최적 운영을 위한 프로세스 개선에 도움을 제공하여, 과부하 운전이나 비효율적인 운영을 방지하고, 장비를 더 오래 사용할 수 있게 한다. AI 기반 예지보전 시스템은 장비 성능 데이터를 지속적으로 분석함으로써, 성능 향상이나 에너지 효율성 개선을 위한 업그레이드 기회를 식별하는 것이다. 예를 들어, 모터의 진동 패턴 분석을 통해 최적의 부하 수준을 파악하고 조정함으로써, 모터의 수명을 연장할 수 있다.

안전성 향상과 사고 예방

AI 기반 예지보전은 산업 환경의 안전성을 크게 향상시키고 사고를 예방하는 데 매우 중요한 역할을 한다. 장비 고장이나 오작동으로 인한 사고는 인명 피해, 재산 손실, 환경 오염 등 심각한 결과를 초래할 수 있으므로, 이를 예방하는 것은 기업의 운영에 있어 최우선 과제 중 하나이다.

예지보전은 안전사고로 이어질 수 있는 고장을 사전에 예측하고 예방함으로써, 잠재적 안전 위험을 크게 줄일 수 있다. 예를 들어, 압력 용기의 균열이나 크레인의 와이어 로프 손상과 같은 고장은 치명적인 사고로 이어질 수 있으며, 이를 사전에 감지하고 조치하는 것이 중요하다. AI 기반 예지보전 시스템이 온도, 압력, 진동, 소음 등 안전과 직접적으로 관련된 다양한 매개변수를 지속적으로 모니터링하여 안전 임계값에 근접하면 경고 신호를 발생시켜 위험에 미리 대체하도록 돕는 것이다. 이러한 체계는 조직 내에 예방적·선제적 안전 문화의 촉진과 안전 정책 마련을 촉진하기도 한다. 경고 신호를 통한 선제적으로 대응 방식은, 사고 예방에 대한 안전 의식과 조직 문화를 유도하고, 안전 규정과 정책을 수립하기 위한 증거를 제공할 수도 있다.

고객 만족도 및 신뢰도 향상

AI 기반 예지보전은 기업이 제공하는 제품과 서비스의 품질과 신뢰성을 크게 향상시켜, 고객 만족도와 신뢰도를 높이는 데 중요한 역할을 한다. 이는 장기적인 고객 관계 구축과 비즈니스 성장에 필수적인 요소이다.

예지보전은 장비의 예상치 못한 고장으로 인한 서비스 중단을 현저히 줄여, 고객에게 더 안정적이고 일관된 서비스를 제공함으로써 고객 만족도를 크게 향상시킨다. 예를 들어, 엘리베이터, ATM, 자판기 등의 서비스 장비에 예지보전을 적용하면 고객이 경험하는 서비스 불가 상황을 최소화할 수 있다. 고객이 문제를 인지하기 전에 선제적으로 서비스를 제공할 수 있어, 고객 경험을 크게 향상시키는 것이다. 예지보전을 통한 생산 장비의 최적 상태 유지는 제품 품질의 일관성과 신뢰성을 보장하는 데 핵심적인 역할을 하기도 한다. AI 기반의 성능 저하 사전 감지를 통해 사전 조치함으로써 생산 장비의 성능을 일정하게 유지하여 제품 결함률을 낮추고 품질을 향상시킴으로써 생산 프로세스에 대한 신뢰성과 고객 만족도를 높일 수 있다. 생산 설비 다운타임 최소화 효과 덕분에 납기 준수율이 향상되고 고객 신뢰를 높일 수 있어, 특히 just-in-time 생산 방식이나 글로벌 공급망에 참여하는 기업에 중요한 경쟁 우위를 제공하기도 한다. 또한, AI 기반 예지보전 시스템은 장비 사용 패턴과 성능 데이터를 분석하여, 고객별 맞춤형 서비스 제안을 가능하게 한다.

환경적 지속가능성 지원

AI 기반 예지보전은 기업의 자원 사용을 최적화하고 환경적 지속가능성을 지원하는 중요한 역할을 한다. 이는 단순한 비용 절감을 넘어, 기업의 사회적 책임과 지속 가능한 발전에 기여하는 측면에서도 큰 의미가 있다.

예지보전은 부품의 실제 상태를 기반으로 교체 시기를 결정하므로 자원 낭비를 최소화해, 부품 제조와 폐기에 따른 환경 영향을 줄이는 데 기여한다. 예지보전을 통한 장비의 수명 연장 또한, 새로운 장비 제조에 필요한 원자재와 에너지 소비를 줄임으로써 전체적인 자원 사용량과 환경 영향을 감소시킬 수도 있다. 장비의 갑작스러운 고장으로 인한 불량품 생산이나 오염물질 누출이 초래하는 폐기물 발생과 환경 오염 위험 역시 줄일 수 있다. 예를 들어, 화학 공장에서 밸브 고장으로 인한 화학물질 누출을 예방하거나, 제지 공장에서 장비 고장으로 인한 원료 낭비를 줄일 수 있다. 예지보전은 부품의 상태를 정확히 파악할 수 있게 해주므로, 완전 교체 대신 수리나 재제조를 통해 부품 수명을 연장할 수 있는 기회를 제공하기도 한다. 이렇게 AI 기반 예지보전 시스템은 에너지 소비, 자원 사용, 폐기물 발생, 오염 물질 배출 등에 관한 종합적인 데이터를 수집하고 분석하는데, 이는 기업의 환경 성과를 측정해 지속 가능성 지표의 모니터링과 보고에 활용될 수 있으며, 지속 가능성 목표 설정과 달성을 지원한다.

서비스형 예지보전(PMaaS)

서비스형 예지보전(Predictive Maintenance as a Service, PMaaS)은 최근 등장한 혁신적인 비즈니스 모델로, 클라우드 컴퓨팅과 AI 기술의 발전과 함께 빠르게 성장하고 있다. 이 모델은 예지보전 기술과 역량을 구독 기반 서비스로 제공함으로써, 기업들이 초기 투자 비용 없이도 예지보전의 이점을 누릴 수 있도록 돕는다. 〈그림 3〉과 〈그림 4〉는 PMaaS 대시보드 인터페이스의 예시이다.

그림 3. IBM Maximo의 대시보드 인터페이스 (출처: IBM 웹페이지)

그림 4. SAP Leonardo의 대시보드 인터페이스 (출처: SAP 웹페이지)

PMaaS는 일반적으로 월별 또는 연간 구독료를 지불하는 구독 기반 모델로 제공된다. 이를 통해 고객은 대규모 초기 투자 없이도 첨단 예지보전 기술을 활용할 수 있으며, 구독료는 모니터링하는 장비의 수, 센서 유형, 분석 수준, 지원 서비스 등에 따라 다양한 요금제로 제공된다. 또한 사용량 기반 과금이나 성과 기반 과금(Performance-based Contracting, PBC) 등의 방식도 가능하다(Xiang 외, 2017).

이 솔루션은 클라우드 기반으로 다양한 위치에 있는 장비의 데이터를 통합하여 여러 사용자가 동시에 접근할 수 있는 환경을 통해, 확장성, 접근성, 비용 효율성 등의 이점을 제공한다. Ayvaz와 Alpay(2021)는 IoT 플랫폼을 활용한 클라우드 기반 예지보전 시스템 아키텍처를 제안하여 분산된 생산 설비의 데이터를 효과적으로 수집하고 분석할 수 있는 방안을 제시한 바 있다. PMaaS는 고급 AI 알고리즘을 활용하여 장비 데이터를 분석하고 고장을 예측한다. 이러한 알고리즘은 지속적으로 학습하고 개선되어 시간이 지남에 따라 더 정확한 예측을 제공할 수 있다.

또한 PMaaS는 단순한 소프트웨어 제공을 넘어 센서 설치, 데이터 수집, 분석, 알림, 보고서 생성, 유지보전 권장사항 제시 등 종합적인 서비스를 제공한다. 일부 PMaaS 제공업체는 현장 기술 지원, 교육, 컨설팅 등의 부가 서비스도 함께 제공한다.

PMaaS는 예지보전에 대한 진입 장벽을 낮추었다. 예지보전 시스템을 자체적으로 구축하려면 상당한 초기 투자가 필요하다. PMaaS는 이러한 초기 투자 없이도 예지보전 기술을 활용할 수 있게 해준다. 이는 특히 중소기업이나 예산 제약이 있는 조직에 큰 이점이다. 또한 PMaaS는 기업이 필요에 따라 새로운 장비를 추가하거나, 다른 사이트로 확장하거나, 모니터링 수준을 조정하는 등 변화하는 비즈니스 환경에 신속하게 대응할 수 있게 해준다(연구개발특구진흥재단, 2022). PMaaS 도입 시 그 제공사가 기술 개발, 시스템 유지보전, 보안 등에 책임지고 고객이 기술적 위험을 줄이고 핵심 비즈니스에 집중할 수 있도록 지원한다는 이점이 있다.

5. AI 기반 예지보전이 가져오는 조직적 변화

AI 기반 예지보전의 도입은 기술적 혁신을 넘어 조직의 문화, 구조, 역량의 삼각 균형을 재정립하는 과정으로, 단편적인 시스템 도입이 아닌 생태계 차원의 진화를 요구한다. 예지보전 시스템이 제공하는 실시간 단위의 통찰은 의사결정 계층을 평준화하며, 현장 작업자부터 경영진까지 데이터 기반 협업 네트워크를 형성하게 된다. 특히 예측적 사고(predictive thinking)의 확산은 사후 대응에서 사전 예방으로 조직의 위기 관리 패러다임을 전환시키며, 이 과정에서 부서 간 경계 해체, 역할 재정의,

의사소통 채널 개편 등이 동반된다. 성공적인 변화를 위해서는 기술 인프라 구축과 동시에 인간-기계 협업 체계의 설계, 데이터 주도적 문화 정착, 유연한 조직 구조 개편이 병행되어야 함을 강조하는 연구들이 최근 주목받고 있다(McKinsey, 2024).

데이터 중심 조직으로의 전환

예지보전을 위한 데이터 중심 조직으로의 전환은 몇 가지 방향성을 요구한다. 데이터 중심 조직으로 전환하기 위해서는 먼저 데이터를 단순한 부산물이 아닌 전략적 자산으로 인식하는 조직 구성원의 인식 변화가 필요하다. 또한, 기존의 경험과 직관에 의존하던 의사결정 방식을 객관적인 데이터 분석을 기반으로 하는 의사결정 문화로 전환해야 하며, 이러한 변화를 위해 경영진의 적극적인 지원과 모범적인 행동이 중요하다. 마지막으로, 데이터 중심 조직으로의 전환은 새로운 역할과 책임의 정의, 부서 간 경계의 재조정, 그리고 데이터 거버넌스 체계 수립을 포함한 조직 구조의 재정립을 요구한다. 특히 AI 기반 예지보전을 성공적으로 구현한 기업들은 CDO(Chief Data Officer)와 같은 역할을 두어 데이터 관리와 활용에 대한 전사적 책임을 명확히 하고 있다.

많은 조직들이 예지보전 시스템의 기술적 측면에만 집중하고 조직적 변화의 필요성을 간과한다고 지적한다. 이로 인해 고가의 시스템이 도입되었음에도 기대한 효과를 얻지 못하는 사례가 많다. 예지보전 구현 프로젝트가 겪는 어려움 가운데 높은 비율은 기술적 이슈가 아닌 조직적 · 문화적 요인에 기인한다. 성공적인 AI 기반 예지보전의 구현을 위해서는 기술 도입과 함께 조직 문화, 구조, 프로세스의 변화가 동시에 추진되어야 한다.

Roy 등(2016)은 데이터 중심 조직으로의 전환에 있어 단계적 접근법의 중요성을 강조한다. 이들은 소규모 파일럿 프로젝트를 통해 성공 사례를 만들고, 이를 기반으로 조직 전체로 확산하는 전략을 제안한다. 이러한 접근법은 급진적인 변화에 따른 조직의 저항을 최소화하고, 점진적인 학습과 적응을 가능하게 한다.

데이터 통합 및 분석 역량 강화

제조 환경은 데이터 원천이 분산돼 데이터가 이질적인 형식과 구조를 가지므로, 부서별 데이터가 분리되어 공유되지 않는 데이터 사일로(silos) 문제가 발생한다. 이는 조직 내 협업과 데이터 활용을 저해한다. 이 때문에, AI 기반 예지보전의 효과적인 구현을 위해서는 조직의 데이터 통합 및 분석 역량 강화가 필수적이다(Carvalho et al., 2019). 먼저, 부서별로 분리된 데이터 환경을 통합하려는 조직적 및 기술적 노력으로, 공통 데이터 모델의 개발, 표준화된 데이터 교환 프로토콜의 도입, 그리고 부서 간 협력 강화가 필요하다(Drees et al., 2023). 조직은 데이터 수집부터 활용까지 전체 수명주기에 걸친 데이터 품질 관리 프로세스를 확립해야 한다. 예지보전의 효과를 극대화하기 위해 엣지 컴퓨팅, 클라우드 통합, 스트림 처리 기술과 같은 기술 도입 또한 요구된다.

의사결정 프로세스에서 AI의 역할이 확대됨에 따라, AI 기반 예지보전 시스템은 조직의 의사결정 방식을 근본적으로 변화시키고 있다. 경험과 직관보다 객관적인 데이터 분석을 기반으로 유지보전 의사결정이 이루어지게 됨에 따라, 의사결정의 일관성과 객관성을 향상시키고 인적 편향을 감소시킬 수 있다. 일부 기본적인 의사결정은 AI 시스템에 의해 자동화되며, 사람은 복잡한 판단과 전략적 의사결정에 집중하게 된다. 이처럼 의사결정 과정에서 AI의 협업이 강조됨에 따라 '설명 가능한 AI(Explainable AI)' 및 '인간 중심 AI(Human-centered AI)'가 강조되고 있다. 사용자에게 이해 가능한 판단을 제공하고 인간의 전문성과 판단을 보완하는 방향으로 AI 기반 예지보전 시스템을 설계하기 위한 노력이 필요하다.

구성원의 역할의 변화

AI 기반 예지보전의 도입은 유지보전 인력의 역할과 필요 역량에 근본적인 변화를 가져오고 있다. 전통적으로 유지보전 작업은 설비를 점검하고 고장을 수리하는 데 초점을 두었다. 하지만, AI 기반 예지보전의 도입은 이러한 단순 작업을 자동화하고 유지보전 인력에게는 더욱 고부가가치 활동을 부여하고 있다.

유지보전 엔지니어는 데이터 인터프리터로서 AI 시스템이 제공하는 데이터와 예측 정보를 해석하고 이를 실제 설비 상태와 연관시키는 역할을 맡게 된다. 이는 숙련된 기술자의 경험과 AI의 분석 능력을 결합해 보다 정교하고 신뢰할 수 있는 결과를 도출하는 역할이다. 유지보전 운영 인력은 시스템 최적화 전문가로서, 현장 중심적 지식에 기반해 AI 알고리즘과 모델을 현장 상황에 맞게 조정하고 예측의 정확도를 향상시키는 역할을 한다. Deloitte(2023)는 현장 전문가의 지식이 AI 모델 개발 및 운영에서 결정적인 역할을 한다고 강조한다. 유지보전 관리자들은 전략적 의사결정자로서 AI가 제공하는 통찰에 기반해 유지보전 전략을 수립하고 자원 할당 우선순위를 결정하는 역할을 맡아, 유지보전의 운영 효율 극대화 전략을 지원한다. 각 인력은 데이터 과학자, IT 전문가, 운영 담당자 등 다영역의 전문가와 협업하여 문제 해결의 품질과 속도를 향상시키는 데 기여할 수 있다.

6. 도전 과제와 해결 방안

AI 기반 설비 예지보전을 현장에 성공적으로 도입하기 위해서는 여러 도전 과제들을 극복해야 한다. 예지보전 시스템 구현 과정에서 직면하는 주요 문제와 이를 효과적으로 해결하기 위한 방안을 살펴보자.

초기 투자 비용 부담 문제와 해결책

AI 기반 예지보전 시스템 도입은 센서 네트워크 구축, 데이터 수집 및 저장 인프라, 분석 소프트웨어, 그리고 전문 인력 확보에 상당한 초기 투자를 필요로 한다. 특히 중소기업의 경우 이러한 초기 투자 부담이 기술 도입을 주저하게 만드는 핵심 요인이다.

PMaaS는 예지보전 시스템의 이러한 초기 투자 부담을 크게 완화할 수 있는 효과적인 대안이다. PMaaS는 IT 인프라를 자체 구축하는 대신 서비스 형태로 이용해 자본 지출을 운영 비용 형태로 전환해 재정적 부담을 분산시킬 수 있다. 또한 사용량 기반 과금 모델은 기업이 실제 필요에 따라 비용을 조정할 수 있는 유연성을 제공한다.

전사적 규모로 한 번에 시스템을 구축하기보다 단계적 접근법을 취하는 것이 비용 리스크를 관리하는 데 효과적인 방법이다. 우선 고장 시 영향이 크거나 유지보전 비용이 높은 핵심 설비부터 시작하여 점진적으로 확장하는 전략이 유효하다. 파일럿 프로젝트 형태로 시작하여 투자 대비 효과를 검증한 후 확장하면 초기 투자 부담을 줄이면서도 기술 도입의 위험을 최소화할 수 있다.

산업 파트너십과 컨소시엄 접근법은 개별 기업의 투자 부담을 경감하는 또 다른 전략이다. 유사한 제조 환경을 가진 기업들이 공동으로 시스템을 개발하고 데이터를 공유함으로써 개발 비용과 리스크를 분산할 수 있다. 또한 장비 제조업체, 소프트웨어 벤더, 최종 사용자가 협력하는 생태계 모델은 각 참여자의 강점을 활용하면서 비용을 최적화할 수 있다.

데이터 품질 및 신뢰성 확보 방안

예지보전 시스템의 성능은 데이터의 품질에 직접적으로 영향을 받는다. 그러나 제조 현장에서는 데이터 수집 간극, 고장 데이터 부족, 센서 오차 등의 문제가 빈번하다(Zhang et al., 2019). 이러한 문제를 해결하기 위해 데이터 거버넌스 체계의 구축이 필수적이다. 데이터 거버넌스란 데이터의 가용성, 유용성, 무결성, 보안성을 보장하기 위한 정책, 프로세스, 표준의 집합이다. 효과적인 데이터 거버넌스 체계는 〈표 2〉와 같은 요소로 구성된다. 데이터 거버넌스 체계를 수립함으로써, 제조 공정은 데이터 수집부터 전처리, 저장, 활용까지 전 주기에 걸친 표준화된 프로토콜을 기반으로 자동화된 검증 시스템을 도입하고 실시간 데이터 품질을 모니터링할 수 있다(Lee et al., 2019).

表 2. 데이터 거버넌스 체계 구성요소

데이터 거버넌스 체계 구성요소
데이터 품질 기준 및 측정 지표 정의, 데이터 수집 및 전처리 표준화, 데이터 검증 및 클렌징 프로세스, 데이터 관리 책임과 권한의 명확한 할당, 데이터 품질 모니터링 및 개선 체계

데이터 품질 문제 가운데, 고장 데이터의 부족은 예지보전 모델 개발의 주요 도전과제이다. 설비는 대부분 정상 상태로 작동하므로 고장 사례 데이터는 자연적으로 희소하다. 고장 데이터 부족 문제를 해결하기 위한 여러 접근법이 개발되었다:

시뮬레이션 기반 데이터 생성은, 물리적 모델이나 디지털 트윈을 활용하여 다양한 고장 시나리오를 시뮬레이션해 훈련 데이터를 보강하며(Dalzochio et al., 2020), 실제 환경에서는 재현이 어렵거나 위험한 고장 상황에 활용한다. 데이터 증강 기법은, 딥러닝으로 기존 고장 데이터의 특성을 학습해 새로운 합성 데이터를 생성하며(Keleko et al., 2022), 희소한 고장 케이스를 다양화하는 데 효과적이다. 전이학습은, 유사한 설비나 환경에서 얻은 데이터를 활용해 데이터가 부족한 설비의 모델 개발에 활용하는 방법이다.

센서 데이터의 신뢰성을 높이기 위해서는 센서 선정부터 설치, 교정, 유지관리에 이르는 전 과정에 걸친 체계적 접근이 필요하다. Dalzochio et al.(2020)은 센서 중복 설계와 자동 교정 시스템이 데이터 신뢰성을 크게 향상시킬 수 있다고 주장한다. 또한 엣지 컴퓨팅은 데이터 수집 지점에서 초기 필터링과 검증을 적용해 품질 문제를 조기에 감지해 해결할 수 있다.

7. AI를 활용한 유지보전의 미래 전망

제조 산업에서 AI 기반 예지보전 기술은 단순한 유지보전 혁신을 넘어 기업의 경영 패러다임과 지속가능성에 근본적인 변화를 가져오고 있다. AI를 활용한 유지보전은 〈표 3〉과 같이 처방형 유지보전, 자율 유지보전, 지속 가능한 제조, 친환경의 방향으로 나아갈 것으로 전망된다.

표 3. AI를 활용한 미래의 유지보전 개념

처방형 유지보전 (prescriptive maintenance)	설비 상태 데이터를 분석해 "언제, 무엇을, 어떻게 고쳐야 하는 지"까지 알고리즘이 권고하는 데이터 기반 유지보전 전략
자율 유지보전 (autonomous maintenance)	설비가 스스로 상태를 진단하고 필요한 유지보전 작업을 수행하는 유지보전 전략
지속 가능한 제조 (sustainable manufacturing)	경제성 · 환경성 · 사회성을 동시에 고려해 에너지 · 자원 사용 · 오염 · 안전 · 복지를 최적화하는 제조 패러다임

AI 기반 처방형 유지보전으로의 확장

예지보전이 "언제 고장이 발생할 것인가"를 예측하는 데 중점을 둔다면, 처방형 유지보전은 한 단계 더 나아가 "어떤 조치를 취해야 하는가"에 대한 해답을 제공한다. 이는 설비 상태 예측 이후의 의사결정 과정까지 자동화하는 진보된 접근법이다. 처방형 유지보전 시스템은 설비 상태, 생산 일정, 자원 가용성, 비용 등 복합적 요소를 고려하여 최적의 유지보전 전략을 제시한다.

처방형 유지보전의 핵심은 시뮬레이션과 최적화 알고리즘의 결합이다. 디지털 트윈 기술을 활용해 다양한 유지보전 시나리오를 가상으로 실행하고, 각 시나리오의 결과를 비교 분석하여 최적의 해결책을 도출한다. 예를 들어, 설비 A의 고장 위험이 감지되었을 때, 즉시 정지할지, 다음 계획 정비까지 계속 가동할지, 또는 부분 부하로 운전할지에 대한 의사결정을 자동화할 수 있다. 또한 처방형 유지보전으로의 진화는 강화학습 기술과도 밀접한 관련이 있다. 강화학습은 다양한 상황에서 최적의 행동 전략을 학습할 수 있어, 복잡한 제조 환경에서 유지보전 의사결정을 최적화하는 데 적합하다.

AI 기반 자율 유지보전으로의 확장

자율 유지보전 시스템은 AI와 로봇공학의 결합을 통해 설비가 스스로 상태를 진단하고 필요한 유지보전 작업을 수행하는 미래 지향적 개념이다. 이는 단순히 고장을 예측하는 차원을 넘어, 자가 복구 기능을 포함한 완전 자율 시스템으로의 진화를 의미한다. 현재는 초기 단계이지만, 로봇 기술과 AI의 발전에 따라 점차 현실화되고 있다.

자율 유지보전의 핵심 기술인 엣지 컴퓨팅은 제조 현장에서 실시간 의사결정을 가능하게 하여 자율성을 높이는 데 중요한 역할을 하며, 디지털 트윈 기술은 물리적 설비와 가상 모델 간의 실시간 정보 교환을 통해 지속적인 최적화와 자율 작동을 지원한다. 또한, 자율 유지보전 시스템 도입으로 사람은 일상적이고 위험한 유지보전 작업을 피하고 시스템의 설계 · 관리 · 감독과 같은 고차원적 업무에 집중할 수 있다. 이는 작업 안전성 향상과 함께 인적 자원의 효율적 활용을 가능하게 한다. 상당한 경제적 이점 또한 제공한다. 초기 투자 비용이 높지만, 인건비 절감, 다운타임 최소화, 부품 수명 연장 등을 통해 장기적으로 상당 수준의 유지보전 비용 절감이 가능하다. 그 밖에, 유지보전 인력 부족 문제 해결, 안정적인 설비 운영 보장 등의 이점을 기대할 수 있다.

AI 기반 지속 가능한 제조(Sustainable Manufacturing)

지속 가능한 제조는 경제적 성장, 환경 보호, 사회적 책임이라는 세 가지 축을 균형 있게 발전시키는 제조 패러다임이다. AI 기반 예지보전은 이러한 지속가능성 목표 달성에 핵심적인 역할을 한다.

예지보전 도입을 통한 설비의 수명 연장, 불필요한 부품 교체 감소, 갑작스러운 고장으로 인한 원자재 및 에너지 낭비 예방 등은 환경 영향을 직접적으로 감소시킨다. 자원 효율성 측면에서, 머신러닝 알고리즘은 생산 공정의 자원 소비 패턴을 분석하고 최적화함으로써 원자재 사용량을 최소화할 수 있다. 순환 경제 관점에서, AI는 제품 수명주기 전반에 걸친 자원 순환을 최적화하는 데 기여한다. 즉, 예지보전을 통해 부품의 정확한 상태를 파악해, 재사용·재제조가 가능한 부품을 식별하고 효과적으로 회수하는 시스템을 구축할 수 있다. 또한 AI는 환경 규제 준수를 위한 모니터링 및 보고 시스템을 자동화하여 기업의 지속가능성 관리를 지원한다. 실시간 환경 영향 평가와 예측 모델링을 통해 잠재적 환경 리스크를 사전에 식별하고 대응 방안을 마련할 수 있다.

8. 결론: AI 기반 예지보전이 가져올 혁신

이 장은 AI 기반 예지보전의 개념과 특징, 비즈니스 가치와 성공 사례,

조직 변화, 도전과제, 미래 발전 방향을 종합적으로 다루었다. 이를 통해 AI 기반 예지보전이 가져올 제조 산업의 혁신의 방향을 다음과 같이 정리할 수 있다.

첫째, 데이터 기반 의사결정 문화가 급속히 확산되고 있다. 경험과 직관에 의존하던 의사결정 방식이 객관적 데이터 분석에 기반한 의사결정으로 전환되고 있다(Roy et al., 2016; Lee et al., 2019). 이는 데이터 기반 의사결정이 더 정확하고 일관된 의사결정을 가능하게 하며, 조직 전체의 운영 효율성과 투명성을 향상시킴을 시사한다. 즉, 제조 기업은 데이터를 전략적 자산으로 인식하고 체계적으로 관리해야 한다. 데이터 중심 조직으로의 전환은 AI 기반 예지보전 성공의 핵심 요소이므로, 조직이 가지고 있는 문화, 구조, 프로세스의 근본적인 변화를 모색할 필요가 있다.

둘째, AI 기반 예지보전의 도입으로 설비를 비용보다 전략적 자산 관점에서 바라보는 인식이 확대되어 가고 있다. 설비 투자, 기술 투자에 있어 총소유비용(Total Cost of Ownership, TCO) 관점에서의 인식이 중요하다. AI 기반 예지보전은 초기 투자 비용이 필요하지만, 장기적으로는 유지보전 비용 감소, 자산 수명 연장, 생산성 향상 등을 통해 상당한 TCO 절감 효과를 제공한다. 따라서 단기적 비용만 고려하는 것이 아니라 장기적 관점에서의 투자 가치를 평가해야 한다.

셋째, 사후적·반응적 경영보다 예측적·처방적 경영으로의 패러다임 변화가 가속화되고 있다. 문제 발생 후 대응하는 방식에서 벗어나, 미래를 예측하고 선제적으로 최적의 의사결정을 내리는 경영 방식으로 변화하고 있다. 이는 리스크 관리, 자원 최적화, 기회 포착 등 경영 전반에 걸쳐 근본적인 패러다임 변화를 의미한다. 이에 따라, 유지보전 인력의 역할은 단순 작업 수행에서 데이터 해석, 시스템 최적화, 전략적 의사결정으로 진화하고 있다. 체계적인 역량 개발 프로그램과 지속적 학습 문화 조성이 필요하다.

넷째, 제조업의 서비스화가 가속화되고 있다. AI 기반 예지보전 기술은 제조업체가 단순 제품 공급자에서 종합 솔루션 제공자로 진화할 수 있는 기반을 제공한다. 이는 제조업체가 AI 기반 예지보전을 통해 제품 판매 중심에서 서비스 제공 중심으로의 비즈니스 모델 전환 기회를 확보할 수 있음을 시사한다. 또한 AI 기반 예지보전을 중심으로 제조업체, 설비 공급업체, 소프트웨어 기업, 서비스 제공업체 등이 연결된 협력적 생태계가 형성되고 있음을 의미하기도 한다.

다섯째, 지속 가능한 경영이 실현되고 있다. 제조 기업은 AI 기반 예지보전을 도입하여 설비 수명 연장, 비용 절감, 생산성 향상, 기업 이미지 향상 등의 이점을 누림과 함께, 자원 효율성 향상, 에너지 소비 최적화, 폐기물 감소 등을 통해 지속 가능한 제조를 실현하여 기업의 환경적 영향을 줄이고 지속가능성 목표를 달성할 수 있다.

요약하면, AI 기반 예지보전은 단순한 유지보전 기술의 개선을 넘어 제조업의 운영 방식, 비즈니스 모델, 조직 구조, 인적 자원 관리, 의사결정 프로세스 등 경영 전반에 걸친 혁신적 변화를 가져오고 있다. 이러한 변화는 제조업이 디지털 시대의 도전에 대응하고, 더 높은 효율성, 유연성, 지속가능성을 갖춘 산업으로 발전하는 데 중요한 역할을 할 것이다. 미래 제조업의 경쟁력은 AI 기반 예지보전과 같은 디지털 기술의 전략적 활용 역량에 달려 있다고 해도 과언이 아니다.

☞ 생각해 볼 만한 질문들
....

» AI 기반 예지보전은 기업 운영의 효율성 제고에 어떻게 기여할 수 있나?

» AI 기반 예지보전은 혁신을 위한 조직 문화 개선에 어떻게 기여할 수 있나?

» AI 기반 예지보전은 구성원들에게 어떤 역량과 변화를 요구하나?

» AI 기반 예지보전이 기술-전략-조직의 통합에 어떻게 기여할 수 있나?

AI와 고등교육

학습자 중심 교육 원칙의 통합과 미래 전망

정미정

이 장은 학습자 중심 교육 원칙과 AI 기술의 통합을 통해 고등교육의 미래 방향을 논의한다. AI가 학문적 정직성(academic integrity) 훼손과 알고리즘 편향성에 대한 우려에도 불구하고, 70% 이상의 글로벌 고등교육 기관이 AI 통합을 최우선 과제로 삼는 현황을 분석한다. 학습자 중심 교육(learner-centered pedagogy)의 이론적 기반으로 칼 로저스(Carl Rogers)의 인간중심 교육 이론을 제시하며, AI가 교수자와 학습자 간의 신뢰 관계를 보완해야 함을 강조한다.

또한 글로벌 IT 컨설팅 기업인 Gartner에서 매년 실시하는 고등교육 혁신상(Eye on Innovation Award) 수상 대학들의 사례를 통해 AI 기술을 통한 맞춤형 학습 지원, 행정 효율화, 교육 민주화 가능성과 함께 데이터 프라이버시, 알고리즘 편향, 교수 역량 부족 등의 과제를 어떻게 해결할 수 있을지 검토한다. 무엇보다 코넬 대학과 EDUCAUSE 등이 제안한 고등교육에서의 AI 통합의 전략적 대응 방안을 살펴봄으로써 학문 분야별 AI 정책 수립, 필수 AI 리터러시 교육, 거버넌스 체계 강화의 중요성을 시사한다.

미래 전망으로 2030년까지 VR(virtual reality) 기반 AI 튜터, 블록체인-AI 통합 인증 시스템, 윤리 중심 교육과정 등이 예상되며, 기술 혁신과 학습자의 기능적 리터러시 역량(functional literacy competencies) 함양이 균형을 이루는 것이 성공적 AI 통합의 핵심임을 강조한다.

1. 서론

    고등교육은 역사적으로 사회 변화와 기술 혁신에 적응하며 진화해 왔다. 특히 AI 등 기술의 급속한 발전은 대학 교육의 기본 구조를 재고하게 만드는 변혁적 힘으로 부상하고 있다. 이러한 맥락에서, 기술이 교육의 본질과 목적을 잠식하기보다 향상시키도록 보장하는 교육적 원칙이 그 어느 때보다 중요해졌다. 실제로, Gartner의 2024년 고등교육 혁신 설문 결과에 따르면, 글로벌 고등교육 기관 108개 중 70% 이상이 AI 통합을 최우선 과제로 간주하고 있는 것으로 나타났다(Sheehan, 2024b). 이처럼 새로운 기술 환경에서 교육 혁신을 이끄는 지침으로, 학습자 중심 교육 원칙을 재조명할 필요성이 대두되고 있다.

    학습자 중심 교육은 본질적으로 학습 과정에서 학생의 자율성, 선택권, 책임감을 강조하는 교육원칙이다. 이러한 접근법은 인지적 성취 외에도 사회적 · 정서적 · 윤리적 역량을 함양하는 총체적 교육으로, 미래 AI 교육 모델에 필수적인 프레임워크를 제공할 수 있다. 특히 AI가 개인화된 학습 경로를 제공하고 교육자의 역할을 재정의하는 시대에, 이러한 원칙들은 교육의 인간적 측면을 보존하는 기초가 된다.

    Gartner의 2025년 고등교육 기술 투자 동향에 따르면, 교육 기관의

37%가 적응형 학습 기술에 투자할 계획인데(Yanckello, 2023), 이는 학습자 중심 AI 도구의 수요가 증가하고 있음을 시사한다.

그러나 AI 통합에는 상당한 과제가 동반된다. 기술적 한계에서부터 윤리적 고려 사항, 그리고 공정성과 접근성 문제에 이르기까지, 고등교육 기관들은 AI 도구 도입 시 다층적 복잡성을 고려해야 한다. 비판적으로, 대규모 언어 모델의 '블랙박스' 특성은 투명성과 편향 문제를 야기하며, 이는 학술적 정직성(academic integrity)과 지적 자율성을 중시하는 고등교육 환경에서 특히 우려를 낳는다. 더불어, 생성형 AI 도구는 정보의 정확성과 깊이보다 설득력 있는 결과물 생성에 최적화되어 있어, 심층적·학문적 담론을 약화시킬 수 있다는 우려도 제기된다.

본 장은 이러한 맥락에서 AI 기반 고등교육의 핵심 문제와 기회를 탐구하는 것을 목적으로 한다. 먼저, 학습자 중심 교육의 기본 원칙을 검토하고, 이를 AI 통합 프레임워크의 렌즈로 재해석한 후, 글로벌 대학의 혁신적인 AI 구현 사례를 분석하여 대학들이 어떻게 AI를 활용해 교육적 결과를 개선하고 있는지 살펴본다. 이어서, 교육 기관들의 전략적 대응 방안을 코넬 대학(Cornell University)과 에듀코즈(EDUCAUSE)의 권고를 중심으로 조사한다. 또한 생성형 AI의 역량과 한계를 검토하며, 마지막으로 AI가 고등교육의 미래에 미칠 영향을 전망한다.

결국, AI는 고등교육의 일부 측면을 자동화하거나 대체할 수 있지만, 교육의 본질은 인간적 연결, 비판적 사고, 그리고 공동체 내에서의 지식 공동 창출에 있다는 점을 강조할 필요가 있다. 전 세계 고등교육 기관들의 경험에서 알 수 있듯이, 가장 성공적인 AI 통합 사례는 기술과 인간 교육자의 상보적 관계로 인식하고 있다. 플로리다 주립대학(Florida State University)의 'AI 애널리틱스 액셀러레이터(AI Analytics Accelerator)'

사례를 살펴보면, AI 기반 데이터 분석은 몇 분 내에 처리되어 학생의 학업적 성공과 유지를 위한 즉각적인 조치가 가능해졌다(Sheehan, 2025). 이처럼 AI는 교육자가 지식 전달자에서 학습 설계자이자 안내자로 진화하는 데 도움을 줄 수 있을 것이다.

앞으로 이어질 논의를 통해, 우리는 AI가 어떻게 학습자 중심 교육의 기본 원칙을 유지하면서 고등교육의 질과 접근성을 향상시킬 수 있는지 살펴볼 것이다. 또한 교육 기관들이 어떻게 AI 시대의 과제를 현명하게 헤쳐 나가면서 인간과 기계의 효과적인 공존을 도모할 수 있는지도 고찰할 것이다.

2. 학습자 중심 교육 원칙

학습자 중심 교육은 학습의 초점을 교사에서 학습자로 전환하는 교육적 패러다임으로, 지식 전달보다 학습자의 능동적 참여와 자기주도적 탐구를 중시한다. 이 접근법은 '개인이 스스로 지식을 구성하고 경험을 통해 학습한다'는 구성주의 학습 이론을 기반으로 발전했다(Piaget, 1952). 이에 따라, 학습자 중심 교육은 학습자 개인의 유전적 특성, 경험, 관점, 배경, 관심사, 요구, 능력 등을 고려하여 최적의 학습 환경을 설계하는 데 초점을 맞춘다(McCombs, 2013). 더불어, 이 접근법은 학습자가 학습의 주체가 되어 자율적으로 학습을 통제하도록 유도하며, 교수자와 학습자 간의 상호작용과 협력 학습을 강조한다(Lea et al., 2003).

학습자 중심 교육의 이론적 기반은 칼 로저스(Carl Rogers)의 인간중심 교육 이론에서 찾을 수 있다. 로저스는 학습 환경에서 공감(empathy),

진정성(authenticity), 무조건적 긍정적 존중(unconditional positive regard)을 학습자 중심 교육의 핵심 요소로 제시하며, 교사는 권위적 지식 전달자가 아닌 학습의 촉진자(facilitator) 역할을 해야 한다고 주장했다(Rogers, 1969, 1995). 이러한 원칙들은 학습자가 자신의 속도와 관심사에 따라 지식을 탐구할 수 있는 신뢰 기반 환경을 조성하며, 특히 혼합학습(blended learning) 환경에서 학습자의 몰입과 성취도를 높이는 데 효과적임이 입증되었다(Motschnig-Pitrik, 2013). 또한, 이 원칙들은 유연한 학습 경로 설계와 협력적 탐구 활동이 학습자의 전인적 성장을 촉진할 수 있다고 강조한다(Derntl & Motschnig-Pitrik, 2005; Derntl, 2006).

그러나 고등교육에서 학습자 중심 교육을 원격교육과 통합하는 데는 여러 가지 도전과제가 있다. 먼저, 전통적인 대학 구조와 문화는 종종 교수자 중심 모델에 깊이 뿌리내리고 있어, 학습자 주도적 접근법으로의 전환이 제도적 저항에 직면할 수 있다(Harrington & Loffredo, 2010). 둘째, 교수자들은 원격 환경에서 학습자 중심 교육을 효과적으로 구현하기 위한 준비가 부족한 경우가 많다. 이는 디지털 도구 활용 능력의 부족뿐만 아니라, 온라인 환경에서 로저스가 강조한 공감과 진정성을 전달하는 데 필요한 특별한 기술을 갖추지 못한 데서 비롯된다(Cornelius-White & Harbaugh, 2010).

또한, 대규모 온라인 수업 환경에서는 개별 학습자의 요구와 관심사를 식별하고 대응하는 것이 물리적·실용적 한계에 직면한다. 이로 인해 온라인 학습은 종종 비개인화되고 표준화된 경험으로 변질되어, 학습자 중심 교육의 핵심 원칙인 개인화와 맞춤형 지원을 약화시킨다(McInnerney & Roberts, 2004). AI 및 디지털 격차 역시 중요한 고려 사항으로, 모든 학습자가 동등한 기술적 조건에서 참여할 수 없는 상황은 학습자 중심 원칙의 근본적인 가치인 형평성과 포용성을 훼손할 수 있다(Cristescu & Balog, 2019).

현대적 맥락에서, 학습자 중심 교육 원칙을 AI 기반 교육 모델에 적용할 때에도 유사한 고려 사항이 요구된다. AI가 제공하는 맞춤형 학습 경로와 개인화된 피드백은 학습자 중심 교육의 이상과 자연스럽게 조화를 이룬다. 그러나 AI 도구의 적용이 인간 교수자와 학습자 간의 진정한 연결을 대체하기보다는 보완하도록 보장하는 것이 중요하다. 학습자 중심 AI 통합의 성공은 결국 기술이 학습자의 자율성, 주체성, 비판적 사고 능력을 강화하는 정도에 달려 있다(Zawacki-Richter et al., 2019).

학습 과학 분야의 최근 연구에서 드러난 중요한 갭 중 하나는 학습 분석(learning analytics)과 학습자 중심 원칙의 효과적 통합이다. 데이터 기반 의사결정은 종종 학습자의 목소리와 선호도를 배제한 채 알고리즘 중심 접근법을 취하는 경향이 있다(Drachsler & Greller, 2016; Drachsler, 2023). 또한, 생성형 AI 도구를 활용한 자기주도적 학습 설계와 관련된 연구도 미비한 상태이다. 특히, AI가 학습자의 역량을 확장하면서도 의존성을 조장하지 않도록 하는 방법에 대한 이해가 부족한 상황이다(Holmes et al., 2022).

궁극적으로, 학습자 중심 교육 원칙은 AI 기반 고등교육의 발전에 중요한 지침을 제공한다. 이러한 원칙들은 기술이 교육의 인간적 측면을 강화하고, 각 학습자의 고유한 잠재력 발현을 지원하며, 비판적 사고와 창의성을 촉진하는 방향으로 활용되도록 보장한다. 따라서, 학습자 중심 교육 원칙과 AI 통합의 교차점에 대한 더 많은 연구와 실험이 필요하다. 이를 통해 미래 고등교육이 기술적 효율성과 깊은 인간적 연결의 균형을 이루는 공간으로 발전할 수 있을 것이다.

3. 고등교육에서의 AI 혁신 사례

고등교육에서 AI 적용은 단순한 기술 도입을 넘어 교육 패러다임의 근본적 변화를 이끌고 있다. 이러한 변화는 다양한 기관에서 혁신적인 사례로 나타나고 있으며, 이를 통해 AI가 학습자 중심 교육을 어떻게 강화할 수 있는지 중요한 통찰을 얻을 수 있다. 전 세계 고등교육 기관들은 AI를 활용하여 교수-학습 과정을 변혁하고, 관리 효율성을 높이며, 학생들의 성취도를 향상시키는 다양한 접근법을 실험하고 있다. Gartner의 '2024 교육을 위한 아이 온 혁신상(Eye on Innovation Awards)'에 제출된 사례들을 살펴보면, AI 적용의 광범위한 스펙트럼을 확인할 수 있다(Sheehan, 2025).

먼저, 학생 성공 지원 분야에서 주목할 만한 사례는 플로리다 주립대학의 'AI 애널리틱스 액셀러레이터(AI Analytics Accelerator)'이다. 이 대학은 수업 참여에 어려움을 겪는 4%의 학생들을 식별하고 지원하기 위해 혁신적인 접근 방식을 도입했다. 정보기술서비스실, 기관연구실, 교무처가 협력하여 분산된 데이터 소스를 통합하였으며, 방대한 양의 데이터를 효율적으로 관리하고 분석하기 위해 AI를 도입했다. 이 플랫폼은 다양한 소스의 데이터를 집계하고 분석하여 2000단계 과정의 조기 등록과 같은 성공적인 패턴을 보였다. 머신러닝, 자연어처리, 예측 분석을 활용하여 학업 상담과 실시간 의사결정 능력을 향상시켜 맞춤형 지원과 데이터 기반 결정을 통해 유지율을 개선하고 위험에 처한 학생들을 위한 정확한 개입을 가능하게 하였다.

텍사스 주립대학 샌마르코스 캠퍼스(Texas State University, San Marcos)의 'AI 유창성 이니셔티브(AI Fluency Initiative)'는 또 다른 혁신적 사례이다. 이 이니셔티브는 AI 툴에 대한 접근을 민주화하고, 교수와 학습을 향상시키며, 교육자와 학생 모두의 AI 리터러시를 촉진함으로써 광범위한 영향을 미쳐왔다. 특히 코파일럿 전문 학습 커뮤니티(professional learning community)는 현재 240명의 회원을 보유하고 있으며, 90% 이상의 활발한 사용자 참여율을 기록하고 있다. 이 프로그램의 주목할 만한 성과 중 하나는 여름에 프로그램이 출시되자마자 68%의 초청 참가자가 최근 워크숍에 참석했다는 점이다. 또한, 'AI 시작하기' 캔버스 과정에 90명 이상의 이해관계자가 등록했으며, 텍사스 고등교육 기관 중 가장 많은 300개의 프리미엄 라이선스를 교수진과 주요 직원을 위해 구매했다.

UCSD(University of California San Diego)의 '트린톤GPT(TritonGPT)'는 대학 시스템의 예산 축소에 대응하여 직원 업무량을 줄이기 위한 혁신적인 플랫폼으로 평가받는다. 이 플랫폼은 교수진과 직원의 일상 업무를 지원하여 시간을 절약하고 생산성을 향상시키도록 설계되었다. 특히 주목할 만한 점은 개방형 소스 LLM(Large Language Model)과 소프트웨어 도구를 활용하고, 비즈니스 프로세스 분석과 린 식스 시그마(Lean Six Sigma) 프로그램을 통한 지속적 개선을 결합한다는 것이다. 또한 캠퍼스 내 슈퍼컴퓨터 센터를 활용하여 기관에 매우 저렴한 비용으로 운영되었다. 이 시스템은 직원, 시설, 연구원 등 약 36,000명의 총 사용자에게 접근성을 제공하며, 텍스트 요약 작업에 필요한 시간을 90-95%의 정확도로 감소시킨 것으로 나타났으며, 온프레미스 하드웨어와 오픈소스 LLM으로 구성되어 대형 AI 제공업체가 제공하는 유사한 솔루션 비용의 1/20로 운영 비용을 절감했다.

남플로리다 대학(University of South Florida, USF)의 '협력적 AI 통합 및 발견(Collaborative AI Integration and Discovery)' 프로젝트는 새로운 기술 투자 없이 서비스를 개선하고 자원을 최적화하는 도전에 직면했다. 이에 대응하여 모든 사용자를 위한 코파일럿을 활성화하고, M365 코파일럿 미리보기 프로그램을 만들었으며, MS 보안 코파일럿을 사용하여 IT 보안 인사이트를 향상시켰다. 또한 AI를 어드바이저 노트 요약 초안 작성에 통합하고, 효율성을 향상시키기 위해 PowerBI와 같은 오픈 소스 데이터 스토리텔링 플랫폼에 도입했다. 이 프로젝트는 연간 100,000개의 IT 티켓을 자동으로 분류하고, 요약으로 티켓당 3-5분을 절약하며, 24/7 IT 채팅 지원 가용성을 제공하는 등 운영 효율성을 크게 향상시켰다.

시드니 대학(University of Sydney)의 'Cogniti' 프로젝트는 현재 교육에서의 AI 접근 방식이 가지는 불평등한 접근, 개인정보 보호 문제, 통제 및 가시성 부족, 환각 현상, 사용 어려움 등의 문제를 해결하고자 노력한 결과이다. 이 도구는 교육자들이 질문에 답하고, 피드백을 제공하며, 조언을 하고, 개념을 설명하고, 역할극을 하며 학습 활동을 안내할 수 있는 AI '에이전트'를 구축할 수 있게 한다. 교육자들은 자신의 에이전트를 특정 코스에 맞게 조정하고 학습 관리 시스템에 통합할 수 있어, 제공되는 지원이 정확하고 관련성 있으며 코스 목표에 부합하도록 보장한다. 이 도구는 16,000명 이상의 사용자와 63,600개 이상의 대화를 촉진했으며, 고급 AI 도구에 대한 접근을 민주화하고, 교수와 학습을 향상시키며, 교육자와 학생 모두의 AI 리터러시를 촉진한 것으로 보고되었다.

밴더빌트 대학(Vanderbilt University)의 '앰플러파이 생성AI(Amplify GenAI)'는 기관을 위한 종합적인 AI 솔루션을 제공한다. 이 플랫폼은 여러 대형 언어 모델을 통합하고, 커뮤니티 참여를 촉진하며, 콘텐츠 마켓플레이스를 제공하고, 맞춤형 AI 어시스턴트 개발과 검색 증강 생성(Retrieval-Augmented Generation, RAG)을 가능하게 한다. 이 프로젝트는 대학에 연간 1,530,000달러를 절약할 것으로 예상되며, 배포 이후 100% 가동 시간을 유지하고 있다. 사용자의 93.3%가 Amplify에 만족하고, 85.71%의 사용자가 "좋음" 또는 "우수함"으로 평가했다.

이러한 혁신 사례들은 고등교육에서 AI 적용의 다양한 측면을 보여준다. 즉, 학생 성공 지원에서부터 교수 업무 효율화, 개인화된 학습 경험 제공에 이르기까지, AI는 교육 환경을 변화시키는 강력한 도구로 자리 잡고 있다. 중요한 것은 이러한 혁신 사례들이 단순히 기술 도입에 그치지 않고, 학습자 중심 교육 원칙에 기반하여 교육의 질을 향상시키는 방향으로 나아가고 있다는 점이다. 앞으로 고등교육 기관들은 이러한 선도적 사례들을 참고하여 각 국가별 교육 환경에 맞는 AI 전략을 수립하고 구현해 나갈 것으로 기대된다.

4. 교육 기관의 전략적 대응 방안

AI가 고등교육 환경에 미치는 영향이 급속히 확대됨에 따라, 교육 기관들은 AI의 책임 있는 통합을 위한 포괄적인 전략을 개발해야 하는 중요한 전환점에 서 있다. 코넬 대학과 에듀커스(EDUCAUSE)와 같은 선도적 기관들은 교육 현장에서 AI 도입을 위한 체계적인 접근법에 대한 중요한 지침을 제공하고 있다. 이러한 대응 방안들을 살펴보면 AI 시대 고등교육의 미래를 형성하는 핵심 전략과 고려 사항들을 파악할 수 있다.

우선, 코넬 대학은 각 학과의 특성과 요구에 맞는 맞춤형 AI 정책 수립을 권장한다(Cornell University, n.d.). 공학 분야에서는 코드 검토 도구 활용을 장려하는 반면, 문학 및 창의적 분야에서는 AI 지원을 제한하는 방식으로 학문 분야별 특성을 고려한 접근을 제안한다. 이러한 차별화된 접근법은 AI의 일률적 적용이 아닌, 각 학문 분야의 고유한 교육 목표와 평가 방식을 존중하는 방향으로 나아가야 함을 시사한다. 예를 들어, 코넬 대학은 학부 수준의 창의적 작문 과정에서는 AI 사용을 제한하지만, 대학원 연구 방법론 과정에서는 데이터 분석을 위한 AI 도구 활용을 권장하는 정책을 채택했다.

에듀커스는 고등교육기관에서 모든 학생과 교수진을 대상으로 한 AI 리터러시 교육 프로그램의 의무화를 강력히 권고한다(Robert, 2024). 이러한 전략은 단순한 기술적 지식 전달을 넘어, AI 도구의 윤리적 사용, 비판적 평가, 그리고 교육적 맥락에서의 적절한 활용법을 포함한다. 캘리포니아 대학 샌디에고(UC San Diego)의 사례는 AI 교육의 중요성을 잘 보여준다. 이 대학은 'AI+'라는 포괄적인 프로그램을 통해 교수진과 학생들에게 생성형 AI 도구의 가능성과 한계에 대한 심층적 이해를 제공함으로써, 단순한 도구 사용법을 넘어 AI와 함께 학습하고 가르치는 새로운 패러다임을 개발하고 있다(Sheehan, 2025). 기관 차원의 AI 거버넌스 구축도 중요한 전략적 대응이다. 요크 대학(York University)의 'Cria AI' 프로젝트는 AI 솔루션 개발 과정을 대폭 간소화하는 안전하고 확장 가능한 로컬 플랫폼을 구축했다(Sheehan, 2025). 이 플랫폼은 코드 없이 사용자 친화적 인터페이스를 제공하여 모든 사용자가 접근할 수 있게 함으로써, AI 개발 시간을 99.03% 단축하고, 이전 시스템에 비해 인력 자원을 크게 절감했다. 이러한 접근법은 AI 도구 개발과 배포에 있어 중앙화된 거버넌스의 중요성을 강조한다.

마이크로소프트와 협력한 모호크 밸리 커뮤니티 칼리지(Mohawk Valley Community College) 사례는 관리 업무 자동화를 통해 교수진 업무 부담을 30% 감소시켰다(Sheehan, 2025). 이 성공 모델은 기술 도입의 각 단계에 대한 로드맵 구축의 중요성을 시사한다. 단계적 접근법은 급진적 변화로 인한 혼란을 최소화하면서 AI 통합의 이점을 점진적으로 실현할 수 있게 한다. 해당 대학은 학사 행정, 학생 지원 서비스, 교과과정 개발 영역에서 AI 도입을 위한 3년 계획을 수립하여 각 단계에서의 성과를 측정하고 다음 단계로 원활하게 전환할 수 있었다.

학생 데이터 보호와 개인정보 보호 정책 강화 역시 교육 기관의 핵심 전략이다. 에듀커스의 권고에 따르면, 기관들은 AI 시스템이 학생 데이터를 처리하는 방식에 대한 명확한 지침과 제한을 설정해야 한다(Robert, 2024). 여기에는 데이터 수집 범위, 저장 기간, 제3자 접근 제한, 그리고 학생들의 데이터 권리에 대한 명확한 커뮤니케이션이 포함된다. 플로리다 주립대학은 AI 데이터 분석 플랫폼 구축 과정에서 학생 정보 보호를 위한 다층적 보안 시스템을 도입하여, 개인 식별 정보를 보호하면서도 효과적인 데이터 기반 개입을 가능하게 했다(Sheehan, 2025).

교육의 질 보장을 위한 평가 기준 재정립도 중요한 대응 전략이다. 생성형 AI의 등장으로 전통적인 과제 평가 방식의 적절성이 도전받고 있는 상황에서, 기관들은 학생의 진정한 학습과 역량 개발을 평가할 수 있는 새로운 기준을 개발해야 하는 상황이다. 코넬 대학의 연구에 따르면, 과정 기반 평가, 실시간 프로젝트 발표, 반성적 저널 작성 등 AI에 의한 부정행위가 어려운 평가 방식으로의 전환이 AI 시대에 학문적 정직성을 유지하는 효과적인 접근법으로 제안되었다(Cornell University, n.d.).

파트너십과 협력 네트워크 구축도 교육 기관의 중요한 전략으로 강조된다. 밴더빌트 대학(Vanderbilt University)은 '앰플러파이 생성AI(Amplify GenAI)'를 오픈소스 소프트웨어로 출시하고 다른 대학들과 협력함으로써, 고등교육에 특화된 생성형 AI를 중심으로 지원 커뮤니티를 구축하고 있다(Sheehan, 2025). 이러한 협력적 접근은 개별 기관이 독자적으로 개발하기 어려운 고품질 AI 솔루션의 공동 개발을 가능하게 한다.

교육자 역량 강화 프로그램도 필수적이다. 텍사스 주립대학 샌마르코스(Texas State University San Marcos)의 'AI 유창성 이니셔티브(AI Fluency Initiative)'는 교수진을 위한 지속적인 전문성 개발 기회를 제공하여, 교육자들이 AI 도구를 효과적으로 활용하고 학생들의 AI 활용을 지도할 수 있도록 지원하고 있다(Sheehan, 2025). 이러한 프로그램은 교수진이 기술 변화에 대응할 수 있는 자신감과 역량을 개발하는 데 중요한 역할을 할 것으로 기대된다.

통합적 관점에서, 성공적인 AI 통합을 위한 종합적 프레임워크는 기술 도입의 각 단계를 명확히 정의하고, 다양한 이해관계자의 참여를 보장하며, 지속적인 평가와 조정을 통해 전략의 효과성을 보장해야 한다. 에듀커스의 권고와 같이, 교육 기관은 AI 도입의 목적, 범위, 방법론, 평가 기준, 그리고 윤리적 가이드라인을 포함하는 포괄적인 AI 전략을 개발해야 하며(Robert, 2024), 이러한 전략적 접근만이 AI의 잠재적 혜택을 극대화하면서 관련 위험을 최소화할 수 있을 것이다.

결론적으로, 교육 기관의 AI 대응 전략은 단순한 기술 도입을 넘어, 교육의 본질적 가치와 학습자 중심 원칙을 보존하면서 혁신을 추구하는 균형 잡힌 접근법을 요구한다. 학생들의 비판적 사고력과 창의성을 촉진하는 방향으로 AI를 활용하고, 인간 교수자와 AI의 상보적 관계를

발전시킴으로써, 고등교육 기관은 AI 시대의 새로운 가능성을 탐색하고
실현할 수 있을 것이다.

5. 미래 교육 패러다임 전망

AI 기술의 급속한 발전은 고등교육 분야에 전례 없는 변화의 물결을
일으키고 있다. 빌 게이츠는 'AI 기술의 발전을 1980년대 GUI(Graphic
User Interface) 도입만큼 혁신적'이라고 평가했다(Sheehan, 2024a). 이러한
기술적 도약은 고등교육의 교수-학습 방식, 행정 시스템, 그리고 대학의
근본적인 역할까지 재정의하고 있다. 다양한 사례와 예측을 종합하여, AI가
향후 고등교육 환경을 어떻게 변화시킬지 그 전망을 살펴보겠다.

가까운 미래에 가상현실(VR) 기반 AI 튜터의 확산이 예상된다. Gartner
보고서에 따르면, 2027년까지 고등교육 기관의 35%가 몰입형 학습
환경에 AI 기반 개인 튜터를 도입할 것으로 전망된다(Yanckello, 2023).
국제경영개발연구원(International Institute for Management Development,
IMD)의 사례에서 볼 수 있듯이, 메타버스와 AI를 결합한 교육 모델은 이미
현실화되고 있다. IMD는 캠퍼스의 메타버스 모델을 만들어 감정적 연결을
깊게 하고 학습 경험에 재미를 더했으며, AI 기반 아바타가 가상 공간에서
사용자를 안내하며 포스터와 주제 영역에 대한 맞춤형 제안을 제공한다.
이러한 접근법은 학습 효율성과 참여도를 향상시키고, 시간 제약이 있는
학습자들에게 특히 유용한 솔루션을 제공할 것이다.

교육 과정 측면에서는, 윤리적 AI 설계 전공과 같은 새로운 학문
분야가 등장할 것으로 예상된다(Sheehan, 2024a). 대학들은 AI와 관련된

기술적 · 윤리적 · 사회적 측면을 포괄하는 학제 간 프로그램을 개발하여 미래 AI 시대에 필요한 인재를 양성하게 될 것이다. 예를 들어, 캘리포니아 대학 샌디에고(UCSD)의 '트리톤GPT(TritonGPT)' 프로젝트와 같이, 대학 자체가 AI 개발과 활용의 실험장이 되어 학생들에게 실질적인 학습 기회를 제공하는 사례가 늘어날 것이다(Sheehan, 2025). 이러한 변화는 단순한 기술 교육을 넘어 비판적 사고, 윤리적 판단, 창의적 문제 해결 능력을 함양하는 방향으로 나아갈 것이다.

그러나 이러한 혁신적 전망에도 불구하고, 2025년 현재 교육자의 57%는 'AI 평가 기준의 부재'를 주요 장애물로 지적하고 있다(Yanckello, 2023). 이는 AI 도구의 교육적 가치를 평가하고 품질을 보장하기 위한 표준화된 프레임워크 개발이 시급한 과제임을 시사한다. 학제 간 협력을 통한 표준화 프레임워크 개발은 AI 기술이 교육 환경에 책임감 있게 통합되도록 보장하는 데 필수적이다.

교육 방법론 측면에서는 학습자 중심 교육 원칙이 새로운 의미를 갖게 될 것이다. 학습 분석과 AI 도구의 결합은 학생 개개인의 학습 과정과 성과를 전례 없는 수준으로 추적하고 분석할 수 있게 해준다. 플로리다 주립대학의 'AI 애널리틱스 액셀러레이터(AI Analytics Accelerator)'는 이러한 접근법의 효과를 잘 보여준다. 이 대학은 AI 기반 데이터 분석을 통해 학생들의 성공 패턴을 식별하고, 학업 부진 위험이 있는 학생들에게 개인화된 지원을 제공함으로써 학생 성공률과 유지율을 크게 향상시켰다. 이처럼 AI는 각 학생의 고유한 요구와 잠재력에 맞춘 진정한 학습자 중심 교육을 가능하게 할 것이다.

교수자의 역할 또한 근본적으로 변화할 것이다. 호주 시드니 대학의 'Cogniti'와 같은 AI 도구가 확산되면서, 교수자는 지식 전달자에서 학습 설계자, 코치, 그리고 멘토로 변모하게 될 것이다. 이러한 변화는 교수자가 더 많은 시간을 학생들과의 의미 있는 상호작용, 비판적 사고 촉진, 그리고 학생들의 정서적·사회적 발달 지원에 할애할 수 있게 해줄 것이다. 또한, AI 도구는 교수자들의 일상적인 행정 업무와 평가 작업을 자동화함으로써, 교육의 질적 측면에 더 집중할 수 있는 여건을 마련해 줄 것으로 기대된다.

학습 공간의 물리적 개념도 변화할 것이다. 전통적인 캠퍼스 기반 교육과 온라인 학습의 경계가 흐려지면서, 고등교육은 점점 더 하이브리드 모델로 발전하게 될 것이다. AI가 주도하는 가상 학습 환경은 지리적 제약 없이 세계 각지의 학생들에게 고품질 교육 경험을 제공할 수 있게 된다. 코그나 에듀카상(Cogna Educação)의 사례에서 볼 수 있듯이, AI 기반 문서 처리 시스템은 원격 교육에 필요한 행정 절차를 크게 간소화하고 있다(Sheehan, 2025). 이러한 혁신은 고등교육의 접근성을 글로벌 수준으로 확장하는 데 기여할 것이다.

학습자 데이터의 윤리적 활용은 AI 시대 고등교육의 중요한 과제로 남을 것이다. 남플로리다 대학의 AI 통합 과정에서 직면한 데이터 보안 문제에서 알 수 있듯이, 학생 정보 보호와 알고리즘 투명성 확보는 AI 기반 교육 환경에서 신뢰를 구축하기 위한 핵심 요소이다(Sheehan, 2025). 이에 따라, 향후 고등교육 기관들은 AI 윤리 위원회 설립, 데이터 거버넌스 체계 구축, 그리고 투명한 알고리즘 정책 수립에 더 많은 관심을 기울이게 될 것이다.

결론적으로, AI가 주도하는 고등교육의 미래는 기술적 효율성과 인간적 가치의 균형을 통해 실현될 것이다. AI는 교육의 개인화, 접근성 확대, 그리고 관리 효율성 향상에 크게 기여할 것이지만, 교육의 본질인 비판적 사고, 창의성, 그리고 윤리적 판단력 함양은 여전히 인간 교육자의 영역으로 남을 것이다. 밴더빌트 대학의 '앰플러파이 생성AI(Amplify GenAI)'

프로젝트가 보여주듯, 기술과 인간 전문성의 시너지를 통해 교육의 질을 향상시키는 접근법이 가장 성공적인 모델이 될 가능성이 높다.

미래의 고등교육은 단순히 AI 기술을 도입하는 것을 넘어, 인간과 AI의 공존을 통해 학습자 중심 교육의 원칙을 새롭게 구현하는 방향으로 발전할 것이다. 이러한 변화는 도전과 기회를 동시에 가져오겠지만, 학습자의 성장과 발전이라는 교육의 근본적 가치를 중심으로 AI를 통합하는 접근법이 미래 고등교육의 성공을 결정짓는 열쇠가 될 것이다.

6. 결론

AI의 급속한 발전은 고등교육 환경에 전례 없는 변화를 가져오고 있다. 본 장에서 살펴본 바와 같이, AI는 학습 경험의 개인화, 행정적 효율성 향상, 그리고 교육 접근성 확대 측면에서 혁신적 가능성을 제시한다. 그러나 이러한 기술적 혁신이 진정한 교육적 가치로 이어지기 위해서는 학습자 중심 교육 원칙과의 유기적 통합이 필수적이다. 칼 로저스(Carl Rogers)의 인간중심 교육 이론에서 강조하는 공감, 진정성, 무조건적인 긍정적 존중은 AI 시대에도 여전히 교육의 핵심 가치로 남아 있으며, 이를 기술 혁신과 어떻게 조화롭게 결합할 것인가가 고등교육의 미래를 결정짓는 중요한 과제일 것이다.

전 세계 대학들의 AI 혁신 사례를 통해 확인할 수 있듯이, 성공적인 AI 통합은 단순한 기술 도입을 넘어 교육적 목표와 가치에 기반한 전략적 접근을 필요로 한다. 플로리다 주립대학의 'AI 애널리틱스 액셀러레이터(AI Analytics Accelerator)'는 데이터 기반 학생 지원 시스템을 구축하여 즉각적인 개입과 개인화된 지원을 가능하게 했으며, 텍사스 주립대학

샌마르코스의 'AI 유창성 이니셔티브(AI Fluency Initiative)'는 교수진의 AI 역량 강화를 통해 교육 혁신을 주도하고 있다. 이러한 사례들은 AI가 어떻게 학습자 중심 교육을 강화하고 확장할 수 있는지를 보여준다.

그러나 AI 통합 과정에서 여러 가지 해결해야 할 과제도 분명히 존재한다. 기술 접근성의 격차, 알고리즘 편향, 개인정보 보호, 학문적 정직성(academic integrity) 문제는 여전히 해결해야 할 과제로 남아 있다. 2025년 현재, 교육자의 57%가 'AI 평가 기준의 부재'를 주요 장애물로 지적한다는 점은 AI 도입에 있어 표준화된 프레임워크 개발이 시급함을 시사한다(Yanckello, 2023). 이러한 도전 과제들을 해결하기 위해서는 여러 유수 대학들이 자체적으로 개발하고 있는 교육 정책 및 규제(educational governance)와 맞춤형 학과별 AI 정책과 같은 섬세한 접근법이 필요하다. 이러한 점에서 시드니 대학의 Kalervo Gulson 교수가 이끌고 있는 AI Educational Governance 개발을 위한 Co-design 접근(Education Futures Studio, n.d.)을 통해서 시사점을 얻을 수 있다.

무엇보다 AI 시대의 고등교육은 교육자와 학습자의 역할 재정립을 요구한다. 교육자는 더 이상 지식의 일방적 전달자가 아닌, 학습 경험의 설계자이자 촉진자로 변모해야 한다. 시드니 대학의 'Cogniti'와 같은 도구는 교육자가 AI 에이전트를 만들어 학습자들에게 맞춤형 지원을 제공할 수 있게 함으로써 이러한 역할 전환을 가능하게 한다. 학습자 역시 수동적 지식 소비자에서 능동적 지식 생산자로 발전해야 하며, 이를 위해 AI 리터러시와 비판적 사고력을 함양하는 것이 중요하다.

미래의 고등교육 패러다임은 인간과 AI의 공존을 중심으로 재구성될 것으로 예상된다. 2030년까지 VR 기반 AI 튜터의 확산, 블록체인-AI 통합 학위 인증 시스템, 윤리적 AI 설계 전공의 등장과 같은 변화가 예상된다(Meletiadou et al., 2024). 이러한 변화 속에서, 학습자 중심 교육 원칙은 더욱 중요한 의미를 갖게 될 것이다. AI가 제공하는 데이터와 자동화 능력은 개인화된 학습 경로, 즉각적인 피드백, 그리고 적응형 평가를 가능하게 함으로써 진정한 학습자 중심 교육을 실현하는 데 기여할 수 있을 것이다.

중요한 것은 AI가 교육의 본질을 대체하는 것이 아니라 강화해야 한다는 점이다. 기술이 발전함에 따라, 인간 고유의 역량-공감, 창의성, 비판적 사고, 윤리적 판단-은 더욱 중요해질 것이다. 밴더빌트 대학의 '앰플러파이 생성AI(Amplify GenAI)'가 오픈소스로 공개되어 다른 대학들과의 협력을 통해 고등교육에 특화된 생성형 AI 커뮤니티를 구축하고 있는 사례는 이러한 협력적, 인간 중심적 접근의 중요성을 잘 보여준다.

결론적으로, AI와 고등교육의 성공적인 통합은 기술의 가능성과 교육의 본질적 가치 사이의 균형에 달려 있다. 학습자 중심 교육 원칙은 이러한 균형을 유지하는 데 중요한 나침반 역할을 할 것이다. 교육 기관들이 AI 시대의 도전과 기회에 현명하게 대응한다면, 고등교육은 더욱 포용적이고, 개인화되며, 변혁적인 학습 경험을 제공하는 방향으로 발전할 수 있을 것이다.

☞ 생각해 볼 만한 질문들

» 공감, 진정성, 무조건적인 긍정적 존중과 같은 학습자 중심 원칙을 생성 AI기술을 활용한 교수 설계에 어떻게 구현할 수 있을까요?

» 교육자들은 AI 기술이 통합된 교실에서 지식 전달자 역할에서 벗어나 효과적인 학습 설계자 및 촉진자로 전환하기 위해 어떤 구체적인 전략을 사용해야 할까요?

» 가상 AI 튜터 보급이 전통적 교사-학생 관계에 미칠 긍정적/부정적 영향은 무엇인가요?

» AI가 더 많은 일상적인 인지 작업을 처리함에 따라, 대학은 비판적 사고, 창의성, 공감, 복잡한 문제 해결과 같은 인간의 역량을 개발하기 위해 학습자의 학습 성과를 어떻게 재정의해야 할까요?

» 고등교육 기관은 AI로 변화된 노동 시장을 위해 학습자들을 준비시키는 데 무엇을 준비해야 할까요?

AI는 도구일까 저자일까? 학술 글쓰기에서 AI의 역할과 윤리적 문제

김초해

이 장은 AI의 등장이 학술 글쓰기에 미치는 영향을 살펴보고 이로 인해 발생하는 윤리적 문제를 짚어본다. 특히 생성형 AI의 역할을 학술 글쓰기의 각 단계에서 사례를 통해 제시하여, 실제 연구 과정에서 AI가 어떻게 활용될 수 있는지 안내한다. 연구자들은 AI를 활용해 연구 아이디어를 발전시키고, 연구 절차와 방법론 등에 대해 질문하며 연구를 설계하고, 방대한 선행연구를 검토하여 과거 연구의 흐름을 파악함으로써 본격적인 연구 준비를 마친다. 최근에는 생성형 AI가 기존 데이터를 기반으로 합성 데이터를 생성하여, 데이터 수집의 어려움을 극복할 수 있는 가능성이 열리고 있다. 수집된 데이터의 구조를 자동으로 파악하여 분석 방법을 제시해 주고, 실제 분석을 수행하는 것도 가능하다. 분석을 완료한 후, 학술지에 출판할 원고를 작성하는 것 역시 생성형 AI의 도움을 받을 수 있는데, 다양한 도구들이 제목과 초록 작성은 물론, 원고를 직접 작성하거나 교정하는 기능을 제공하고 있다. 인용과 참고문헌 관리 역시 AI를 통해 참고문헌 목록을 작성하고, 중복이나 누락 인용 여부를 검토할 수 있다. 다만 생성형 AI의 활용에는 윤리적 문제와 이에 대한 학계의 논의가 수반된다. 특히 생성형 AI가 만들어낸 생성물을 어디까지 활용할 수 있을 것이며, 그 내용의 정확성을 어떻게 판단할지, 이러한 생성형 AI 활용의 책임 범위를 어디까지 부여할 수 있을지 등 표절과 저작권, 정보의 정확성과 책임의 문제가 함께 따라오고 있으며, 학계 역시 이에 기술, 제도, 교육 등 다양한 차원에서 대응하고 있다. 마지막으로, 이 장은 AI를 연구의 동반자로서 주제척이고 윤리적으로 활용하기 위해 연구자들이 생각해 볼 문제를 제기하며 마친다.

1. 서론

뉴스 기사에서 종종 어떤 사실의 근거로 논문을 소개하는 것을 볼 수 있다. 이때 논문이란 무엇이며 어떠한 과정을 거쳐 논문이 완성되는 걸까? 공식적으로 인정받는 학술 논문이 탄생하기 위해서는, 아이디어를 구체화하고 선행연구를 검토, 데이터를 수집 및 분석하여 학술적 형식과 내용의 글을 완성해야 한다. 물론 원고 작성 이후에는 동료 연구자들의 검토를 받고 학술지 및 출판사와의 협업을 통해 일련의 출판 과정을 거쳐야 한다. 이렇게 학술정보자원이 생산된 후 관리, 유통, 이용되는 전 과정을 학술 커뮤니케이션이라고 한다.

이러한 과정에서 생성형 AI의 등장은 학술 커뮤니케이션에 근본적인 변화를 가져왔는데, 그 영향을 가장 크게 받는 것은 아마도 연구를 수행하는 주체인 연구자일 것이다. 생성형 AI는 아이디어의 발전부터 논문 작성, 참고문헌 관리까지 모든 과정에 활용될 수 있다. 이 장에서는 생성형 AI를 활용한 학술정보자원의 현황과 함께, 생성형 AI가 학술 커뮤니케이션에 미치는 영향을 연구자의 학술 글쓰기 과정을 중심으로 살펴보고자 한다. 또한, 저자권(authorship)과 표절을 비롯해 생성형 AI가 야기한 새로운 윤리적 문제도 함께 소개하고자 한다.

2. AI를 활용한 학술 연구 현황

국내에서 AI가 주목을 받기 시작한 것은 프로 바둑기사인 이세돌과 AI 프로그램 알파고와의 대결일 것이다. 국내는 물론 전 세계의 이목을 끈 세기의 대결이 이루어진 2016년, 연구자들 역시 AI에 많은 관심을 보이고 있었다. 생성형 AI가 등장하기 이전임에도 불구하고 2016년 발표된 AI 관련 학술정보자원의 수는 약 2만 5천 건에 달했다. AI와 관련된 연구는 ChatGPT의 등장 이후 기하급수적으로 증가하여, 학문 전반에 빠르게 확산되었다.

다음의 〈그림 1〉은 이를 보여주는 지표로, 전 세계 학술자료의 인용 데이터베이스인 Scopus에서 제목이나, 초록, 키워드로 AI 혹은 생성형 AI를 포함하는 학술자료를 검색한 결과이다. 2010년 16,408건이었던 AI 관련 학술자료는 2015년부터 꾸준히 증가하기 시작하여 2024년에는

그림 1. 2010년 이후 발표된 AI 및 생성형 AI 관련 학술정보자원의 수

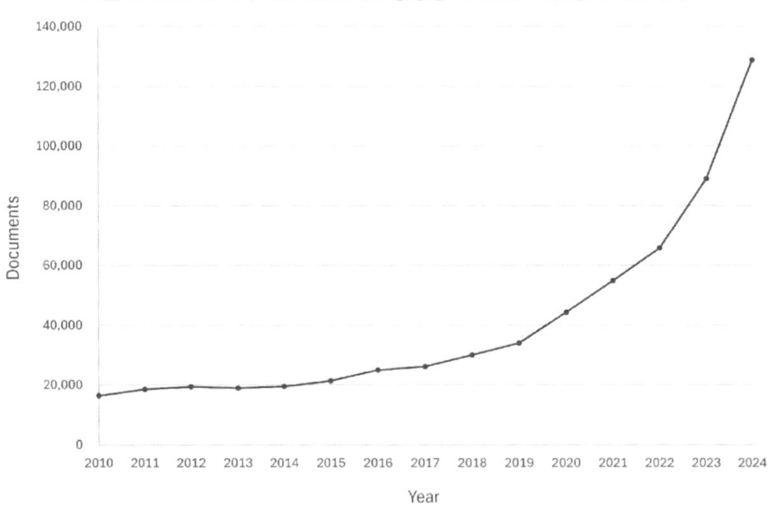

128,788건에 달해, 약 685%의 증가율을 보인다. 2020년에 발표된 학술자료는 44,299건으로 2019년 34,055건 대비 약 30% 증가하였으며, ChatGPT가 등장한 이후인 2023년에는 88,949건으로 전년 대비 약 35%, 2024년에는 128,788건으로 전년 대비 약 44% 증가한 수가 발표되어, AI와 관련된 학술자료가 점점 더 큰 폭으로 출판되고 있음을 알 수 있다.

AI와 관련하여 방대한 연구가 쏟아지는 상황에서 Salman et al.(2025)은 생성형 AI 도구들이 연구에서 어떻게 활용되고 있는지 체계적 문헌검토를 통해 포착하였다. 이를 위해 Web of Science, Scopus, PubMed에서 생성형 AI와 관련된 3,777개의 문헌 중 충분한 품질의 총 44개의 문헌을 선정하였다. 연구 결과, 생성형 AI를 활용한 분야는 의학 분야가 절반을 차지했으며(22건), 이 외에 컴퓨터공학(5건), 사회과학(5건), 인문학(3건)의 순으로 나타났다. 국가별로는 8편의 논문이 미국에서 발표되었고, 인도와 호주가 그 뒤를 이었다. 가장 많이 활용되는 도구는 ChatGPT가 압도적으로 많이 나타났으며, Bard, Bing Chat, Claude, Poe Assistant, Jasper, Socratic 등의 활용도 일부 보고되었다. 이들 도구는 연구 단계 중 문헌 검토(31건)와 초안 작성 및 언어 지원(30건)에서 가장 많이 활용되었고, 참고문헌 지원(17건), 아이디어 제안(16건), 데이터 분석(14건), 동료 심사 지원(8건) 단계에서 그 활용이 나타났다.

Salman et al.(2024)은 연구자들의 생성형 AI 도입 준비 수준을 파악하기 위해 기술준비도를 측정하였는데, 기술준비도의 활성 요인인 낙관성과 혁신성, 저해 요인인 불편함과 불안감 모두 3점대의 평균으로 확인되었다. 다만 활성 요인보다 저해 요인, 그중에서도 불편함보다 불안감에서 응답자들의 의견이 조금 다양하게 나타났다. 이러한 결과는 연구자들이 생성형 AI를 긍정적으로 받아들여 연구에 활용하면서도 비슷한 수준으로 어려움을 느끼고 있어, 생성형 AI에 적응하는 단계에 있음을 보여준다.

연구자들이 생성형 AI를 적극적으로 활용하는 동시에 기술적·윤리적 문제를 경험함에 따라, 연구에서 생성형 AI를 적절히 이용하는 방법에 관한 문헌도 등장하고 있다. Chang et al.(2024)은 실험 연구에서 생성형 AI를 적용하기 위한 12가지 핵심 실천 지침을 제공하고 있다. 저자는 사전 처리, 설계 및 실행, 분석의 3단계별로 3가지 지침과 함께, 향후 생성형 AI 발전에 따라 고려해야 할 지침 3가지를 제시하였다. 특히, 생성형 AI가 인간의 독창성과 혁신성을 대체할 수 없음을 명시한 12번째 지침에 주목할 만한데, 생성형 AI가 아무리 연구의 전 과정을 효과적으로 지원하더라도 연구의 주체는 바로 연구자임을 강조하고 있다.

종합하면 생성형 AI는 연구 설계부터 진행, 마무리의 모든 과정에서 연구자의 강력한 도구이자 파트너로 자리 잡고 있다. 다음 장에서는 학술 글쓰기의 세부 단계에서 생성형 AI가 어떻게 이용될 수 있는지 문헌과 사례를 통해 소개하고자 한다.

3. 학술 논문 작성에서 AI의 역할

한 편의 학술 논문이 완성되기 위해서는 아이디어의 생성 및 발전, 선행 연구의 흐름 파악, 연구 설계 및 수행, 원고 작성의 긴 여정을 지나야 한다. 원고 완성 이후 저널 출판이라는 큰 산을 더 넘어야 한다는 것은 차치하더라도, 연구자는 연구의 시작부터 완성까지 각 단계에서 크고 작은 장애물을 마주한다. 생성형 AI는 오늘날 이 여정을 함께하는 조력자로 등장하였다. 이 장에서는 학술 글쓰기의 각 단계인 아이디어 설정, 문헌 검토, 데이터 수집, 데이터 분석, 원고 작성, 참고문헌 지원에서 생성형 AI가 어떻게 활용되고 있는지는 물론, 함께 고려할 윤리적 문제에 대해서 간단히 살펴보고자 한다.

아이디어 발전 및 연구 설계

연구는 아이디어에서 시작한다. 아무리 성실하고 논리적으로 뛰어난 연구자이더라도 독창적인 아이디어가 없다면, 학술 커뮤니케이션의 출발점에 설 수 없는 것이다. 시작이 반이라는 말을 빌려본다면, 기존의 연구에서 떠올리지 못한 새로운 질문을 생각해 내고, 이렇게 생각해 낸 질문을 실현 가능한 것으로 구체화하는 과정이 연구의 절반이라고 볼 수 있고, 이는 연구자에게 그만큼 중요하고 때로는 고통스러운 순간이라 할 수 있다.

생성형 AI는 이 과정에서 훌륭한 동반자가 된다. 연구자가 특정한 주제를 꺼내면 생성형 AI는 방대한 기존의 문헌을 기반으로 관련된, 혹은 확장된 새로운 주제를 제시하고 이를 위한 연구 설계까지 도와준다. 기존에 연구되지 않은 분야나 주제를 빠르게 찾는 것은 물론, 이를 구체화하여 가설을 자동으로 생성하며, 인간이 포착하기 어려운 서로 다른 분야 간의 연결을 제안할 수 있다(Guo & Zaini, 2024; Panda & Kaur, 2024).

이를 가능하게 하는 대표적인 생성형 AI의 기능은 바로 역질문이다. Perplexity는 질문에 답변하는 것에 더하여, 5개 내외의 관련된 후속 질문을 제공한다. 연구자는 해당 질문을 통해 생각하지 못했던 방향을 탐색하거나, 나아가려는 방향을 더욱 깊이 파고들 수 있다. 예를 들어, 학술 커뮤니케이션에서 생성형 AI의 역할을 질문했을 때, 동료 심사 향상 방법,

문헌 검토 방식 변화, 윤리적 고려 사항 등과 관련된 후속 질문을 제공한다. Scite Assistant, Consensus 등 연구용 생성형 AI 도구에서도 이러한 기능을 찾아볼 수 있다.

특히 Scispace의 Find Topics 기능은 이용자가 입력한 질문이나 주제에 대해 관련된 다수의 세부 주제를 제안해, 아이디어 확장에 큰 도움이 될 수 있다. 예를 들어 misinformation을 검색했을 때, Scispace는 disinformation, deceptive advertising, government propaganda, fake websites, manipulated Wikipedia entries, vaccine misinformation 등 20개 이상의 관련 주제와 이에 대한 문헌을 소개하며, 일부 주제는 참고문헌 없이 자체적인 AI 추론을 통해 제시하고 있다. 이에 대한 검색 결과 일부는 다음의 〈그림 2〉와 같다.

그림 2. Scispace의 Find Topics 이용 사례

Topics	Sources
Misinformation False information that is spread without the intent to deceive, often due to misunderstanding or lack of knowledge.	• Those attempts at information control often involve the dissemination of misinformation or disinformation (i.e., information that is incorrect by accident or intent, respectively). The second, a prospective case, points to likely future sources of conflict arising from climate change and its likely consequences. We review the way in which misinformation can facilitate violent conflicts and, conversely, how the successful refutation of misinformation can contribute to peace. The first, a retrospective case, involves the Iraq War of 2003 and the "War on Terror." (Lewandowsky et al., 2013) ...Show all 3 sources
disinformation Intentionally misleading information that can cause emotional, financial, and physical harm.	• Intentionally misleading information (aka Disinformation) is ubiquitous and can be extremely dangerous. Emotional, financial, and even physical harm can easily result if people are misled by deceptive advertising, government propaganda, doctored photographs, forged documents, fake maps, internet frauds, fake websites, and manipulated Wikipedia entries. One way that work in philosophy can help with this task is by identifying and classifying the various types of disinformation, such as lies, spin, and even bullshit. If we are aware of the various ways that people might try to mislead us, we ...Show all 3 sources
deceptive advertising Deceptive advertising is a specific type of misinformation that misleads consumers about products or services, directly answering the query by illustrating a concrete example of misinformation.	• If we are aware of the various ways that people might try to mislead us, we will be in a better position to avoid being duped by intentionally misleading information. In order to deal with this serious threat to Information Quality, we need to improve our understanding of the nature and scope of disinformation. One way that work in philosophy can help with this task is by identifying and classifying the various types of disinformation, such as lies, spin, and even bullshit (Fallis, 2014).

또한, 생성형 AI는 연구 설계 초기 단계에서 방법론적 판단을 도울 수 있는 피드백 메커니즘으로도 작동한다. Chang et al.(2024)은 실험 연구에서 생성형 AI가 새로운 변수와 이들 변수 간의 관계 설정, 실험 조건, 윤리적 문제 등 실험 설계 전반에 도움을 줄 수 있음을 제시하였다. 나아가 생성형 AI는 합성 데이터(synthetic data)를 통한 실험 사전 검증, 표본 크기 산정, 연구자가 사전에 알기 어려운 통제변수 도출 등도 가능하다. 실험 연구뿐만 아니라, 생성형 AI는 다양한 학문 분야에서 활용되는 방법론을 분석, 통합하여 창의적인 연구 설계 전략을 제안해 준다(Hanafi et al., 2025).

생성형 AI는 단순히 정보 검색을 위한 도구가 아니다. 연구자는 생성형 AI에게 질문을 던지고 대화를 나누는 과정만으로도 아이디어를 확장하고 구체화할 수 있다. 나아가 연구자는 생성형 AI를 통해 생각지도 못한 관련 학문 분야나 자료, 혹은 아이디어를 얻을 수 있고, 앞으로의 연구 과정을 함께 설계할 수도 있다. 이렇게 생성형 AI는 연구라는 고독한 길을 앞으로 또는 뒤를 돌아다보며 방향을 설정해 주는 나침반으로 기능할 수 있다.

문헌 검토

시작이 반이라고 했지만, 그다음 반은 진행하는 것도 쉽지 않다. 논문을 쓴다는 것은 이뤄진 연구들을 검토하고, 자신이 하려는 연구가 그 흐름 안에서 어떤 의미를 가질 수 있는지를 파악하는 데서 시작된다. 학계는 물론 인터넷의 발달로 더욱 많은 논문이 출판되고 공유되는 오늘날, 수많은 논문 중 어느 것을 먼저 읽어야 하며 그중 어느 논문이 나에게 도움이 될 것인가 파악하는 일은 점점 어려워지고 있다. 그럼에도 문헌 검토는 연구

주제와 방법론에 대한 이해를 높이고, 기존 연구의 공백을 발견하는 중요한 단계이다. 생성형 AI는 방대한 논문의 패턴과 개별 논문을 빠르게 정리해 주어, 문헌 검토의 효율성을 매우 높여준다.

ChatGPT나 Claude, Perplexity와 같은 대표적인 생성형 AI는 물론, 연구를 위한 생성형 AI인 Scispace, ResearchRabbit, Elicit과 같은 도구들은 연구자의 질문과 관련된 주요 논문을 검색해 주고, 해당 논문의 관련성을 설명해 준다. 심지어 연구자의 질문을 더 구체화하거나 관련 개념을 연결하여 질문을 발전시킨다. 연구자는 검색 결과로 나온 논문들의 서론, 연구 방법 및 결과, 연구의 가치 및 한계 등을 요약해서 확인할 수 있다. 다음의 〈그림 3〉은 Elicit에서 수면 동안 기억이 어떻게 강화되는지 설명하는 주요 이론을 물은 결과로, 초록에 대한 요약, 방법론, 주요 연구 결과가 정리되어 있음을 볼 수 있다.

그림 3. Elicit의 Find papers 이용 사례

생성형 AI는 기존 연구의 구조와 패턴을 분석하는 리뷰 논문(review article)에서도 유용하게 활용된다. Castillo-Segura et al.(2023)은 생성형 AI가 체계적 문헌 검토 과정에서 스크리닝, 즉 특정 논문이 연구자가 리뷰하려는 주제와 관련이 있는지 판단하는 작업에 효과적으로 기여할 수 있다고 밝혔다. 저자들은 Forefront, GetGPT, Calude, Bard 등 6개의 생성형 AI에게 논문 초록을 읽고 해당 논문이 특정 주제와 관련되는지 여부와 이유를 답하도록 했다. 연구 결과, Forefront가 주제에 맞는 논문을 놓치지 않는 동시에 관련되지 않는 논문을 가장 덜 포함하여 인간의 판단과 가장 유사했다. 다만 일부 중요한 논문을 누락하기도 하여, 완벽한 자동화보다는 연구자의 보조 도구로 적합하다고 제안되었다.

논문 간의 관계를 시각적으로 보여주거나, 관련 논문을 추천해 주는 방식으로 문헌 탐색의 효율을 높이는 도구들도 찾을 수 있다. 예를 들어, Litmaps는 하나의 논문을 기준으로 인용된 연구와 인용한 연구가 어떤 관계를 맺고 있는지를 시각적 네트워크로 표현해 준다. 이를 통해 연구자는 논문들이 어떻게 지식의 흐름을 구성하고 있는지 한눈에 파악할 수 있다(〈그림 4〉 참고). 비슷하게, Research Rabbit은 논문 추천 기능과 함께, 저자 간의 협업 관계나 연구 그룹의 흐름까지도 함께 보여준다. 이러한 기능은 특정 분야에서 핵심적인 연구자가 누구인지, 또는 새로운 연구 흐름이 어떻게 형성되고 있는지를 이해하는 데 큰 도움이 된다.

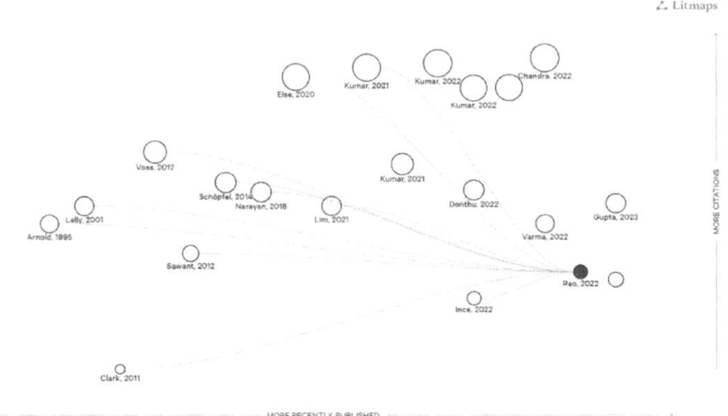

개별 논문을 상세히 이해하는 데에도 생성형 AI를 활용할 수 있다. 여기에 도움이 되는 것이 논문 요약에 특화된 AI 도구들이다. 앞서 언급한 Scispace, Elicit 등의 연구용 AI 서비스는 Chat with paper와 같이 논문의 내용에 대해 질문할 수 있는 기능을 제공한다. 이러한 기능에 집중한 도구들도 있다. Explainpaper는 논문의 내용을 5살, 중학생, 고등학생, 학부생, 대학원생, 전문가 수준별로 요약하여 설명해 주고, 이용자가 특정 부분을 하이라이트로 표시하면 설정한 수준에 맞는 설명을 얻을 수 있다. 〈그림 5〉는 해당 기능을 활용해 고등학생 수준으로 설명을 요청한 결과이다. ChatPDF 역시, PDF 형식의 논문을 업로드하면 논문의 구조나 전반적인 내용, 특정 용어의 의미 등을 질의할 수 있다. 이러한 기능은 영어 논문을 읽는 한국인에게 특히 도움이 된다. 〈그림 6〉은 〈그림 5〉의 동일한 논문을 ChatPDF에 업로드하여 질문한 결과이다.

최근 빠르게 발전하고 있는 생성형 AI의 딥 리서치 기능은 이용자의 질문에 대해 하나의 보고서를 만들어준다. 이용자의 요구에 맞춰 아주 오래된 논문부터 최신의 연구 결과까지 특정 주제별로 논리적인 흐름을

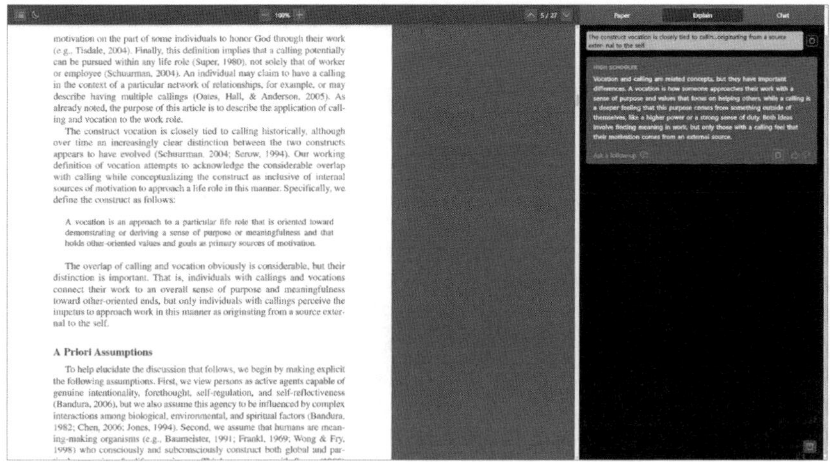

그림 5. Explainpaper의 이용 사례

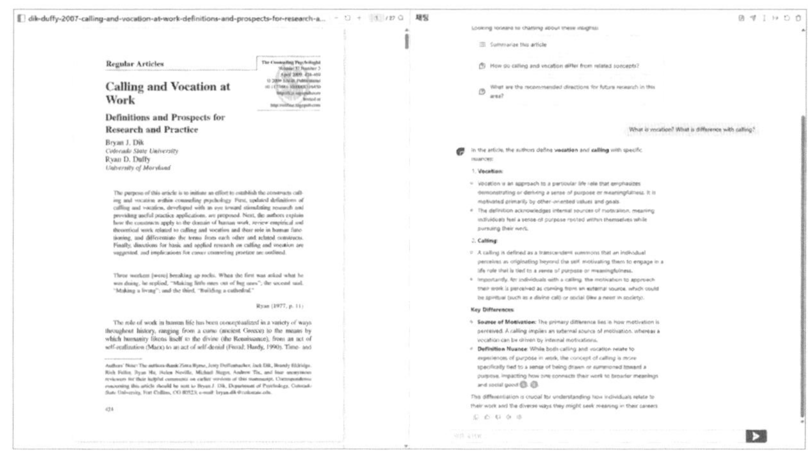

그림 6. ChatPDF 이용 사례

담고 있는 보고서를 얻을 수 있다. 이러한 기능은 ChatGPT나 Claude, Gemini뿐 아니라, Perplexity, Grok, GenSpark 등 여러 생성형 AI에서 제공하고 있는 것으로, 제일 처음 문헌 검토를 진행하는 연구자에게는 기존 연구의 발걸음을 따라갈 수 있는 좋은 시작점이 될 것이다.

이처럼 생성형 AI는 본격적으로 연구자가 자신의 논문을 시작하기 전에 지금까지의 학문적 발전을 돌아볼 수 있도록 지원해 준다. 문헌 검토 과정을 통해 연구자는 생각한 아이디어를 변경하기도 하고 또 발전시키기도 한다. 물론 생성형 AI만으로 문헌 검토를 완전히 자동화하기 어려우며, 그 결과물에 대해 연구자의 책임 있는 확인이 필요하다. 그럼에도 방대한 문헌을 추적해야 하는 연구자에게는 부담을 낮추고 그 과정을 효율적으로 진행할 수 있도록 도와주고 있다.

데이터 수집

생성형 AI는 설문조사나 인터뷰와 같은 전통적 데이터 수집 방식은 물론, 웹 스크래핑, 실시간 피드백 분석, 합성 데이터 생성 등으로 데이터 수집의 개념을 확장하고 있다. ChatGPT나 Claude는 주제에 맞춰 설문 문항을 제안하고, 질문 간 논리적 흐름을 검토하며, 실제 응답까지 예측할 수 있다. 나아가 문헌 및 데이터를 기반으로 가상의 응답 데이터를 생성하기도 한다. 이는 설문 및 인터뷰 설계와 실험 문항 구성의 초기 부담을 줄이고, 보다 정교한 수집 도구를 만드는 데 기여한다.

특히 희귀 질환, 윤리적 문제, 높은 실험 비용 등으로 인해 데이터 수집 자체가 어려운 환경인 의학이나 생의학과 같은 분야에서는 생성형 AI의 생성하는 합성 데이터가 혁신적인 대안이 될 수 있다. 합성데이터는 실제 데이터의 통계적 특성을 학습하여 생성되어, 민감한 개인정보를 포함하지 않으면서도 원본 데이터 특성을 반영한다. 환자 수가 적어 데이터 자체가 부족하고 개인정보 보호 규제로 인해 데이터 유용성과 공유가 어려운 상황에서, 합성 데이터는 연구의 여러 가지 제한을 극복할 수 있다(Goyal, 2023).

Ultsch & Lötsch(2024)는 실제 합성 데이터를 만들고, 이러한 데이터가 실제와 차이가 있는지 실험하는 연구를 진행하였다. 저자들은 백혈병 유전자 데이터와 같이, 실제 데이터의 특징과 구조를 유지하는 새로운 데이터셋을 생성한 후, 컴퓨터가 이를 판단하도록 했다. 연구 결과, 분류 모델은 실제 데이터와 생성된 데이터를 구분하지 못했고, 두 데이터 간 통계적인 차이를 검증했을 때에도 유의미한 차이가 없는 것으로 나타났다. 물론 합성 데이터에 대해 실제 생물학적 유의성에 대한 후속 실험이 필요하지만, 이러한 연구들은 생성형 AI가 향후 데이터 부족 문제의 해결책이 될 수 있음을 시사한다.

이러한 가능성은 의학이나 이공계 분야에만 국한되지 않는다. 금융 분야에서는 시장 상황이나 리스크 상황을 평가하기 위해 다양한 시나리오에 대한 데이터를 생성할 수 있다. 기후 변화가 심각해지는 오늘날, 특정 지역이나 시기, 혹은 장기간의 데이터를 생성하여 기후 변화와 그 영향력을 예측해 볼 수도 있다(Miller et al., 2024). 생성형 AI를 통한 데이터 부족 문제의 해결은 사회과학 분야에서도 가능할 것으로 보인다.

Tamaki & Littvay(2024)는 '과거 사람들은 어떻게 생각했을까?'라는 질문에 대한 단서를 생성형 AI로 얻을 수 있다고 제안한다. 저자들은 ChatGPT의 지식을 특정 시점까지만으로 제한하고, 과거 설문조사 응답자들의 나이, 성별, 정치 성향, 경제적 태도 등을 기반으로 이들의 삶에 대한 짧은 배경 이야기를 제공했다. 예를 들어, ChatGPT에게 "너는 1980년까지 나타난 사실만 알고 있어"라고 지식을 제한하고, 보스턴에 살며 정부에 대한 신뢰도가 낮은 백인 여성에 대한 내용을 입력하여

ChatGPT가 이 여성이 된 것처럼 질문에 답하도록 하였다. 저자들은 이렇게 학습된 ChatGPT에게 경제 전망을 답하게 한 후 그 결과를 과거의 실제 응답자의 답변과 비교한 결과, 두 응답이 비슷하다는 것을 밝혔다. 이는 사회과학 분야에서도 생성형 AI를 통해 마치 '시간 여행'을 하는 것처럼 과거 사람들에 대한 데이터를 얻을 수 있는 가능성을 보여준다.

다만, 생성형 AI가 만들어낸 가상 데이터로 수행하는 연구의 신뢰성과 의미에 대한 고민이 필요하다. Burleigh & Wilson(2024)은 이러한 지점에 문제의식을 갖고 생성형 AI가 질적 데이터의 수집 도구로 활용될 수 있는지 가능성을 탐색했다. 이들은 ChatGPT에게 인터뷰 질문에 대한 응답 지침을 제공한 후 실제 연구에서 사용한 인터뷰 질문을 프롬프트에 입력하였는데, 그 결과 ChatGPT가 인간 피면담자와 유사하게 답변을 생성하였다. 특히 ChatGPT에게 연구자 정보를 추가했을 때 더욱 사람과 비슷하게 답변했는데, 대화체나 감탄사, '내 생각에'와 같은 주관적 표현은 물론 인터뷰 진행자에게 역으로 질문을 던지기도 했다. 그러나 대부분의 AI 탐지 도구가 ChatGPT의 응답을 감지하지 못해, 합성 데이터의 무분별한 활용이 연구의 진정성을 위협할 수 있다는 문제를 제기하였다.

이렇게 생성형 AI는 데이터 수집을 위한 조언을 얻는 도구를 넘어, 데이터를 얻을 수 있는 원천으로 작용할 수 있다. 생성형 AI의 발전에 따라, 더욱 다양한 분야에서 연구자 개인에게 맞춤화 된 합성 데이터를 생성하는 것이 더욱 쉬워질 것이다. 그러나 합성 데이터의 활용은 연구의 신뢰성이나 정확성, 진정성 등 실제 연구 결과는 물론 윤리적 차원으로도 문제가 될 수 있다. 이에 따라 대학이나 학술지, 학회 차원에서 합성 데이터 활용에 대한 구체적 논의를 진행하고, 어느 상황이나 조건에서 허용 가능한지에 대한 기준을 만들어 나갈 필요가 있다.

데이터 분석

데이터를 수집했다면 이를 연구 목적에 맞게 계획했던 방법론으로 분석해야 한다. 그동안 창의적인 연구 아이디어를 떠올리고 관련 선행 연구를 검토, 데이터를 체계적으로 수집했더라도 데이터 분석이 제대로 이루어지지 않으면 연구 결과를 도출할 수 없다. 연구자는 수집된 데이터를 분석 방법에 맞게 처리한 후, 적절한 분석 방법을 선택하고 이에 따라 실제로 분석하고 이를 해석하는 일련의 과정을 거쳐야 한다. 그러나 데이터 분석을 위한 방법론과 도구는 계속해서 발전하고 있으며, 오늘날의 복잡한 사회현상을 담고 있는 비정형 텍스트나 다차원 변수 등으로 구성된 데이터는 분석을 위해 많은 노력을 기울여야 한다. 이러한 과정에서 생성형 AI는 다양한 통계적 방법을 알려주고, 분석 결과의 편향되거나 잘못된 해석을 줄여줄 수 있으며, 실제 분석을 진행해 줄 수도 있다.

먼저 데이터 처리에서 생성형 AI의 활용 가능성을 실험한 Mitra et al.(2024)의 연구를 살펴보자. 저자들은 Claude와 ChatGPT를 활용해 생성형 AI가 문자 데이터 처리에 적절한 도구가 될 수 있는 조건과 이에 필요한 활용 전략을 밝혔다. 이때 연구 도구의 적절성은 정확성(정답 혹은 사람이 내린 평가와 얼마나 가깝게 응답하는지)과 일관성(동일한 질문이나 요구를 반복했을 때 얼마나 일관되게 답변하는지)을 기준으로 삼았다. 실험은 1) 200년 동안의 식물원 씨앗 목록에서 식물 종명의 자동 추출, 2) 영국과 프랑스, 네덜란드의 의약품 건강기술평가 문서에서 특정 항목 추출, 3) 크라운드 펀딩 웹사이트에 등록된 프로젝트에 북미 산업 분류 시스템의 코드 부여의 3가지 사례로 진행되었다. 모든 사례에서 생성형 AI가 높은 정확성과 일관성을 보이면서, 저자들은 규칙을 찾기 어려운 비정형의 대규모 텍스트에 대해, 그리고 사람이 하면 쉽지만 기계로 자동화하기는 어려운 작업에서 생성형 AI를 활용한 데이터 처리가 성공적으로 이루어질 수 있음을 보여준다.

교육학 분야에서도 생성형 AI를 활용한 데이터 처리와 분석이 얼마나 효과적인지 분석하였다. Berr et al.(2024)은 온라인 e-book 환경에서 수집되는 학생의 데이터, 예를 들면 독서 시간이나 상호작용(북마크, 메모 등), 성적 등을 ChatGPT가 얼마나 잘 분석하는지 밝혔다. 분석은 기본적인 통계 분석, 성적에 영향을 미치는 요인 분석, 학생 성적 예측의 세 가지 수준으로 이루어졌으며, GPT-4 모델과 Text-DaVinci-003 모델을 비교하였다. 결과적으로 데이터 전처리를 진행한 GPT-4 모델이 모든 분석에서 가장 우수해 데이터 전처리의 중요성을 보여주었다. 다만 해당 모델도 성적 예측 분석에서 만족할 만한 수준의 정확도를 보이지 않아, 저자들은 데이터의 구조와 패턴을 파악하는 기초적 분석에 가장 적합하다고 설명하였다.

특정 분야에만 국한되지 않고, 전반적인 양적 연구 분석을 지원하는 AI 툴도 존재한다. 〈그림 7〉의 Julius AI는 데이터 처리 및 클리닝은 물론, 엑셀이나 스프레드 시트 형식의 데이터를 업로드하면 이를 자동으로 인식해 분석 가능한 방법을 제안하고, 원하는 방식의 통계 분석 및 시각화를 진행해 준다. 흥미로운 것은 이러한 방식이 ChatGPT와 같이 프롬프트 기반 대화로 이루어진다는 것이다. 연구자는 분석하고 싶은 내용을 프롬프트에 입력할 수 있는데, 데이터 안의 정확한 변수명으로 설명하지 않아도 Julius AI가 이를 이해하여 결과를 도출한다. 이때 분석에 활용된 파이썬이나 R 코드를 설명과 함께 제공하여, 연구자가 분석 결과를 쉽게 이해하도록 돕는다. 또한, 연구자 맞춤형으로 분석 워크플로우를

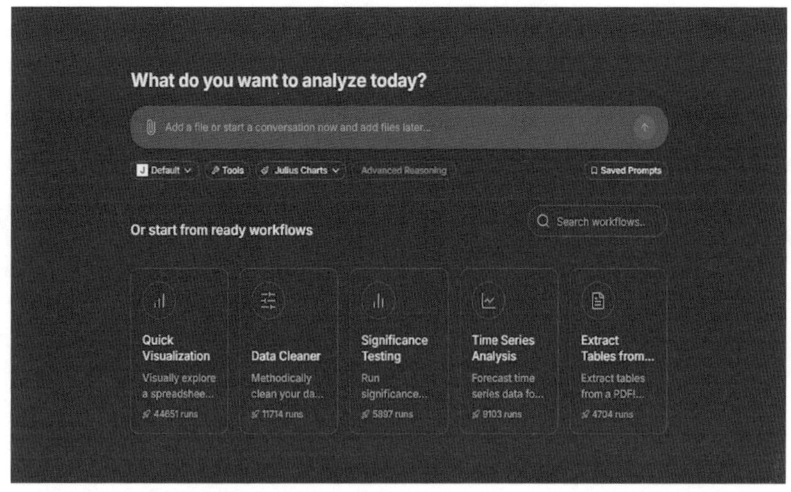

설정하고 이를 팀원들과 공유할 수 있어 연구 효율성을 향상할 수 있다.

질적 데이터의 분석에서도 AI 기술이 접목되고 있다. 대표적인 질적 분석 도구인 MAXQDA는 AI Assist를 도입하여 문서나 데이터의 자동 요약을 비롯해, 인터뷰 녹취록과 같은 데이터에 대해 연구자의 기준에 맞춰 코드 설정을 제안하고 이에 대한 피드백을 제공한다. 더하여 연구자가 인터뷰 녹취록의 특정 텍스트를 선택하면 그에 맞는 새로운 코드 혹은 기존 코드의 하위 코드를 추천하여, 코드 생성을 효율적으로 진행하도록 지원한다. 질적 인터뷰 자료는 코딩이 중요한 분석 단계인 만큼, 자동으로 코딩을 생성하거나 추천하는 AI 기능은 연구자에게 큰 도움이 될 것으로 보인다. 나아가 앞서 특정 논문과 대화를 나눌 수 있는 ChatPDF와 동일하게 입력한 질적 데이터에 전체 혹은 특정 부분에 대해 질의응답을 지원하고 의견을 주고받을 수도 있다(〈그림 8〉 참고).

데이터 분석은 연구의 후반부 단계이자 본격적인 단계로, 아무리

그림 8. MAXQDA의 새로운 코드 제안 사례 (출처: MAXQDA 홈페이지)

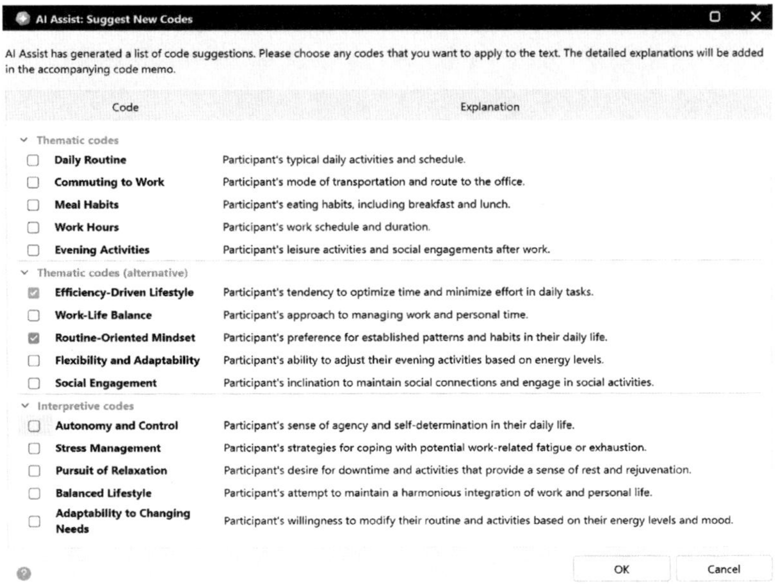

이전까지의 단계가 성공적이더라도 분석 결과가 있어야만 논문을 완성할 수 있다. 생성형 AI는 복잡한 분석 방법을 쉽고 간편하게 수행해 주고, 연구자가 생각지 못한 방향으로 분석을 수행하도록 지원한다. 최근의 AI 도구는 데이터 및 그 분석 결과에 대해 대화를 나눌 수도 있어, 향후 AI와의 협력을 통한 데이터 분석은 더욱 활발할 것으로 보인다. 물론 AI가 제안하는 분석 방법의 적절성, 분석 결과의 신뢰성에 대해서는 여전히 인간의 판단이 필요할 것이다.

원고 작성

아이디어 발전부터 데이터 분석의 과정을 거쳤다면 남은 것은 글쓰기다.

예술가가 음악이나 미술작품으로 말하는 것처럼, 연구자는 자신의 연구 결과를 글쓰기를 통해 소통한다. 그동안 진행해 온 연구 과정들을 학문적으로 정확하고 엄정하게 제시하는 것은 물론, 글을 읽는 독자들이 쉽게 이해할 수 있도록 명료하게 글을 쓰는 능력도 필요하다. 특히 학술적 글쓰기는 일상적인 언어와 다른, 특정한 구조와 형식, 글의 전개 방식 등이 존재하기 때문에 학계에서 통용되는 글의 형식과 내용을 유지하면서도 연구자 개인만의 독창적인 글쓰기 역량이 요구된다. 아무리 뛰어난 연구 설계와 분석을 진행했더라도, 그 내용을 독자들에게 논리적으로 전달하지 못하면 소용이 없는 것이다.

생성형 AI는 맞춤법이나 표현의 수정과 같은 단순한 교정은 물론, 문맥을 고려하여 자연스러우면서도 논리적인 흐름으로 글이 진행될 수 있도록 피드백을 제공하거나 수정해 주고, 더 나아가 글의 내용을 요약하거나 확장하기, 심지어는 특정 주제나 구절을 작성하면 자동으로 글을 작성해 주기도 한다.

대표적인 도구는 Grammarly로, 글의 독자, 공식성 수준, 목적 등을 고려하여 철자나 문법, 문장 구조 등 글의 명료성과 정확성, 전달력 등을 평가하여 수정 방안을 제시한다. 최근에는 AI 기술을 도입하여 글 작성을 지원하고, AI가 작성 혹은 표절 여부를 탐지한다. DeepL Write 역시 기본적인 교정은 물론 원하는 문체와 어조에 맞춰 글을 작성해 주는데, 학술적 문체를 설정할 수 있어 연구자가 활용하기에 적절하다. 다음의 〈그림 9〉는 DeepL Write에서 학술적 문체로 글을 작성해 본 사례이다. 왼쪽 칸에 연구자가 글을 입력하면, 오른쪽 칸에 수정된 글이 보인다. 수정된 각 문장에 대해 다른 표현 버전이나 각 단어에 대한 대체 단어를 제공하여, 이용자는 다양한 선택지 속에서 글을 작성할 수 있다.

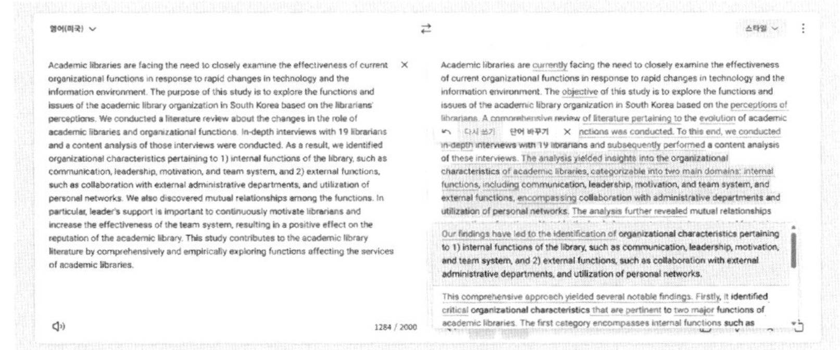

그림 9. DeepL Write 이용의 다시 쓰기 기능 예시

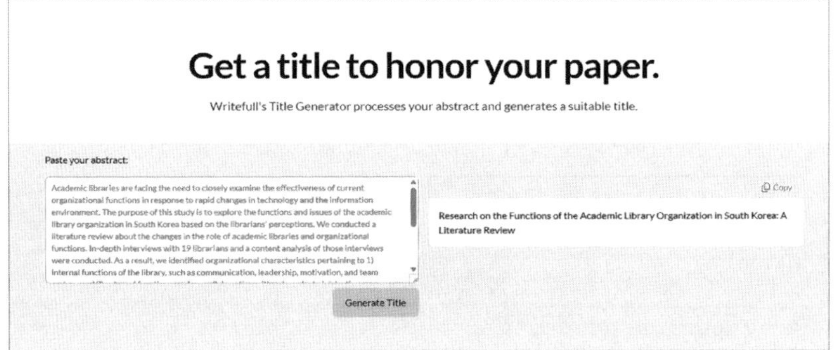

그림 10. Writefull의 Title Generator 이용 사례

이렇게 기존에 작성한 문장을 학술적으로 더욱 정교하고 명료한 문장으로 재표현하는 것을 패러프레이징(paraphrasing)이라고 하는데, 이는 다수의 글쓰기 전용 AI 도구들이 제공하고 있는 것을 찾아볼 수 있다. Writefull은 패러프레이징 기능과 함께 학술원고 본문을 입력하면 자동으로 초록을 생성해 주거나, 논문의 초록을 입력하면 제목을 생성해 준다(〈그림 10〉 참고). 또한, 일상적 문체를 학술적인 문체로 변경하는 기능도 제공하고 있다.

Paperpal은 학술 글쓰기를 위한 전용 AI로, 지금까지 소개한 학술 글쓰기를 위한 모든 기능을 제공하고 있다. 해당 도구는 글쓰기, 번역, 재작성은 물론, 연구자의 글에 기반하여 제목이나 초록, 요약을 자동으로 생성하고, 논문 투고 전 검토까지 가능하다. 재작성 기능에는 패러프레이징, 일반적인 글쓰기의 학술화, 유창성 향상, 간결화, 축약, 문체 변경 등이 포함된다. 더하여 서론이나 연구 목적 및 문제, 결론, 시사점, 초록 및 요약, 키워드 등 작성 중인 내용을 구체화하거나 확장하여 추가로 글을 작성하는 것 역시 가능하다. AI를 활용한 검토에서는 글의 형식이나 논리적 흐름 등 전반적인 피드백을 제공하는데, 이를 통해 연구자는 논문 투고 전에 원고를 다방면에서 검토할 수 있다.

〈그림 11〉은 Paperpal의 투고 점검 준비 기능을 이용한 결과로, 전체 원고 파일을 업로드하면 투고 시 필요한 정보 및 형식, 표 및 그림의 순서와 인용 여부, 원고 분량과 구조, 참고문헌, 언어적 문제 등 다양한 영역을 확인하고 있다.

그림 11. Paperpal의 투고 준비 점검 기능 이용 사례

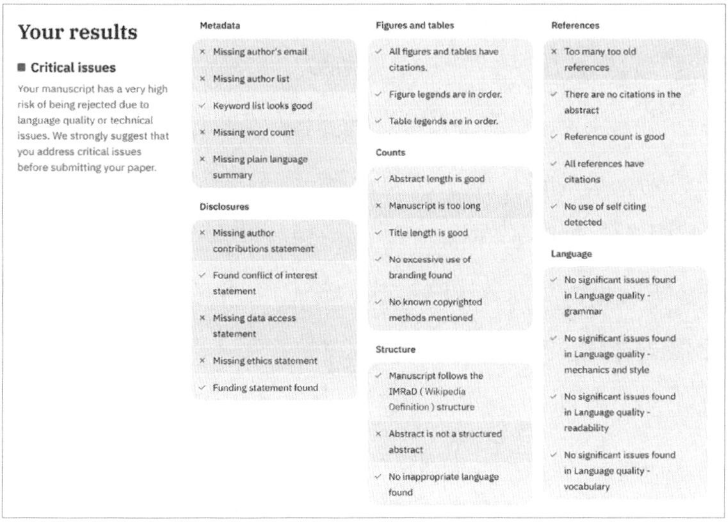

학술 글쓰기를 위한 AI 기술은 단순한 철자와 문법 교정부터 학술 형식에 맞춘 글 작성까지 다양하게 발전하고 있다. 이러한 기술은 영어 중심의 학술 생태계에서, 영어가 모국어가 아닌 연구자들에게 큰 도움이 된다. 모국어로 훌륭한 글을 작성했더라도 번역 과정에서 시간과 비용이 많이 들고 원고의 완성도 역시 저하될 수 있기 때문이다. 다만 AI가 생성한 결과물을 아무런 검토 없이 사용하거나, 온전히 AI가 작성한 글을 사용하는 것은 분명 문제가 된다. AI를 연구자의 의도에 맞게 주체적으로 활용할 때, 글의 완성도는 물론 연구의 진정성과 책임성 등 윤리적 차원도 지켜나갈 수 있다. 따라서 AI에 의존하는 것이 아닌, 연구자의 주장과 근거를 보다 효과적으로 표현할 수 있는 도구로서 AI를 인식, 활용하는 것이 필요할 것이다.

인용 및 참고문헌 관리

원고 작성까지 마무리했다면 최종 단계는 인용과 참고문헌 관리이다. 인용이란 다른 저작물을 저자와 출판연도, 출판사 등 출처를 밝히고 이용하는 것이다. 이는 내 연구가 기존 학술 자료를 근거로 하고 있으며 표절이 아님을 보여준다. 또한, 선행연구와의 관계를 형성하는 장치이기도 한데, 내 연구를 인용한 과거 연구자나 분야, 저널 등과 연결하여 학계의 흐름을 파악할 수 있게 한다. 이러한 중요성 때문에 연구자는 본문에 인용한 학술 자료를 빠짐없이 정리해 참고문헌 목록을 작성해야 한다.

그러나 연구자가 다수의 연구를 인용하면서 때로는 본문에 인용한 연구와 참고문헌 리스트가 일치하지 않는 경우가 빈번히 발생한다. 또한 모든 리스트를 완벽하게 작성했더라도 각 학술지에 맞춰 참고문헌의 양식을 변경하는 것은 꽤나 번거로운 작업이다. 바로 이러한 지점에서 AI는 연구자의 효율성을 크게 높여준다. 인용 양식의 자동 변환, 참고문헌 일관성 유지, 인용 누락 또는 중복 감지, 표절 검사 등, AI는 단순하면서도 생각보다 시간과 노력이 많이 드는 이 작업을 단시간에 혹은 자동으로 진행한다.

Scribbr는 표절과 참고문헌 양식을 관리해 주는 대표적인 도구이다. 해당 웹사이트에서 학술 연구의 제목이나 웹 링크를 입력하면, Scribbr가 해당 연구를 인식하여 APA, MLA, Chicago 등 연구자가 요청하는 양식에 맞춰 참고문헌 리스트를 완성해 준다. 연구 전용 AI인 Scispace는 이러한 기능과 함께, 중복 혹은 누락된 인용 여부를 감지해 준다. 나아가 연구자가 글을 작성할 때 그와 관련된 참고문헌을 추천해 주고 자동으로 인용하는 기능도 제공하고 있다. 이는 연구자의 원고 작성과 참고문헌 관리를 동시에 진행함으로써 효율적인 학술 글쓰기를 가능하게 한다.

학술 커뮤니케이션에서 정확한 인용은 연구자 개인의 책임 있는 연구를 위한 것임은 물론, 지식의 흐름을 기록하는 도구라는 점에서 중요하다. 이를 위한 AI 도구의 사용은 단순하면서도 비효율적이었던 연구자의 작업을 더욱 정확하고 효율적으로 도와주고, 잘못된 인용이나 부주의한 출처 표기 등을 감소하여 표절의 위험성을 낮춘다는 점에서 여러모로 장점이 많다. 오늘날 AI 기술의 발전이 여러 윤리적 문제를 야기함에도 불구하고, 이렇게 연구자의 수고로움을 줄여 연구 그 자체에 집중할 수 있도록 하는 순기능이 더욱 활성화될 것으로 예상된다.

4. 학술 커뮤니케이션에서 AI의 잠재적 위험과 윤리적 이슈

표절과 저자권(Authorship)의 문제

생성형 AI의 확산은 학술 글쓰기의 효율을 높였지만, 동시에 저자권, 지적 책임, 표절 방지, 출처 명시 등 학문 윤리의 핵심 영역에 새로운 질문을 던지고 있다. AI가 저자가 될 수 있을까? AI가 생성한 텍스트를 어디까지 활용할 수 있을까?

Nature, Science, Elsevier와 같은 주요 저널이나 출판사들은 AI는 저자가 될 수 없으며, 학술 원고 작성 시 생성형 AI를 어떻게 활용하였는지 작성하도록 하고 있다. 생성형 AI는 학술 연구의 과정이나 결과에 책임을 질 수 있는 주체가 아니기 때문에 저자는 물론, 감사의 글(acknowledgement) 섹션에도 생성형 AI를 언급해서는 안 된다는 것이다(Hosseini et al., 2023).

그러나 아직까지 새로운 원칙이 연구자들에게 자리 잡지는 않은 것으로 보인다. Gray(2024)는 학술 연구에서 LLM의 활용도를 추정하기 위해 ChatGPT가 자주 사용하는 단어 24가지를 선정하고, 단어마다 ChatGPT 이용을 추정할 수 있는 강함, 중간, 약함의 3가지 수준으로 구분하였다. 이후 약 5천만 건의 논문에서 이들 단어의 사용 빈도를 분석한 결과, 강함 수준의 단어가 1개 이상 포함된 논문의 수가 2022년 대비 2023년 83.5%, 2개 이상 포함된 논문 수는 486.4% 증가하였다. 이는 ChatGPT 등장 이후, 다수의 연구자들이 글 작성이나 교정에 이를 활용했음을 시사한다.

이러한 연구 결과와 달리, 생성형 AI의 이용을 밝힌 연구는 매우 적게 나타났다고 보고된다(Gray, 2024). AI 활용을 투명하게 공개하지 않는 것은 일종의 표절로, 학술 윤리를 위반하고 학계 전체의 신뢰를 떨어뜨릴 수 있는 행위이다. 2023년 Nature는 연도별 철회된 논문 수를 공개했는데, 2022년 6,000건 미만에서 2023년에 1만 건 이상으로 나타났다(Van Noorden, 2023). 철회된 이유가 구체적으로 공개되지는 않았으나, ChatGPT가 2022년 11월 출시된 것을 고려하면 생성형 AI 활용과 무관하지 않을 것이다.

연구자들이 생성형 AI의 활용을 공개하지 않는 이유는 다양하지만, Longoni et al.(2023)의 연구는 그중 하나의 단서를 제공한다. 저자들은 AI가 생성한 콘텐츠를 표절하는 것과 인간이 만든 콘텐츠를 표절하는 것에 대한 학생들의 인식 차이를 조사하였다. 설문 결과, AI 생성 콘텐츠에 대한 과거 표절 경험과 향후 표절 의도 모두 사람이 만든 콘텐츠보다 높게 나타났다. 타인의 표절에 대해서도 AI 콘텐츠를 표절하는 경우 비윤리적이라는 인식이 낮았다. 저자들은 이러한 차이를 콘텐츠에 대한 심리적 소유감에서 찾았다. 즉 인간의 창작물에 비해, AI가 만든 창작물은 AI의 소유라는 인식이 약하게 느껴진다는 것이다. 오히려 AI가 생성한 결과물을 활용하는 연구자에게 소유권이 있다는 의식이 강해지면서 이를 윤리적 문제의식 없이 이용하는 가능성이 커진다.

이러한 연구 결과를 종합하면, 생성형 AI의 활용과 책임에 대해 공식적인 논의는 시작되었지만, 실제 연구자들의 인식 속에서 윤리적 기준은 통용되지 않은 것으로 보인다. 특히 생성형 AI를 통해 만들어낸 결과물을 자신의 것이라고 인식한다는 연구를 고려할 때, 생성형 AI 결과물의 활용과 책임에 대한 구체적인 윤리 가이드라인을 개발하고 이에 대한 교육이 필요하다. 이는 단순히 생성형 AI라는 도구를 어떻게 활용할 것인가에 대한 문제를 넘어, 학술 연구에서 '저자'가 된다는 것은 무엇인지 연구자로서 정체성의 문제이기도 하다. 생성형 AI가 기존의 학술 윤리와 연구 방식에 변화를 가져온 이 시점에서, 새로운 윤리 규정이 정착될 때 건강한 학계 발전이 이루어질 것이다.

정보의 정확성과 책임

생성형 AI 활용의 또 다른 문제점은 정보의 정확성이다. 생성형 AI는 무언가를 '생성'해 내지만, 그 결과물이 언제나 정확한 것은 아니다. 존재하지 않는 사실이나 출처를 '그럴듯하게' 만들어내는 환각(hallucination) 현상은 학술 글쓰기에서 특히 치명적이다. 생성형 AI의 답변을 연구자가 충분히 검토하고 활용하지 않는다면, 그럴듯하지만 잘못된 정보가 연구에 그대로 반영될 수 있다. 앞서 우리는 학술 글쓰기의 모든 단계에서 생성형 AI가 활용될 수 있음을 살펴보았다. 그러나 이 과정에서 생성형 AI의 응답을 비판 없이 신뢰하여 활용한다면 어떤 일이 발생할까?

먼저 아이디어의 발전과 연구 설계단계부터 생각해 보자. 기업의 조직 성과 향상에 관한 연구를 진행한다고 할 때, 아이디어 구체화를 위해 Gemini와 의견을 주고받을 수 있다. 그러나 생성형 AI는 대규모의 데이터를 입력 받아 학습한 모델이기 때문에, 훈련 데이터가 편향되었을 때는 그 응답의 방향도 편향되기 쉽다. 만약 AI가 여성이나 장애인, 특정 인종 등 소수자에 대해 부정적인 데이터로 학습되었다면, 연구 설계 단계에서 이들에 대한 부정적 아이디어를 제시할 수 있다.

데이터 분석 단계에서도 생성형 AI의 도움을 받을 수 있다. 그러나 연구자가 본인이 사용하는 방법론에 대해 정확히 알지 못한 상태에서,

생성형 AI가 제공하는 답변을 의심 없이 받아들이면 어떤 일이 발생할까? AI는 연구자의 의도에 맞지 않는, 불필요한 분석을 진행할 수도 있고 더욱 심각하게는 분석에 오류가 존재할 수 있다. 이때 연구자가 분석 방법을 정확히 알지 못하면, AI가 만들어낸 오류를 잡아내지 못해 잘못된 사실을 연구 결과로 발표하게 된다.

인용 및 참고문헌 관리에서도 생성형 AI 활용이 문제가 될 수 있다. 생성형 AI는 정확한 출처를 가진 문헌을 추천해 주거나 그에 대한 참고문헌 양식을 작성할 수도 있지만, 존재하지 않는 문헌을 추천해 주는 일도 비일비재하다. 또한 이미 존재하는 문헌을 알려주며 이에 대한 참고문헌 양식을 만들어 줄 때에도 정확한 서지 사항으로 작성되지 않을 수도 있고, 정해 준 형식과 다른 양식으로 답변할 수도, 심지어는 요청한 참고문헌 목록을 누락할 수도 있다.

종합하면, 생성형 AI가 제공하는 정보에는 여전히 오류가 존재하기 때문에 연구자의 비판적 검토가 반드시 필요하다. 생성형 AI의 활용이 연구의 생산성을 크게 향상하며 동시에 생성형 AI의 기술은 더욱 빠르게 발전하고 있다. 이러한 때에 연구자들에게 요구되는 새로운 역량은 생성형 AI를 연구자의 의도에 맞게 이용하고 그 결과를 비판적으로 검토하는 능력이 요구될 것으로 보인다. 이는 앞서 언급한 책임의 문제와도 연결되는 것으로, 생성형 AI를 효과적인 연구 도구로 바라보고 이러한 도구를 연구자가 비판적이고 주체적으로 이용할 필요성이 지속해서 강조될 필요가 있다.

윤리적 문제에 대한 대응

생성형 AI의 이용이 학술 커뮤니케이션에 만연함에 따라, 학계에서도 이로 인한 윤리적 문제에 대응하고 있다. 대표적인 기술적 대응은 AI 감지 기술의 발전으로, 이는 생성형 AI가 작성한 글을 감지해 낸다. 전통적인 표절 탐지 서비스인 iThenticate나 Turninit은 물론 GPTZero, Winston AI, Content at Scale, Hive Moderation, Isgen.ai 등의 도구가 이러한 기능을 제공하고 있다. GPTZero는 중고등학교나 대학에서 학생들의 과제를 평가할 때 널리 사용되고 있으며, Hive Moderation은 텍스트는 물론 비주얼 및 오디오 콘텐츠에 대해서도 감지 기능을 제공한다.

다음의 〈그림 12〉는 Isgen.ai의 AI 탐지 기능인 'AI 스캔'을 활용한 결과이다. ChatGPT에게 특정한 논문을 요약하게 한 후 해당 내용을 일부 수정하여 그림의 왼쪽 칸에 입력하였다. 오른쪽은 AI 스캔 결과로, 인간이 생성했을 것으로 예상되는 확률과 AI가 생성했을 것으로 예상되는 확률을 함께 보여주어 종합적인 AI 생성 콘텐츠 확률을 보여준다.

그러나 AI 탐지 기술도 완벽하지는 않은데, AI 생성 콘텐츠를 감지하지 못하거나, 인간이 생성한 콘텐츠를 AI 생성 콘텐츠로 잘못 판별하여 논란이 발생하고 있다. 최근에는 AI 탐지를 피하는 AI 기술 역시 등장하여, 생성형 AI를 활용한 콘텐츠 식별은 더욱 어려워질 것으로 보인다. 다음의 〈그림 13〉은 AI 탐지를 피하기 위해 작성된 글을 인간화(humanize) 하는 서비스인 BypassGPT를 이용한 사례이다. 그림의 왼쪽 칸에는 〈그림 12〉의 마지막 문단을 ChatGPT를 이용해 영어로 번역한 결과이며, 오른쪽 칸에는 이를 인간화한 결과이다. 하단에는 인간화 작업이 얼마나 성공적으로 이루어졌는지를 제시하고 있다.

그림 12. Isgen.ai의 AI 스캔 이용 사례

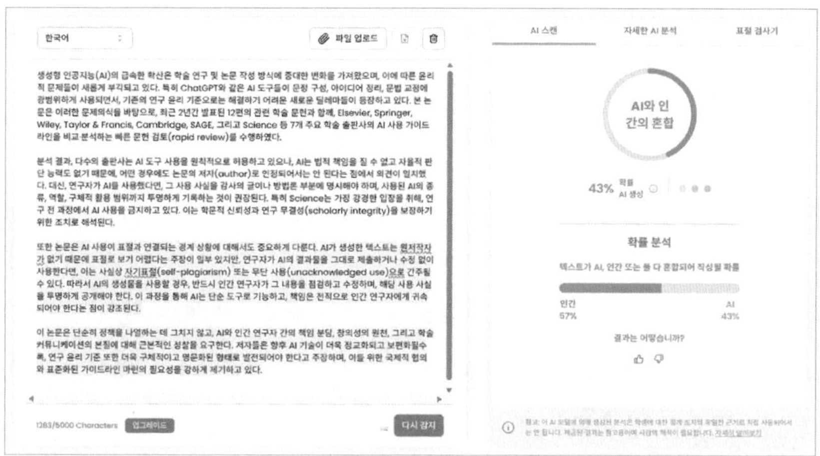

그림 13. BypassGPT 이용 사례

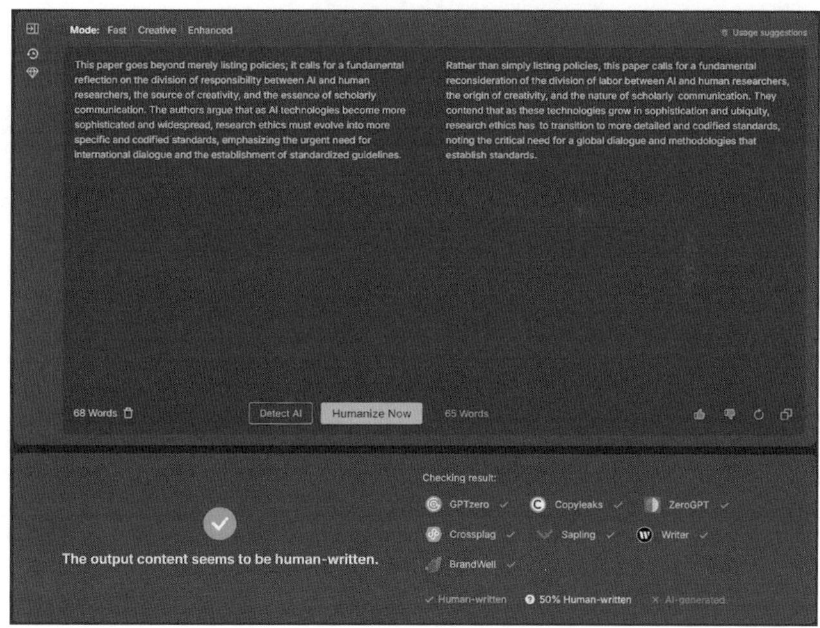

AI 탐지 기술의 발전에 대응하여 새로운 AI 기술이 발전하는 현재의 흐름을 본다면, 기술의 발전도 중요하지만 동시에 연구자의 책임 있는 AI 이용이 보다 근본적인 문제의 해결책으로 보인다. 그리고 이는 개별 연구자의 노력뿐만 아니라 학교, 학회나 학술지 등 학계 전반의 노력이 동반되어야 한다.

University College London이 생성형 AI 이용에 대해 작성한 가이드라인은 생성형 AI의 올바른 이용을 위한 학교 차원의 노력을 보여주는 좋은 사례이다. 해당 가이드라인은 대학 내 도서관, 교원, 학생들이 모여 생성형 AI에 대한 이해 수준과 이용 경험, 윤리적 이용에 대한 인식 등을 조사, 논의하여 작성된 결과물이다. 가이드라인에는 생성형 AI를 과제나 연구를 위해 어떤 경우 혹은 어떤 수준으로 이용 가능한지, 생성형 AI를 이용한 사실을 언제 어떻게 표기해야 할지에 대한 내용과 함께, 생성형 AI의 인용 방식에 대한 내용이 안내되어 있다(Young et al., 2024).

주목할 점은 University College London이 생성형 AI를 대하는 태도이다. 이 대학은 생성형 AI의 이용 자체를 부정적이라고 평가하는 것이 아닌, 그것을 이용하는 학생들 혹은 연구자의 태도와 역량을 중시한다. 따라서 생성형 AI의 이용이 허용되는 상황을 명확하게 규정하기보다는, 특정 분야나 과업에 따라 그 이용 정도와 방식이 달라질 수 있어 관계자 간의 논의가 필요함을 명시하고 있다. 이러한 가이드라인의 접근방식은, 생성형 AI가 매우 다양한 방식으로 이용되는 현 상황에서 생성형 AI 이용을 투명하게 공개하게 하면서도 그 윤리적 이용을 위한 학교 차원의 안내를 제공한다는 점에서 의미가 있다.

이러한 사례와 같이, 생성형 AI의 이용을 은폐하기보다는 어떤 도구를 어떻게 이용하는지 투명하게 공개하는 것이 학계 전체의 발전과 신뢰 향상을 위해 도움이 된다는 분위기가 새로운 학술 윤리규범으로 정착할 수 있도록 하는 노력이 필요할 것으로 보인다. 학회나 학술지는 생성형 AI 이용에 관한 규정을 마련하여 연구자들에게 제시하고, 실제 학술 연구를 평가하는 과정에서 규정된 범위 내에서 생성형 AI를 이용한 경우에는 불이익을 받지 않도록 해야 한다. 또한, 학교와 같은 학술 단체 및 조직에서는 생성형 AI에 대한 책임감 있는 이용을 장려하는 교육이나 실제 이용 및 보고 사례를 제공할 필요가 있다. 연구자 개인 역시 학문적 진실성과 신뢰성을 해치지 않는 생성형 AI의 활용을 위해 노력해야 할 것이다.

5. 결론

AI, 특히 생성형 AI는 연구자들의 강력한 도구가 되고 있다. 아이디어 발전과 연구 설계, 선행연구의 검토, 데이터 수집 및 분석, 원고 작성과 최종 참고문헌 관리까지, 연구자들은 학술 논문 작성의 모든 단계에서 AI를 활발하게 이용하고 있다. 그러나 기술의 발전이 너무 빠르게 이루어지면서, 그 이용 방식에 대해 무엇이 올바른 것인지에 대한 논의는 아직도 부족한 것으로 보인다. 생성형 AI의 활용이 무궁무진하게 이루어지고 또 발전할 것으로 기대되는 오늘날, 연구자들은 자신의 주체성을 지키면서도 생성형 AI를 강력한 연구 도구로 이용할 수 있는 균형점을 찾아나가야 한다.

생성형 AI의 등장은 너무나도 혁신적이지만, 한편으로 생각한다면 과거 SPSS와 같은 도구가 나왔을 때와 비슷한 맥락의 진통을 겪고 있는 것일 수도 있다. 과거 직접 손과 머리로 통계적 검증이 이루어지던 세상에서 갑자기 클릭 몇 번으로 통계 분석을 할 수 있게 되었을 때, 그때의 연구자들도 SPSS 이용에 학문의 진실성과 성실성이 떨어진다고 걱정하지 않았을까? 물론 생성형 AI는 새로운 콘텐츠를 만들어낸다는 점에서 SPSS와는 상당히 다르지만, 여전히 연구를 수행하는 주체는 연구자들이고 학문의 가치를 지켜나가는 것은 AI가 아닌 이들을 통해 가능하다. 연구자 개인의 책임 있고 윤리적인 AI 활용이 아니라면, 생성형 AI가 만들어낸 연구는 화려하지만 사실은 '속 빈 강정' 같은 연구일 것이다. 속 빈 강정이 아니라 꽉 찬 강정으로, 생성형 AI가 세상과 우리 사회에 도움이 되는 연구를 발전시키는 훌륭한 도구로 자리 잡기를 기대해 본다.

☞ 생각해 볼 만한 질문들

» 생성형 AI는 학술 연구의 저자가 될 수 없을까? '저자'가 되기 위해서는 어떠한 조건이 필요할까?

» 생성형 AI가 지닌 환각(hallucination)의 위험 속에서, 연구자는 어떠한 기준으로 생성형 AI의 신뢰성을 평가해야 할까?

» 생성형 AI를 활용한 윤리적인 학술 글쓰기를 위해 어떠한 역량이 필요할까? 이를 향상할 수 있는 교육이나 프로그램은 무엇일까?

» 생성형 AI 시대에 필요한 새로운 윤리적 규범과 제도는 무엇일까?

AI의 위협과 개인정보 자기결정권 보호

장재영, 김범수

이 장은 AI의 급속한 확산이 정보주체의 자기정보결정권을 위협하는 현상에 대응하여, 개인정보가 AI 환경에서 어떤 방식으로 도전받고 있는지를 분석하고, 이를 극복하기 위한 법적·제도적·기술적 대응 방안을 제시하는 것을 목적으로 한다.

먼저, DeepSeek 사례를 통해 AI 기술이 야기한 개인정보 침해 문제를 살펴보고, 개인정보 처리의 발전 단계 중 가장 진화된 단계인 AI 환경에서의 자기정보결정권 위기를 검토한다. 이어서 AI가 초래하는 개인정보 침해의 구체적 양상을 분석하고, 정보주체의 권리를 보호하기 위한 종합적 대응 전략을 제안한다.

특히 본 장은 LLM의 데이터 생명주기와 이용자의 서비스 이용 과정 전반을 포괄하는 위험 요인을 식별하고, 프라이버시 리스크를 경감하기 위한 기술적·관리적 보호 요소를 통합한 리스크 관리 모델을 제시하였다. 이를 위해 AI 관련 제도의 정비를 통한 보호 기반 마련, 개인정보 최소화를 위한 기술 도입, 기계 망각과 미세조정을 활용한 AI 준거성 확보 방안, 입력·출력 단계별 개인정보 보호 대책, 그리고 정보주체의 알권리 및 구제 제도 등을 논의하였다.

1. 서론: AI1의 위협

AI(Artificial Intelligence), 특히 생성형 AI와 그 핵심 기술인 대규모 언어 모델(Large Language Model, LLM)의 발전은 정보사회 전반의 패러다임을 근본적으로 바꾸고 있다. Google이 만든 트랜스포머(Transformer) 기반의 사전학습(pre-trained) 언어 모델이 등장했기 때문이다. AI의 언어 이해 능력의 근본적인 전환점을 맞게 한 트랜스포머는 2017년 Google이 제안한 인공신경망 구조로, 문장의 단어들을 순서대로가 아니라 동시에 분석하여 문맥을 더 깊이 이해할 수 있게 한다. 이 구조를 활용한 사전학습 언어 모델은 대규모의 인터넷 텍스트를 먼저 학습한 뒤, 특정 목적에 맞게 추가 학습(fine-tuning)함으로써 언어 생성·요약·번역·질의응답 등 다양한 과제에 유연하게 대응하도록 만들어졌다.

LLM의 이러한 기술적 진보는 과거의 규칙 기반 언어나 통계 기반 모델이 처리하지 못했던 언어의 맥락(context)과 의미적 일관성(coherence)을 학습할 수 있게 만들었고, 결과적으로 인간 수준에

1　이 글에서는 AI, 생성형 AI, LLM을 혼용해서 사용하나 대부분의 경우 LLM 기반의 생성형 AI를 의미한다.

가까운 자연어 이해와 생성이 가능해졌다. 2022년 11월 OpenAI의 GPT-3.5를 기점으로 시작된 트랜스포머 기반의 혁신은 2025년 현재 OpenAI의 GPT-5와 Google의 Gemini 2.5, Anthropic의 Claude 4, Meta의 Llama 4, 그리고 DeepSeek의 R1 모델 등으로 이어져, AI는 더 이상 단순한 도구가 아닌 지식 생산과 의사결정에 참여하는 새로운 주체로 진화하고 있다.

이들 LLM 기반의 생성형 AI 모델은 기술적 성공에도 불구하고 예측 불가능성(unpredictability)과 통제 불가능성(uncontrollability)이라는 본질적 위험을 내포하고 있다. 특히 LLM은 어떤 정보를 근거로 응답을 생성하는지를 명확히 설명하기 힘들다는 점에서 블랙박스(black box)로 작동한다. 이러한 구조적 불투명성은 사회적 신뢰를 약화시키는 잠재적 요인으로 작용하며, 저작권 침해, 알고리즘 편향, 허위정보 확산, 데이터 독점, 개인정보 침해 등 복합적 문제를 초래하고 있다.

이 글은 그중에서도 생성형 AI에 의한 정보주체의 자기정보결정권 침해 문제에 주목한다. 개인정보 침해는 단순한 기술적 문제가 아니라, 인간의 존엄과 기본권을 근본적으로 위협하는 이슈이다. LLM이 사회 전반의 신뢰 기반을 훼손하게 되면, 정보통신 서비스의 안정적 이용은 물론, 기술 발전의 궁극적 목표인 인간 중심의 발전(human-centered progress) 역시 위태로워질 수 있다.

이에 본 장에서는 최근 논란이 된 DeepSeek 사례를 중심으로, 생성형 AI의 개인정보 침해 문제를 검토한다. 이어서 AI 환경에서 정보주체(data subject)와 개인정보처리자(data controller/processor) 간 통제권의 재조정 문제, 즉 "누가 개인정보의 주체로서 자기정보결정권을 행사해야 하는가"라는 핵심 쟁점을 다룬다. 또한, AI 환경에서 새롭게 등장한 개인정보 생성 및 추론 문제, 그리고 기술적 한계로 인한 법적 준거성 확보의 어려움을 검토한다. 마지막으로, 이러한 도전에 대응하기 위한 법적·제도적·기술적 보호 프레임워크를 제시함으로써, AI 시대에 정보주체가 신뢰할 수 있는 개인정보 자기결정권 보호 체계를 모색하고자 한다.

2. DeepSeek가 불러온 개인정보 보호 위협 사례

2025년 1월, 중국의 AI 스타트업 DeepSeek는 LLM인 DeepSeek V3를 기반으로 한 추론 모델 R1을 공개했다. 이 모델은 공개 직후 전 세계 AI 업계를 충격에 빠뜨렸다. 그동안 LLM 분야는 고성능 GPU(graphic processing unit)을 활용해 모델 파라미터와 학습 데이터 규모를 극단적으로 확장하는 이른바 스케일 경쟁(scale race)에 집중해 왔다. 그러나 DeepSeek는 다른 접근을 취했다. 지식 증류(knowledge distillation) 기법을 적용해 대형 모델의 지식을 소형 모델로 효율적으로 전이함으로써, 연산량과 데이터 사용을 크게 줄이면서도 성능 저하를 최소화하는 저비용·고효율 학습 체계를 구현한 것이다. 이는 "LLM 개발에는 막대한 초기 투자 없이는 경쟁이 불가능하다"는 업계의 기존 통념을 뒤집은 사례로 평가된다.

그러나 DeepSeek의 등장은 정보보호 및 개인정보보호 측면에서 또 다른 충격을 불러일으켰다. 보안 전문가들은 DeepSeek R1이 다른 주요 LLM 기반 생성형 AI(예: GPT-4, Gemini 1.5 Pro, Claude 3.5)보다 AI 탈옥(jailbreaking) 공격에 취약하고, 데이터 오염(data poisoning), 출력 조작(insecure output handling), 민감 정보 노출(sensitive information disclosure) 등 구조적 보안 결함을 내포하고 있다고 지적했다(김관영 등, 2025). 이는 효율성을 위한 단순화가 오히려 보안성과 프라이버시를 약화시킬 수 있음을 시사한다.

개인정보 보호 측면에서도 논란이 컸다. DeepSeek가 한국어 버전 애플리케이션을 배포하면서 이용자의 계정 정보, IP 주소, 기기 모델, 운영체제, 키보드 입력 패턴 등 행태 기반 데이터를 수집했다는 의혹이 제기됐고, 일부 분석에서는 이 데이터가 틱톡(TikTok) 운영사인 바이트댄스(ByteDance) 등 제3자에게 전송되었을 가능성도 제기됐다(장재영, 2025). 그러나 DeepSeek의 개인정보처리방침에는 관련 내용이 명확히 기재되어 있지 않았고, 이용자 사전 동의 절차도 충분하지 않아 한국의 「개인정보 보호법」(이하 「보호법」) 제15조(개인정보의 수집·이용) 및 제17조(개인정보의 제공) 위반 가능성이 지적되었다.

개인정보보호위원회는 DeepSeek의 한국어 앱 출시와 글로벌 우려를 고려하여 2025년 1월 말 공식 질의와 자체 분석을 실시했고, 개인정보처리방침의 불명확한 기재, 제3자와의 통신 기능 등 일부 미흡 사항을 확인했다. 이어 2025년 2월 15일 18시부로 국내 앱마켓 잠정 중단 권고를 내렸으며, 이후 DeepSeek는 권고를 수용해 국내 대리인을 지정하고 개선 절차에 협력하기로 했다. 아울러 DeepSeek가 중국 본토에 본사를 두고 데이터센터를 운영한다는 점에서, 개인정보 국외 이전(제28조의8)에 따른 통제권 약화와 중국 「국가정보법」·「데이터안전법」에 근거한 정부 접근 가능성에 대한 우려도 제기되었다.

이와 같은 개인정보 문제는 해외와 국내의 다른 생성형 AI 서비스에서도 확인된다. 2024년 초 OpenAI의 ChatGPT 3.5 유료 버전에서 일부 이용자 정보가 타인에게 노출되어 GDPR 위반 가능성이 제기되었고(김도원

외, 2023), 국내에서도 스캐터랩이 다른 서비스에서 수집한 이용자 입력 데이터를 명시적 동의 없이 저장·학습에 활용한 사례가 논란이 된 바 있다. 또한, 개인정보보호위원회는 2024년 주요 생성형 AI 서비스 실태 점검을 통해 공개 데이터 내 주민등록번호 등 중요 식별정보 미제거, 이용자 입력 데이터 학습·이용 고지 부족, 침해 최소화 노력 미흡 등을 지적한 사례도 있다.

여기서 주목할 점은, LLM 관련 개인정보 침해 우려가 서비스 도입 초기부터 심각하게 제기되고 있다는 사실이다. 이는 기존 정보통신 서비스와 다르게, LLM은 인간의 통제 범위를 넘어서는 속도와 규모로 데이터를 학습·생성하기 때문에, 어떤 정보가 어떻게 수집·활용되는지 정보주체가 스스로 파악하기 어려워 우려가 클 수밖에 없기 때문이다. 이로 인해 개인정보의 오·남용이나 정보 유출에 대한 사회적 불안이 구조적으로 높아질 수밖에 없다. 따라서 LLM이 급속히 확산되는 지금, 헌법적 기본권으로서의 개인정보자기결정권이 어떤 도전을 받는지 면밀히 검토할 필요가 있다.

3. 개인정보자기결정권의 위기

개인정보자기결정권

개인정보 보호의 핵심 가치는 개인정보자기결정권의 보장이다. 이 권리는 단순한 사생활의 보호를 넘어, 개인이 자신의 정보를 스스로 통제하고 공개 여부를 결정할 수 있는 인격권적 기본권이다. 헌법재판소는

2005년 5월 26일 선고한 헌법재판소 2005. 5. 26 자 99헌마513, 2004헌마190(병합) 결정에서 "개인은 자신에 관한 정보가 언제, 누구에게, 어느 범위까지 알려지고 또 이용되도록 할 것인지를 스스로 결정할 권리를 가진다"고 판시하면서, 개인정보자기결정권을 헌법 제17조의 사생활의 비밀과 자유, 헌법 제10조 제1문의 인간의 존엄과 가치 및 행복추구권에 근거한 독자적 기본권으로 확립하였다. 이 권리는 단순히 개인정보의 비공개를 요구하는 권리가 아니라, 정보의 생성·수집·이용·제공·삭제 등 정보의 전 생명주기(life cycle)에 걸친 주체적 결정권을 의미한다.

오늘날 이러한 인격권적 기본권은 단순한 법적 권리를 넘어, 디지털 사회의 핵심 가치로 자리 잡고 있다. AI, 빅데이터, 사물인터넷, 플랫폼 알고리즘 등 데이터 중심 사회에서는 개인의 일상적 행위가 끊임없이 데이터로 전환·전송·저장·활용되며, 이 데이터가 경제적 자원으로 재가공된다. 특히 생성형 AI와 LLM의 확산으로 개인정보가 명시적 동의 없이 수집·학습·활용될 가능성이 높아지면서, 정보주체의 결정권이 약화되고 있는 것이 현실이다.

우리나라의 경우에는 개인정보자기결정권은 「보호법」 제4조(정보주체의 권리)에 구체적으로 구현되어 있으며 정보 제공권(제1호), 동의 여부, 동의 범위 선택권(제2호), 확인 및 열람(제3호), 정지, 정정·삭제 및 파기권(제4호), 구제권(제5호), 완전히 자동화 통제권(제6호)으로 구성되어 있다. 이러한 권리는 AI 시대의 데이터 활용과 개인정보 보호의 균형을 유지하는 헌법적 기초를 이룬다.

개인정보자기결정권의 행사 주체

정보주체 관점

개인정보는 정보의 주체와 소유의 분리 문제로 인해 그 결정권의 귀속이 매우 중요하다(박상철, 2018). 정보주체의 입장에서 개인정보는 곧 자신에 관한 정보이며, 서비스 이용, 본인 인증, 맞춤형 서비스 제공 등을 위해 이를 개인정보처리자에게 제공한다. 개인정보처리자는 국내의 포털·은행·통신사뿐 아니라 Google, Microsoft, Meta, X와 같은 글로벌 기업도 해당한다. 정보주체가 자신의 정보를 이들 기업이나 기관에 제공할 수 있는 것은 이들 기업 등이 제공받은 정보를 약속한 목적에 맞게 사용할 것이라는 신뢰도 있지만, 제공 이후에도 정보주체가 자신의 정보를 스스로 통제할 수 있다는 믿음도 있기 때문이다.

그러나 현실에서는 한 번 제공된 개인정보를 정보주체가 완전히 통제하는 것은 거의 불가능에 가깝다. 우선, 개인정보를 제공 받은 기업이 그 정보를 어떤 방식으로 처리·활용하는지 정보주체가 물리적·현실적으로 감시하거나 제한하기란 사실상 불가능하다. 설령, 기업이 개인정보를 보호할 의지가 충분히 있다 하더라도, 해킹, 내부자 유출, 관리 부실 등으로 인해 완전한 보호는 여전히 쉽지 않다. 더구나 이미 유출된 정보가 제3자에게 이전되거나, 신뢰 수준을 검증하기 어려운 기업에 서비스를 이용하기 위해 사실상 '울며 겨자 먹기식' 동의를 해야 하는 경우도 발생한다. 따라서, 오늘날의 디지털 환경에서 개인정보의 제공은 사회생활의 필수 조건이 되었고, 정보주체는 제공한 정보가 충분히 보호받지 못할 것이라는 한계를 인식하면서도 정보 제공으로 인한 서비스 제공 등의 이익을 포기할 수 없는 구조적 딜레마에 놓여 있는 것이다. 즉, 법적으로는 '동의' 절차가 존재하지만, 실질적으로는 정보주체가 개인정보 이용을 통제하기 어려운 환경이 현대의 정보통신 환경인 것이다.

개인정보처리자의 관점

반면, 기업과 공공기관 등 개인정보처리자는 개인정보를 실제로 수집·보유하며, 이를 활용해 서비스의 경쟁력과 가치를 창출하는 주체이다(김수정, 2021). 개인정보처리자에게 개인정보는 단순한 '수집 대상'이 아니라 서비스 운영의 '핵심 자원'이다. 맞춤형 콘텐츠 제공, 인증·결제 시스템, 보안 모니터링, 고객 지원 등 다양한 기능이 모두 개인정보를 기반으로 작동한다. 즉, 개인정보는 서비스 품질을 결정하는 핵심 인프라 데이터로 기능하지만, 동시에 법적으로 정보주체의 소유에 속하기 때문에 처리자는 법적·윤리적 제약 속에서 신뢰를 기반으로 이를 다뤄야 한다.

그러나 현실적으로 개인정보처리자는 이러한 신뢰를 유지하기 위해 복잡한 규제 체계와 기술적 한계라는 이중의 제약에 직면해 있다. 수집 단계에서는 명확한 목적 고지와 동의 절차를 거쳐야 하며, 처리 과정에서는 「보호법」, 「신용정보법」, 「정보통신망법」 등에서 요구하는 암호화, 접근통제, 침입 탐지, 로그 관리 등의 보안조치를 이행해야 한다. 또한, 저장 및 전송 단계 암호화, 데이터베이스 암호화, 접근 권한 관리 등의 기술이 필수적이다. 그러나 이러한 시스템을 지속적으로 유지·업데이트하기 위해서는 보안 인프라 투자와 전문 인력 확보가 필요하며, 이는 특히 인적·재정적 여력이 부족한 중소기업이나 스타트업에 상당한 부담이 된다.

그럼에도 불구하고, 보안사고는 완전히 차단하기 어렵다. 최근 해킹 기술은 제로데이(Zero-Day) 취약점, 랜섬웨어(ransomware), 사회공학적 공격(social engineering attack) 등 기존 보안체계가 탐지하기 어려운 형태로 진화하고 있다. 특히 클라우드 기반 서비스나 AI 모델 학습 환경에서는 API 취약점, 데이터 주입(data injection), 내부자 접근(insider threat) 등 새로운 공격 벡터가 지속적으로 등장하고 있다.

따라서 개인정보처리자가 아무리 고도화된 보안 체계를 갖추고 있더라도, 기술적·인적 리스크를 완전히 제거하는 것은 불가능에 가깝다. 결국, 개인정보처리자는 개인정보의 가치와 활용 필요성을 인식하면서도, 정보주체의 신뢰 확보, 복잡한 법규 준수, 끊임없이 진화하는 해킹 위협 사이에서 균형을 유지해야 하는 어려움을 안고 있다.

개인정보 보호와 활용의 균형

개인정보의 합리적 활용을 위해서는 정보주체의 권리와 처리자의 권한 간 균형이 핵심 과제이다(김수정, 2021; 이동진, 2018). 정보주체에게 개인정보는 인격과 사생활의 일부이므로, 이에 대한 결정권은 헌법상 기본권으로 보호되어야 한다. 그러나 현실에서 정보주체는 개인정보처리자에 종속된 위치에 놓여 있으며, 정보 제공 이후에는 그 이용·보관 과정을 통제하기 어렵다. 반면, 개인정보처리자는 서비스 운영을 위해 개인정보 활용이 필수적이지만, 규제 강화로 인해 처리 과정이 복잡해지고 비용 부담이 커지고 있다. 이로 인해 개인정보 활용이 위축되고 서비스 혁신이 지연되는 문제도 발생하고 있다.

결국 개인정보 보호와 활용은 대립의 문제가 아니라 권리 보호와 데이터 활용 간의 조화와 신뢰의 문제이다. 정보주체에게는 실질적 통제권과 투명한 처리 절차가, 개인정보처리자에게는 합리적 활용의 유연성이 보장될 때, 개인정보는 개인의 권리 보호와 사회적 가치 창출을 동시에 실현할 수 있다. 〈표 1〉은 이러한 개인정보 통제권 행사 주체별 장단점이다.

표 1. 개인정보 통제권 행사 주체별 장단점

구분	장점	단점
정보주체	- 개인정보 오남용 방지 - 사생활 보호 강화 - 자기정보 통제에 따른 자율성 향유	- 개인정보 제공 및 서비스 이용과정이 번거로움 - 맞춤형 서비스 제공의 제한 - 일부 서비스 이용 불편 또는 불이익 발생 가능
개인정보처리자 (기업)	- 정보주체의 신뢰 확보를 통한 지속 가능한 데이터 확보 기반 마련 - 법적 리스크 사전 관리(제재 · 소송 방지) - 기업 브랜드 이미지 및 평판 향상 - ESG 경영 지표 개선 가능	- 개인정보 수집 · 이용 절차의 복잡화 및 관리 비용 증가 - 데이터 활용 범위 제한으로 분석 정확도 및 마케팅 효율 저하 - AI 학습 등에서 데이터 품질 저하로 경쟁력 약화 가능

출처: 장재영 등(2025) 일부 수정

4. 개인정보자기결정권 보호 측면에서 AI의 주요 위협 요인

정보주체와 개인정보처리자 간의 균형을 맞추면서 발전해 온 현대 정보통신 사회는 LLM의 등장으로 개인정보 보호 패러다임이 근본적인 전환을 맞이하고 있다. 기존의 개인정보 보호 체계는 정보주체가 자신의 정보를 인식하고, 그 수집 · 이용 · 제공 과정에서 '동의'를 통해 통제할 수 있다는 전제 위에서 작동해 왔다. 그러나 LLM은 이러한 전제가 근본적으로 흔들리면서, 정보주체의 개인정보자기결정권이 보호 받기 어려운 법적 · 기술적 상황에 직면해 있다.

생성형 AI가 방대한 데이터를 비식별화된 형태로 수집 · 학습 · 생성하는 과정에서, 정보주체는 자신의 정보가 어떤 경로로 활용되는지조차 인식하기 어렵고, 한 번 학습된 데이터는 삭제나 수정이 사실상 불가능한 형태로 시스템에 내재된다. 이러한 변화는 단순한 기술적 진화가 아니라, 헌법적 기본권으로서의 개인정보자기결정권 자체를 위협하는 문제로 이어진다. 특히, LLM은 학습 과정에서 정보의 출처를 추적하기 어렵게 만드는 데이터 출처 비가시성 문제와 학습 완료 후 개별 데이터를 수정 · 삭제하기 어려운 비가역적 학습 구조 문제를 동시에 지닌다.

결과적으로 정보주체는 자신의 데이터가 어떻게 활용되고 있는지를 통제할 수 없으며, 이는 개인정보 보호의 실질적 기반을 약화시키는 구조적 위협이 된다. 이러한 LLM 기반 환경에서 개인정보 자기결정권이 약화되는 주요 요인을 두 가지 측면에서 분석할 필요가 있다. 첫째, 학습에 사용되는 개인정보의 식별 및 추적 불가능성 문제를 다루고, 둘째, 현행 개인정보보호법 체계가 LLM의 기술적 구조와 충돌하면서 발생하는 법적 · 제도적 한계이다. 이러한 문제의 분석을 통해 LLM 시대의 개인정보 보호가 단순한 규제의 문제가 아니라, 기술적 한계와 법적 통제 간의 조화를 요구하는 복합적 과제임을 확인하고자 한다.

학습에 사용되는 개인정보 식별 문제

LLM은 개인정보 보호의 핵심 전제인 정보주체가 자신의 개인정보를 인식하고 통제할 수 있어야 한다는 원칙에 근본적인 도전을 제기하고 있다. 핵심적 이유는 LLM이 대규모 비식별 · 공개 데이터를 포함한 방대한 정보를 학습하는 구조에 있다. LLM의 학습 과정에서 정보주체는 자신의 어떤 정보가 모델의 학습에 활용되었는지를 인식할 수 없으며, 이는 「보호법」 제15조(개인정보의 수집 · 이용)와 제17조(개인정보의 제공)에 규정된 사전 동의 및 통제의 실효성을 약화시킨다. LLM은 학습 데이터의 출처나 개별 데이터를 식별 가능한 형태로 보존하지 않으며, 수십억 개의 파라미터에 통계적 확률 구조(statistical probability structure)로 내재화되어 입력 프롬프트에서 요구하는 응답에 적합한 언어를 생성한다. 따라서 정보주체는 자신의 데이터가 어디서, 어떤 방식으로 수집 · 변환 · 저장되었는지를 기술적으로 확인하기 어렵다.

이는 곧 데이터 출처의 비가시성 문제로, LLM의 학습 및 생성 과정에서 데이터의 원천을 역추적하는 것이 사실상 불가능함을 의미한다. 예를 들어, 개인이 과거 블로그나 SNS에 게시한 글이 인터넷 크롤링을 통해 LLM 학습 데이터에 포함되었다면, 해당 정보가 명시적 동의 없이 활용되었더라도 정보주체는 이를 인지하거나 삭제를 요청할 수 있는 기술적 · 법적 수단을 제공 받기 어렵게 된다.

더구나 생성형 AI는 기존 데이터를 단순히 복제하는 수준을 넘어, 비식별화된 정보와 공개 데이터를 결합해 새로운 개인정보를 추론 또는 생성할 수 있다. 이러한 형태의 '생성정보'는 기존 개인정보 보호 체계가 상정하지 않았던 영역으로, 정보주체가 그 존재 자체를 인식하거나 법적으로 보호받기 어려운 사각지대가 될 수 있다.

예컨대 LLM은 학습된 텍스트를 바탕으로 특정 개인의 직업, 소득 수준, 정치적 성향 등을 확률적 추정 방식으로 생성할 수 있다. 하지만 정보주체는 이러한 정보의 존재를 알지 못하며, 직접 제공하지 않은 데이터에 대해서는 소유권이나 통제권을 주장하기 어려운 구조적 한계에 놓인다(윤수영·여정성, 2021). 또한 이미지·음성 등 비정형 데이터의 경우, LLM이 학습 과정에서 개인의 얼굴, 음성 톤, 체형, 스타일 등의 특징(feature)을 결합해 새로운 이미지를 생성하면, 그 결과물이 원본 인물과 유사하더라도 법적으로 동일한 개인정보로 보기 어려운 문제가 발생한다.

결국 LLM 기반 생성형 AI가 만들어내는 정보는 정보주체의 인식 가능성, 소유권, 통제권 모두가 불분명하다. 따라서 LLM 시대의 개인정보자기결정권은 기술적 비가역성과 법적 불확정성 속에서 구조적으로 약화될 수밖에 없다. 〈표 2〉에서 정보의 소유 주체에 따른 개인정보 인식 가능성을 확인할 수 있다.

표 2. 정보의 소유 주체에 따른 개인정보 인식 가능성

주체	데이터 유형	종류	정보주체의 인식/통제 수준	정보 수요자
개인	자발적 제공	성명, 생년월일 등	○	정보주체
	서비스 과정 제공	IP, 쿠키 등	○	
	생성	신용등급, 선호도, 건강 상태 등	▲	LLM 기업
제3자	온라인 수집	성명, 직업, 사진 등	▲	
	제3자(구매/수집)	성명, 생년월일, 신용등급, 선호도, 건강 상태 등	X	
	생성	신용등급, 선호도, 건강 상태 등	▲	

○: 인식 가능성 높음, ▲: 인식 가능성이 중간 정도, X: 인식 가능성이 낮음

그림 1. 정보주체의 개인정보 이동 경로

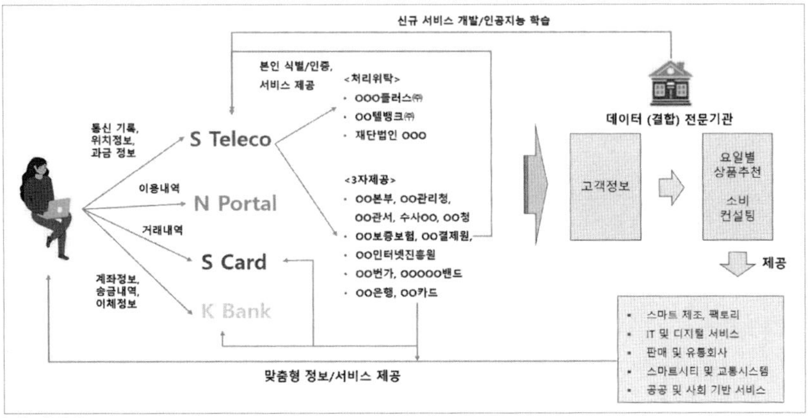

출처: 장재영, 2025

〈그림 1〉은 정보주체의 개인정보 이동 경로를 도식화한 것이다. 이를 토대로 했을 경우 이용자는 자신이 개인정보를 제공한 S Telco, N Portal, S Card, K Bank까지는 정보주체의 개인정보가 제공된다는 것을 인식할 수 있다. 또한 S Telco를 기준으로 처리위탁과 3자 제공까지는 개인정보처리방침을 살펴보면 확인이 가능하다. 그러나 S Telco에서 고객의 행태 또는 개인정보를 가지고 생성 및 추론한 정보의 존재 여부는 인식하기 어렵다. 더욱이 정보주체의 「보호법」 개인정보가 제28조의2에 따라 개인의 동의 없이 제3자에게 전송되는 경우 이를 이용자가 확인할 방법이 부재하며, 이렇게 해서 제3자에게 제공된 정보를 S Telco가 신규 서비스 개발 또는 AI 학습에 사용해 정보주체의 개인정보를 추론 또는 생성하는 경우 이를 정보주체가 인식하기는 현실적으로 곤란한 것이 사실이다.

현행법 준수에 대한 AI의 한계

　LLM의 또 다른 문제는 LLM은 기술적으로 개인정보자기결정권을 보장하기 위한 현행 법제의 요건을 충족하기 어렵다는 점이다. 특히 현행 「보호법」 제36조(개인정보의 정정·삭제) 내지 제37조(개인정보의 처리정지 등)는 정보주체의 정정·삭제권 및 처리정지권을 규정하고 있으나, LLM은 학습이 완료된 이후 개별 데이터에 접근하거나 이를 식별·삭제하는 것이 구조적으로 거의 불가능한 형태를 가진다. 예를 들어, ChatGPT, Claude 등 주요 LLM은 수개월에 걸친 대규모 학습 과정에서 수십억 개의 파라미터에 데이터를 내재화(embed)한다. 이러한 모델에서 특정 개인정보를 수정하거나 삭제하기 위해서는 전체 모델의 재학습 외에 다른 방법이 없다. 이는 막대한 계산 비용과 시간적 부담을 초래하므로, 현실적인 대안이 되기 어렵다.

　결국, LLM은 법률상 권리를 보장하기 위한 데이터 접근성과 가역성 측면에서 현행 법제와 충돌한다. 이러한 구조적 한계는 실제 사례에서도 확인된다. 2023년 유럽연합 데이터 보호 감독 기구(European Data Protection Board, EDPB)는 OpenAI가 이용자의 삭제·정정 요청을 기술적으로 수용하지 못하는 점을 지적하며, 이를 "정보주체 권리의 실질적 침해"로 평가했다. 국내에서도 유사한 사례가 증가하고 있으며, LLM 학습에 활용된 온라인 게시물에 대한 삭제 요청이 "기술적 불가"를 이유로 거부되는 경우가 다수 발생하고 있다.

　이처럼 정보주체가 자신의 정보를 실질적으로 삭제·정정할 수 없는 구조적 환경은 법률상 권리가 존재하더라도 실제 행사할 수 없는 '형해화된 권리'로 전락하게 만들고 있다. 장재영·김종민(2024)은 LLM이 학습 데이터를 개별적으로 식별하거나 분리할 수 없는 구조를 가지고 있어, 법에서 요구하는 '지체 없이(immediately)' 또는 '즉시(without delay)' 처리 의무를 현실적으로 이행하기 어렵다고 지적한다.

이와 같은 한계는 정보주체의 권리뿐 아니라 사회 전반의 디지털 신뢰 체계에도 심대한 영향을 미칠 수 있다. 정보주체가 자신의 정보 이용을 통제하지 못하면, 소비자 주체성의 약화, 데이터 처리 과정에서의 정보 비대칭 심화, 자동화된 의사결정(automated decision-making)으로 인한 차별 및 불공정 가능성이 커진다. 이는 단순한 개인정보 침해를 넘어, 정보주체의 권리 기반 디지털 사회를 위협하는 문제로 이어진다. 따라서 LLM과 같은 생성형 AI 환경에서는 기존의 '사전 동의' 중심의 규제만으로는 충분하지 않다. 이를 보완하기 위해 기술적 삭제권 구현, 학습 데이터 추적 가능성, 모델 개발 단계에서부터 개인정보 내재화 등(예: Privacy by Design 또는 Privacy Impact Assessment)과 같은 법과 기술이 결합한 체계적 보호 방안 마련이 요구된다.

5. 생성형 AI 환경에서 정보주체의 권리 보장 방법

LLM 기반 생성형 AI 환경에서 개인정보자기결정권 보호 전략

정보주체의 개인정보자기결정권 보장 강화 방향

생성형 AI 시대의 개인정보 보호 핵심은 개인정보자기결정권의 보호에 있다. 이러한 결정권은 개인정보의 수집·이용·저장·파기 등 생명주기 전 과정에 걸쳐 정보주체의 통제권과 알권리를 실질적으로 보장하는 것을 의미한다. 이를 위해서는 AI가 학습 단계에서부터 개인정보를 어떻게 처리하고 있는지에 대한 설명 가능성과 투명성을 확보해야 한다. 우선 정보주체는 AI가 생성하거나 활용하는 개인정보의 출처, 생성 방식, 이용 목적을 명확히 인식할 수 있어야 한다.

현행 GDPR 및 「보호법」에서도 자동화된 의사결정 관련 조항을 통해 인공지능을 규율하고 있으나, 이 조항만으로는 생성형 AI의 복잡한 데이터 처리 과정을 충분히 통제하기 어렵다는 지적이 있다(주민호, 2023). 따라서 공개된 개인정보의 성격, 공개 대상 범위, 처리 방식, 정보주체의 예견 가능성 등을 기준으로 공개된 정보의 활용 및 비자발적 개인정보 생성에 대한 규율 근거를 보완할 필요가 있다(개인정보보호위원회, 2024a; 장재영, 2024).

이를 실질적으로 구현하기 위해서는 LLM과 같은 대규모 학습형 생성형 AI에 대해 데이터 추적성을 확보하고, LLM이 생성한 정보와 원본 데이터 간의 연관성 분석을 가능하게 하는 해석 가능한 AI(Interpretable AI) 기술을 강화해야 한다(조남용·안동욱, 2023; Schneider, 2024). 이러한 기술은 데이터 법제에서 논의 중인 데이터 추적 가능 의무의 기술적 구현과도 연결될 수 있다.

개인정보 이용 최소화를 위한 기술적 접근

AI 학습에서 개인정보 활용을 최소화하는 것은 가장 직접적인 보호 방안이다. 이를 위해 프라이버시 강화 기술(Privacy-Enhancing Technologies, PETs)인 가명정보(pseudonymization), 익명정보(anonymization), 차등 프라이버시(differential privacy), 합성 데이터(synthetic data)를 적극적으로 활용할 필요가 있다(장재영·김범수, 2024). LLM은 한 번 학습된 정보를 쉽게 삭제할 수 없다는 점에서 기존의 삭제 요구권이 실효성 있게 작동하기 어렵다. 이를 보완하기 위한 기술적 방법으로는 필터링(filter), 미세조정(fine-tuning), 언러닝(unlearning) 기술이 있다. 필터링은 AI가 특정 개인정보를 학습하거나 출력하지 않도록 사전에 차단하는 기술이다. 입력 데이터에 대한 프롬프트 필터링(Prompt Filtering)과 출력 데이터에 대한 출력 필터링(Output Filtering) 방식이 있으며, 주민등록번호·신용카드 번호 등 민감한 패턴을 탐지해 자동 차단할 수 있다(Ohm, 2024). 미세조정은 모델을 특정 규칙에 맞춰 재학습시켜 개인정보 보호 정책을 반영하거나 불필요한 데이터 의존도를 줄이는 방법이다. 대표적인 기법으로는 파라미터 효율 미세조정(Parameter-Efficient Fine-Tuning, PEFT), 지도학습 기반 미세조정(Supervised Fine-Tuning, SFT), 직접 선호 최적화(Direct Preference Optimization), 인간 피드백 기반 강화학습(Reinforcement Learning from Human Feedback, RLHF) 등이 있다(개인정보보호위원회, 2024a). 언러닝 기술은 학습이 완료된 모델에서 특정 개인정보를 포함하는 데이터를 부분적으로 제거(partial forgetting)하는 기술이다. 정보주체가 삭제를 요청할 경우, 전체 모델을 재학습하지 않고 특정 정보만을 선택적으로 삭제하는 방식으로, 향후「보호법」제36조(개인정보의 정정·삭제) 이행을 기술적으로 지원할 수 있는 핵심 기술로 주목된다.

통합적 보호 프레임워크의 개발

LLM과 같은 생성형 AI가 제기하는 문제를 단일 기술이나 제도로 완전히

그림 2. LLM에서의 통합적 개인정보자기결정권 보호 프레임워크 모델

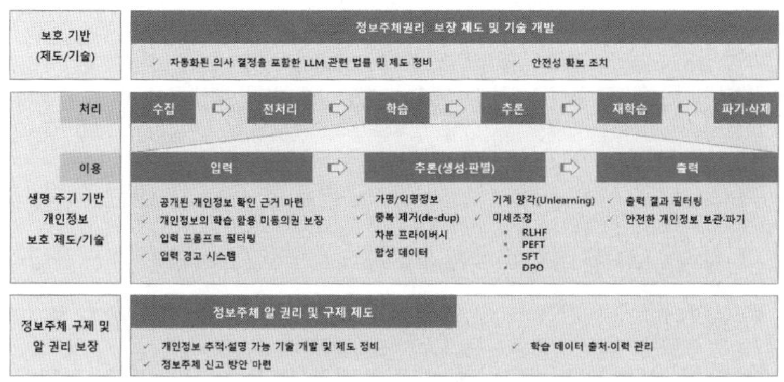

출처: 장재영 등(2025)

해결하기는 어렵다. 따라서 개별 기술을 조합해 AI의 구조적 특성에 맞는 통합적 프레임워크(integrated protection framework)를 구축해 보호하는 것이 바람직하다. 따라서 이 글에서 제시하는 프레임워크는 다음의 세 가지 축으로 구성하고자 한다.

- 제도적 · 기술적 방안 마련: 법적 규제와 안전성 확보조치 등 기존 법 · 기술적 보호 조치의 연계
- 개인정보 생명주기별 보호 체계 구축: LLM의 정보 처리와 서비스 이용 단계별 보호 조치
- 권리 구제 및 보완 메커니즘: 정보주체의 열람 · 삭제 요청권 실현을 위한 절차 마련

이러한 종합적 체계를 기반으로 할 때 비로소 LLM 기반의 생성형 AI 환경에서도 정보주체의 개인정보 통제권이 예측 가능하고, 지속 가능하며, 실질적으로 보호될 수 있을 것이다. 〈그림 2〉는 이러한 LLM 환경에서의

정보주체 자기정보결정권 보장 방안을 정리한 것이다.

권리보장을 위한 제도·기술 통합 보호 체계 마련

정보주체의 자기정보결정권을 실질적으로 보호하기 위해서는, 현행 「보호법」과 안전성 확보조치 체계가 요구하는 보호 수준을 유지·확대하는 것이 필수적이다. 현행 「보호법」 제4조 제6호는 완전히 자동화된 개인정보 처리에 따른 결정에 대해 거부권 및 설명 요구권을 부여하고 있으며, 제37조의2에서는 자동화된 결정에 대한 정보주체의 권리 행사 절차를 구체적으로 명시하고 있다. 따라서, 생성형 AI, 특히 LLM 기반 시스템의 개발·운영 단계에서는 이러한 법적 요건 준수가 기본 전제가 되어야 한다. 또한, 「보호법」 제29조의 안전성 확보조치 의무 역시 적용되어야 한다. 이러한 법적·기술적 기반 위에서 AI의 기술적 특성과 위험 요인을 고려한 통합적 개인정보자기결정권 보호 프레임워크 모델이 구축될 때 비로소 실효성 있는 보호가 가능할 수 있다(주민호, 2023).

자동화된 의사결정에 대한 제도 정비

국내 「보호법」 제37조의2 제2항은 자동화된 의사결정에 대한 거부권과 설명 요구권을 명시하고 있다. 이는 AI의 비투명성, 설명 불가능성, 정보 비대칭으로 인해 정보주체의 권리 약화나 불합리한 차별이 발생할 가능성이 크기 때문이다. 따라서 AI에 의한 자동화된 결정의 사전 고지, 설명 제공, 거부 절차 등을 구체적으로 규정해 법적 적용 가능성을 높여야 한다(장재영 & 김종민, 2024).

AI 안전성 확보 및 기술적 보호조치

생성형 AI 역시 기존 정보시스템과 동일하게, 개인정보 처리 전 과정에서 암호화, 접근통제, 권한관리 등 「보호법」 제29조의 안전성 확보조치를 적용해야 한다. 그러나 LLM 기반 AI는 기존 시스템보다 복잡한 보안 위협에 노출되어 있다. 예를 들어, 회피공격, 데이터 중독공격, 모델 추론공격, 모델 반전공격과 같은 AI 특유의 위협 요소가 존재한다(장재영, 2024). 따라서 AI 보안은 기존의 레가시 시스템과 AI 특유의 보안 위협을 같이 고려하는 통합적 보안 프레임워크로 접근해야 한다.

LLM 생애주기(Life cycle) 기반 개인정보 보호 제도·기술

LLM을 포함한 생성형 AI의 개인정보 처리 과정은 크게 학습 단계와 서비스 이용 단계로 나눌 수 있다. 학습(training) 단계는 개인정보의 수집, 전처리, 학습, 추론(생성), 재학습(re-training), 파기(deletion) 등이 해당한다. 서비스 이용(service use) 단계는 이용자의 입력(input), 모델 추론(inference), 결과 출력(output) 단계로 구성할 수 있다. 이 두 단계에서 개인정보 침해 위험이 상이하게 나타나므로, 각 단계별 보호조치를 체계적으로 마련해야 한다.

공개된 개인정보 처리의 합법성 확보

AI 학습에 활용되는 공개 데이터는 모두 자동으로 수집·학습 가능한 정보가 아니다(김현경, 2023). 따라서 「보호법」에 근거해 정당한 목적과 법적 근거를 명시해야 하며, AI 개발자는 공개된 개인정보 사용의 법적 확인 절차를 반드시 내재화해야 한다(개인정보보호위원회, 2024a).

개인정보 학습 미동의권 보장

정보주체는 개인정보 수집 시점에서 동의 거부권을 행사할 수 있어야 하며, 동의를 거부했다는 이유로 서비스 이용이 제한되어서는 안 된다. 따라서, LLM 학습 데이터 수집 단계에서 명시적 동의 거부 절차를 마련하고, 학습 이후에도 개인정보의 제외 요청(opt-out)이 가능한 기술적 인터페이스를 제공해야 한다(김현경, 2023).

입력 프롬프트 필터링 및 경고 시스템

LLM은 사용자 입력(prompt)과 시스템 명령(system command)을 구분하기 어렵기 때문에, 프롬프트 인젝션 공격(prompt injection attack)에 취약할 수밖에 없다. 이를 방지하기 위해서는 문맥 기반 필터링, 악성 요청 차단 및 입력 경고 시스템을 적용할 필요가 있다. 이러한 기술적 조치를 통해 이용자가 의도치 않게 개인정보를 입력하더라도 사전에 경고를 제공해 자기보호적 대응이 가능한 기술을 적용해야 한다(Wiest et al., 2024).

개인정보 학습 최소화 기술

개인정보의 불필요한 학습을 줄이기 위해 PETs를 적용해야 한다. 대표적인 방법으로는 가명정보, 익명정보, 차등 프라이버시, 합성 데이터 등이 있다(Kairouz et al., 2021; Li et al., 2023; Tang et al., 2023). 또한, 중복 제거 기술을 통해 LLM이 동일 개인정보를 반복 학습하지 않도록 해야 한다(Kandpal et al., 2022).

기계 망각(Machine Unlearning)

기계 망각은 정보주체의 삭제 요청에 따라 모델이 학습한 특정 데이터를 제거하거나 그 영향을 차단하는 기술이다(Huang et al., 2024). 이를 통해 정보주체는 '지체 없이 삭제될 권리'를 실질적으로 행사할 수 있다. 다만, 현재는 연구·실험 단계에 머물러 있으며, LLM의 학습·재학습·추론·삭제 전 과정과 연결된 복합 기술로 발전이 필요하다(Yao et al., 2024).

미세조정(Fine-Tuning)

미세조정은 학습 완료 후 모델의 행동을 정보주체 보호 중심으로 보정하는 방식이다. AI의 자동화된 결정에 윤리적·인권적 기준을 내재화할 수 있다(Paul Ohm, 2024). 대표 기술로는 RLHF(Reinforcement Learning from Human Feedback), DPO(Direct Preference Optimization), PEFT(Parameter-Efficient Fine-Tuning) 등이 있다(개인정보보호위원회, 2024b). 다만, 과도한 규제나 미세조정의 남용은 모델 성능 저하를 초래할 수 있다는 점에서 균형이 필요하다(Barbera, 2025).

출력 필터링(Output Filtering)

출력 필터링은 LLM이 생성한 응답에 개인정보, 명예훼손, 차별 등 부적절한 정보가 포함되지 않도록 사후적으로 차단하는 기술이다. 이를 통해 2차 피해를 최소화하고 출력 단계에서의 권리 보호를 실현할 수 있다. 다만, 생성 이후의 사후 검열은 완전한 대응이 어렵고 필터 오작동 가능성이 존재한다(Kumar et al., 2023).

안전한 개인정보 보관·파기

개인정보는 처리 목적이 달성되었거나 보유 기간이 경과하면 지체 없이 파기되어야 한다. LLM의 경우 학습 데이터뿐 아니라 학습된 파라미터에도 개인정보가 잠재할 수 있으므로, 영향 제거, 부분적 파기, 기술적 삭제 불가능 시 고지 의무 및 대체 보호조치 등을 병행해야 한다(개인정보보호위원회, 2024).

〈표 3〉은 AI 생애주기 기반 개인정보 보호 제도와 기술을 목적별, AI의 정보주체 자기결정권 위협 리스크 관리 모델의 적용 단계별로 구분한 것이다. 이에 따르면 AI 생애주기 기반 개인정보 보호 제도와 기술은 정보주체 통제권 보호, 개인정보 입력, 학습, 출력 최소화와 관련이 있음을 알 수 있다. 또한, 적용 단계별로 보면 처리 단계는 수집, 전처리, 학습, 추론, 재학습, 파기·삭제 단계 전체와 관련이 있고, 이용 단계 또한 입력, 출론, 출력과 관련이 있음을 알 수 있다.

표 3. LLM 생애주기 기반 개인정보 보호 제도/기술

순번	요소	목적	적용 가능 단계	
			처리 단계	이용 단계
1	공개된 개인정보 확인 근거 마련	정보주체 통제권 보호	수집	-
2	개인정보의 학습 활용 미동의권 보장	정보주체 통제권 보호		-
3	입력 프롬프트 필터링	개인정보 출력 최소화	-	입력

순번	요소	목적	적용 가능 단계	
			처리 단계	이용 단계
4	입력 경고 시스템	개인정보 입력 최소화	-	입력
5	가명/익명정보	개인정보 학습 최소화	전처리, 학습 단계	추론
6	중복 제거			
7	차분 프라이버시			
8	합성 데이터			
9	기계 망각	정보주체 통제권 보호	학습, 재학습, 파기 · 삭제 단계	
10	미세조정	개인정보 출력 최소화, 정보주체 통제권 보호	추론	
11	출력 필터링	개인정보 출력 최소화	-	출력
12	안전한 개인정보 보관 · 파기	개인정보 통제권 보호	파기 · 삭제	-

출처: 장재영 등(2025)

정보주체 참여 기반의 알권리 보장 및 권리구제

생성형 AI와 LLM의 확산은 정보주체가 자신의 개인정보가 어떻게 수집 · 이용 · 학습 · 생성되고 있는지에 대해 인식하고 참여할 수 있는 구조, 즉 알권리의 중요성을 더욱 부각시키고 있다. 정보주체의 권리보장은 단순한 사후 구제 절차에 그치지 않고, AI의 처리 과정 전반에 대한 설명 가능성과 투명성을 강화함으로써 정보주체의 실질적 참여를 보장하는 방향으로 발전해야 한다.

개인정보 추적 · 설명 가능 기술 개발 및 제도 정비

LLM은 수십억 개의 파라미터에 데이터를 내재화하는 구조로 인해 개인정보의 흐름을 추적하거나 출처를 식별하기 어렵다. 따라서 데이터 워터마킹, 모델 영향도 분석, 설명 가능한 인공지능 등 사후적 추적 및 설명 기술을 적극 도입해야 한다(Hassine, 2024). 이를 통해 정보주체에게는 AI가 어떤 데이터를 기반으로 어떤 결론을 도출했는지에 대한 정당한 정보 접근권이 제공되어야 한다. 또한 데이터 사용 이력 공개, 설명 요구 응답 절차 마련, 생성 결과의 추적 불가능 시 정보주체 고지 의무를 명문화하는 등 제도적 정비가 병행되어야 한다(장재영, 2025).

학습 데이터 출처 및 이력 관리 체계 구축

생성형 AI는 방대한 공개 데이터와 비식별 데이터를 학습하기 때문에, 출처, 수집 일자, 이용 목적, 비식별화 여부, 동의 유무 등을 명확히 관리해야 한다. 이를 위해 메타데이터 기반 학습 이력 관리 체계를 마련할 필요가 있다. LLM의 학습 데이터셋에는 이러한 정보가 메타데이터 형태로 포함되어야 하며, 이를 바탕으로 정보주체가 자신의 데이터가 학습에 활용되었는지를 확인하거나, 삭제 · 제외 요청을 실질적으로 행사할 수 있어야 한다.

정보주체 신고 및 권리구제 절차 강화

AI 환경에서는 개인정보 침해 발생 시 정보주체가 신속하게 이의 제기(complaint) 및 시정 요청(remedy)을 할 수 있는 절차적 기반이 필수적이다. 이를 위해 사용자 친화적 신고 시스템 또는 기술적 삭제 · 정정 대응 체계를 구축해야 한다. 정보주체 신고 절차의 간소화는 단순한 사후적 대응 수단이 아니라, AI로 인한 침해 상황에서 정보주체가 능동적으로 자신의 권리를 회복할 수 있는 수단으로 기능해야 한다.

6. 결론

생성형 AI와 LLM의 발전은 인간의 언어 이해와 판단, 창작의 방식을 혁신적으로 바꾸었지만, 동시에 정보주체의 개인정보자기결정권을 근본적으로 위협하고 있다. 대규모 공개 데이터와 비식별 정보를 학습하는 AI는 정보주체가 자신의 데이터 활용 경로를 인식하거나 통제하기 어렵게 만들며, 일단 학습된 데이터는 비가역적 구조로 인해 삭제나 수정이 사실상 불가능하다. 이로 인해 법률상 권리가 존재하더라도 실질적으로 행사하기 어려운 '형해화된 권리(formalized right)'로 전락할 위험이 있다.

이에 따라 개인정보 보호는 단순한 사후 규제의 문제가 아니라, AI의 설계 · 개발 · 운영 전 과정에 보호 원리를 내재화하는 접근법이 필요하다. 법적으로는 「보호법」 제37조의2에서 규정한 자동화된 결정에 대한 거부권과 설명 요구권을 실질적으로 보장해야 하며, AI의 처리 과정에 대한 설명 가능성과 데이터 추적 가능성을 확보해야 한다. 기술적으로는 가명정보, 익명정보, 차등 프라이버시, 합성 데이터와 같은 프라이버시 강화 기술을 적극 활용해야 한다. 또한, 입력 · 출력 필터링, 미세조정, 기계 망각 등을 통해 개인정보의 불필요한 학습과 재노출을 최소화해야 한다. 이러한 기술은 정보주체의 삭제권을 현실적으로 구현하는 기반이 될 수 있다. 마지막으로, 정보주체가 직접 자신의 정보 이용 현황을 확인하고 권리를 행사할 수 있는 참여형 보호 체계가 필요하다. 데이터 출처와 처리 이력을 메타데이터로 관리하고, 침해 발생 시 간편한 신고 · 구제 절차를 마련함으로써 정보주체가 능동적으로 자신의 정보를 통제할 수 있어야 한다.

결론적으로 생성형 AI 시대의 지속 가능한 발전은 개인정보 보호와 신뢰 확보에 달려 있다. AI가 인간을 대신하는 기술이 아니라, 인간의 권리를 보조하는 기술로 작동하기 위해서는 LLM의 등장으로 도전받고 있는 정보주체의 자기정보결정권을 보장하는 법적·제도적·기술적 방안의 마련이 필수적이다. 이러한 균형 위에서만 우리는 신뢰 가능한 인간 중심의 AI 사회로 나아갈 수 있을 것이다.

☞ 생각해 볼 만한 질문들

» 생성형 AI와 LLM이 수집·학습하는 개인정보의 범위는 어디까지 확장될 수 있을까?

» 정보주체가 인식하지 못한 개인정보까지 AI가 활용하는 현실에서, 자기정보결정권은 어떻게 보장될 수 있을까?

» AI 기업이 개인정보 최소화 원칙을 실질적으로 준수하고 있는지 어떻게 입증할 수 있을까?

» AI의 발전이 개인정보 자기통제권 약화로 이어질 때, 사회적 신뢰와 혁신은 어떻게 균형을 이룰 수 있을까?

» 정보주체의 알권리와 구제 제도를 실효성 있게 만들기 위해 어떤 제도적 장치가 필요할까?

언어모델의 미래

기술 진화, 산업 적용, 그리고 AI 주권

장백철, 김민경

이 장은 생성형 언어모델(LLM)의 기술적 발전 흐름을 중심으로, 산업 현장에서의 적용 방식과 미래의 전략적 방향을 통합적으로 고찰한다. 초기에는 모델의 크기와 학습 데이터 규모에 집중되었던 기술 경쟁이 최근에는 효율성, 경량화, 도메인 특화 구조로 재편되고 있으며, Retrieval-Augmented Generation(RAG), MoE, Base 모델 전략 등 다양한 기술이 등장하고 있다. LLM은 법률, 의료, 금융, 교육 등 주요 산업에서 실제 업무를 보조하거나 대체하며 영향력을 확장하고 있으며, 특히 도메인 특화 LLM 개발이 산업별 AI 활용의 핵심 과제로 부상하고 있다. 아울러, 전 세계적으로 Sovereign AI(자국형 AI) 논의가 본격화되며 기술 주권, 윤리적 기준, 데이터 통제 권한 등에 대한 정책적 고민도 함께 심화되고 있다. 기술적 진보와 함께, 언어모델이 인간 중심 사회에 어떤 방식으로 통합될 것인지에 대한 사회적 선택과 설계가 무엇보다 중요하다는 점을 강조한다.

1. 서론

언어모델은 인간 언어의 문맥과 의미를 학습하고, 이를 바탕으로 자연스러운 문장을 생성하는 인공지능 기술로, 최근 AI 기술 중 가장 빠르게 대중화된 분야다. 특히 GPT 시리즈의 등장은 AI가 인간의 언어와 사고에 직접 관여할 수 있다는 사실을 명확히 보여주었고, 이는 인간과 AI의 관계를 단순한 도구적 관계에서 상호작용적 파트너십으로 전환시키는 계기가 되었다.

이러한 언어모델의 급속한 발전은 기술적 진화와 사회적 적용이라는 두 축을 중심으로 복합적인 변화를 견인하고 있다. 기술적 측면에서는 단순한 모델 규모 확장을 넘어, 각 산업의 요구에 맞춘 특화된 언어모델 개발이 어떻게 가능할지, 그리고 이를 위한 핵심 기술 조건은 무엇인지가 중요한 질문으로 떠오르고 있다. 또한 Base 모델과 Instruction 튜닝의 분리는 기업들이 자체 AI 시스템을 효율적으로 구축하기 위해 어떤 전략을 선택해야 하는지를 새롭게 묻는다. 사회적 측면에서는 국가마다 자국형 AI 생태계 구축이 본격화되며, 기술 주권과 문화적 정체성을 동시에 반영할 수 있는 방향이 무엇인지가 주요 쟁점이 되고 있다. 나아가 언어모델이 인간의 소통 방식에 깊이 스며들면서, 공정성과 다양성, 책임성을 어떻게 확보할 것인가라는 윤리적 과제가 근본적인 질문으로 대두되고 있다.

따라서 이 장에서는 언어모델의 미래를 기술적 진화, 산업적 적용, 국가 차원의 전략적 대응, 그리고 윤리적 설계라는 네 가지 핵심 차원에서 종합적으로 탐구한다. 언어모델이 단순한 기술적 도구를 넘어서 인간 사회의 지적 기반구조가 되어 가는 현실에서, 우리가 어떤 선택을 하고 어떤 방향으로 이 기술을 발전시켜 나갈 것인가는 곧 미래 사회의 모습을 결정짓는 핵심적 요소가 될 것이다. 이하에서는 주요 쟁점들을 개별적으로 제시하고, 각각에 대한 분석과 논의를 병행하는 형태로 내용을 전개한다.

2. 본론

언어모델 기술과 도메인특화

언어모델이 다양한 산업에 효과적으로 적용되기 위해서는 무엇보다 계산 효율성과 응답 지연시간의 최적화가 선행되어야 한다. 초기 언어모델 개발은 '모델의 크기'와 '데이터양'을 성능의 주요 변수로 삼았다(Kaplan et al., 2020). GPT-3는 1,750억 개의 파라미터로 인류 역사상 가장 많은 텍스트 데이터를 학습한 시스템 중 하나였지만(Brown et al., 2020), 이러한 거대화는 막대한 연산 비용, 에너지 소비, 훈련 시간 등의 한계를 동반했다. 실제 산업 현장에서는 모델의 성능 못지않게 실시간 응답성과 운영 비용 효율성이 결정적이다. 금융업의 고빈도 거래 환경에서는 밀리초 단위의 지연도 막대한 손실로 이어지며, 의료 현장에서는 응급상황에서의 즉각적인 진단 지원이 생명과 직결된다.

이에 따라 최근의 기술 흐름은 작지만 정교한 모델로의 전환을 모색하고 있다. 핵심 기법으로는 모델 압축(Model Compression), 양자화(Quantization), 지식 증류(Knowledge Distillation) 등이 있다(Kim et al., 2025). 모델 압축은 대규모 모델의 핵심 지식을 작은 크기의 모델로 이전하는 과정으로 성능 손실을 최소화하면서도 추론 속도를 획기적으로 개선한다. 양자화는 모델의 가중치와 활성화 값을 낮은 정밀도로 표현해 메모리 사용량과 연산량을 줄이며, 지식 증류는 큰 교사 모델의 지식을 작은 학생 모델에 전수하는 방식으로 효율성을 극대화한다(Gholami et al., 2021).

또 하나 주목할 만한 구조는 MoE(Mixture of Experts)이다. 여러 전문가 네트워크 중 일부만을 선택적으로 활성화해 응답을 생성하는 이 구조는, 입력에 따라 가장 적합한 전문가들만 선별적으로 활성화시킨다. 전체 모델 크기를 크게 유지하면서도 실제 추론 시에는 일부분만 계산에 참여시켜 성능과 효율성의 균형을 이루는 혁신적 접근이다. 특히 다양한 작업을 처리해야 하는 산업 환경에서는 각 작업에 특화된 전문가를 둘 수 있어 멀티태스킹 성능을 크게 향상시킨다.

한편, 파라미터 기반 접근의 한계를 보완하는 방식으로 RAG(Retrieval-Augmented Generation)가 빠르게 부상하고 있다(Gao et al., 2023; Kim et al., 2024). RAG는 LLM이 외부 지식 저장소를 실시간으로 참조해 응답함으로써 최신성, 정확성, 신뢰성을 동시에 확보하는 방법론이다. 기술적 의의는 단순히 정보 검색과 생성을 결합한 것을 넘어, 더 이상 모든 정보를 모델 내부에 내재화할 필요 없이 필요한 순간에 외부 지식을 활용하는 '지식 중심 지능'으로의 전환이라는 점에서 찾을 수 있다. 특히 도메인 특화 모델에서는 내재된 지식만으로 감당하기 어려운 전문적이고 세부적인 정보를 실시간으로 보완할 수 있다. 예컨대 의료 분야에서는 최신 치료 가이드라인이나 신약 정보가 지속적으로 갱신되기 때문에 RAG를 통해 최신 지식을 즉시 반영할 수 있다.

다만, 효과적인 RAG 시스템 구현을 위해서는 검색 품질과 생성 품질 간의 정교한 균형이 필요하다. 고품질 임베딩 모델을 통한 의미론적 검색, 검색 결과의 정교한 랭킹과 필터링, 생성 모델과의 자연스러운 융합이 필수적이다. 또한 검색 대상이 되는 지식 베이스 자체의 품질과 구조도 매우 중요하다. 법률 분야에서는 판례와 법령의 계층적 구조를 반영한 지식 베이스 설계가 요구되며, 의료 분야에서는 질병, 증상, 치료법 간의 복잡한 관계망을 효과적으로 모델링해야 한다.

표 1. 주요 언어모델 기술의 비교

기술/접근법	주요 특징	장점	단점	산업 적용 사례
대규모 파라미터 모델 (GPT-3 등)	1,750억 개 이상의 파라미터, 방대한 지식 내재화	높은 일반 성능, 광범위한 작업 수행	막대한 연산 비용, 에너지 소비, 높은 지연시간	범용 AI 어시스턴트, 콘텐츠 생성
모델 압축 (Compression)	대형 모델의 핵심 지식을 소형 모델로 이전	추론 속도 향상, 메모리 사용량 감소	성능 손실 가능성, 복잡한 최적화 과정	모바일 앱, 실시간 추천 시스템
지식 증류 (Knowledge Distillation)	교사 모델의 지식을 학생 모델에게 전수	효율성 극대화, 엣지 디바이스 배포 가능	교사 모델에 의존, 지식 손실 위험	스마트폰 AI 비서, IoT 디바이스
MoE (Mixture of Experts)	입력에 따라 전문가 네트워크를 선택적 활성화	계산량 절감, 멀티태스킹 성능 향상	라우팅 메커니즘 설계 복잡, 학습 불안정성	다국어 번역, 복합 업무 처리 플랫폼
RAG (Retrieval-Augmented Generation)	외부 지식 저장소를 실시간으로 참조하여 응답 생성	최신성·정확성 확보, 전문 지식 실시간 반영	검색 품질에 의존, 지식 베이스 구축·유지 필요	의료 진단 보조, 법률 판례 검색, 금융 리스크 평가

이러한 기술적 조건과 더불어, 산업 현장에서 언어모델이 실질적인 가치를 창출하기 위해서는 도메인 특화(Domain Specialization)가 필수적이다. 진정한 특화는 단순히 해당 분야의 데이터를 더 많이 학습시키는 것을 넘어, 도메인 고유의 지식 구조, 추론 패턴, 윤리적 제약 사항을 모델에 체화시키는 과정이다. 법률 분야에서는 계약서 초안 작성, 판례 분석, 법률 상담 등에 LLM이 활용되는데, 요구되는 것은 단순한 문서 생성 능력이 아니라 법리적 일관성, 판례 해석의 정확성, 법적 책임에 대한 이해이다. 의료 분야에서는 진료 기록 요약, 질병 설명 자료 생성, 환자 질의응답 자동화 등에 사용되는데, 의학적 정확성과 함께 환자 안전에 대한 최우선 고려가 필요하다(Choi et al., 2024; Singhal et al., 2023).

언어모델의 산업 적용 사례를 살펴보면, 금융업에서는 리스크 평가 요약, 투자 보고서 자동 생성, 챗봇 기반 고객 응대 등에서 실질적인 효율을 창출하고 있다(KB National Bank, 2025). KB국민은행은 AI 금융상담 시스템을 통해 불완전판매를 사전에 방지하고 의심 거래를 실시간으로 탐지하며, 신한펀드파트너스는 복잡한 금융·투자 보고서 분석용 자체 AI 언어모델을 공개했다(Shinhan Fund Partners, 2025). 금융 시장의 높은 변동성과 복잡성을 감안할 때, 금융 특화의 핵심은 시계열 데이터 처리 능력과 리스크 모델링이다(Singhal et al., 2023). 언어모델은 단순히 과거 패턴을 학습하는 것을 넘어 불확실성을 정량화하고 명시적으로 표현할 수 있어야 하며, 이를 위해 베이지안 딥러닝이나 몬테카를로 드롭아웃과 같은 불확실성 추정 기법이 활용되고 있다.

교육 분야에서는 AI 튜터를 통한 맞춤형 학습 지원, 자동 평가, 교육 자료 요약 등으로 교사의 부담을 줄이는 동시에 학습자 중심 교육을 실현하고 있다(Korean Ministry of Education, 2024; ETNews, 2024). AI 코스웨어를 도입한 학교들은 학생의 개별적 요구에 대응하면서도 교사의 업무 부담을 크게 줄였으며, 특히 AI 튜터가 제공하는 맞춤형 피드백은 학생들의 학습 동기 향상에 효과적인 것으로 평가된다. 이 분야의 특화에는 학습자의 인지적 특성과 진도에 따른 적응적 학습이 핵심이며, 학습자 모델링 기술과 교육학적 지식의 통합이 요구된다. 특히 구성주의 학습 이론에 기반한 스캐폴딩 전략을 언어모델에 적용하는 것은 기술적 도전이자 교육적으로 큰 가능성을 지닌 시도다.

연구 개발(R&D) 부문에서도 기술 문서 분석, 논문 추천, 코드 주석 생성 등에서 언어모델의 적용이 확산되고 있다(Korean Bio Institute, 2024). 생성형 AI는 단순 보조수단을 넘어 압도적 효율성 향상의 도구로 기능하며, 특히 초기 제품 설계 단계에서 시장 조사의 속도와 범위를 향상시키고, 새로운 제품 시뮬레이션 이전에 AI를 통해 세부 디자인을 미리 생성함으로써 R&D 주기를 단축한다. 이 영역에서는 창의성과 혁신성이 요구되며, 서로 다른 지식을 창의적으로 연결하고 새로운 아이디어를 도출하는 능력이 중요하다. 이를 위해 개념적 블렌딩 이론 기반의 생성 알고리즘이나 과학적 발견을 모사한 가설 생성 및 검증 메커니즘의 구현이 활발히 연구되고 있다.

그러나 도메인 특화 LLM 개발 과정에서 가장 큰 기술적 도전은 전문 데이터의 희소성과 품질 문제이다(Singhal et al., 2023). 일반적인 웹 텍스트와 달리, 의료나 법률 같은 전문 분야의 고품질 텍스트는 상대적으로 제한적이며, 개인정보 보호나 기밀성 문제로 인해 접근 자체가 어려운 경우도 많다. 특히 법률 분야에서 AI 할루시네이션 문제가 심각해지면서, 2025년 한 해에만 73건의 가짜 판례 인용 사례가 발생했다(AlliBee AI, 2025). 이를 해결하기 위한 방법으로 합성 데이터 생성(Synthetic Data

Generation) 기술도 주목받고 있다. 이 기술은 소량의 실제 전문 데이터를 바탕으로 유사한 패턴의 대용량 학습 데이터를 인공적으로 생성함으로써, 데이터 부족 문제를 완화하면서도 개인정보 보호 요구를 충족할 수 있는 유용한 대안이다. 그러나 합성 데이터만으로는 전문 분야의 복잡한 맥락과 규범적 요구사항을 완전히 반영하기 어렵다.

이처럼 단순히 정확한 데이터를 확보하는 것을 넘어, 각 분야의 규범적 책임성과 전문성, 일관성을 함께 확보하는 것이 진정한 특화의 핵심이다. 의료기관은 의학 논문과 임상 기록을 기반으로 모델을 구축하면서 HIPAA 등 보안 규정을 준수하고 있으며, LLM이 적용된 시스템은 실시간으로 정확한 진료 기록과 퇴원 요약을 생성하고 있다(K-Health, 2024; MakeBot AI, 2025). LLM을 통해 임상 전문가들은 인턴·레지던트를 교육할 때 환아의 증상과 보호자의 대규모 데이터를 입력하여 실제 진료 현장을 구성하고, 수련의들의 진단과 처방을 평가함으로써 기술과 임상 지식의 통합을 실현하고 있다(K-Health, 2024).

법률 분야에서도 판례와 법령 데이터를 활용한 특화 모델 개발이 진행 중이다. 인텔리콘연구소가 개발한 국내 법률 특화 AI '코알라'는 메타의 기반 모델을 바탕으로 수백만 개의 법 조항, 판례, 상담 자료를 학습했으며, 특히 AI의 환각 오류를 제거하기 위해 성능 향상에 불필요한 데이터를 걸러내는 데이터 재규격화 기술을 개발했다(Hankook Ilbo, 2024).

이 과정에서 특히 중요한 것은 도메인 전문가와 AI 기술자 간의 긴밀한 협력이다. 전문가의 지식과 현장 경험, 기술자의 모델링 역량이 유기적으로 결합될 때에만 실용적이면서도 신뢰할 수 있는 도메인 특화 LLM이 만들어질 수 있다. 결국 이러한 협력이 뒷받침될 때, 기술적 한계와 실제 산업 수요를 동시에 충족시키는 혁신적인 언어모델이 현실화될 수 있다.

베이스 모델과 인스트럭션 튜닝

도메인 특화 LLM의 효과적인 구축을 위해서는 기술적 효율성과 함께 구조적 유연성 또한 중요하다. 특히 최근 주목받고 있는 "Base 모델 → Instruction 튜닝"이라는 학습 단계의 분리는 단순한 기술적 편의성을 넘어서, 산업 생태계 전반의 혁신과 효율성을 가능하게 하는 핵심 패러다임이다. Base 모델은 대규모 일반 언어 데이터를 기반으로 훈련된 기초 모델이며, Instruction 튜닝은 사용자의 지시에 민감하게 반응하도록 추가 학습된 응용 모델이다(Zhang et al., 2023; Kim et al., 2025). 이러한 분리 구조가 산업 현장에 제공하는 실용적 이점은 다층적이다.

첫째, AI 기술의 민주화이다. 과거에는 Google, Microsoft, OpenAI 같은 거대 기술 기업만이 감당할 수 있었던 언어모델 개발이 이제는 중소 규모의 기업이나 연구기관에서도 가능해졌다. 금융위원회는 금융회사들이 오픈소스 AI 모델을 활용할 수 있도록 AI 플랫폼 구축을 지원하고 있으며(Samsung SDS, 2025), 이러한 플랫폼을 통해 금융회사는 다양한 Base 모델과 데이터를 활용하여 최적의 조합을 실험할 수 있게 되었다.

둘째, 뛰어난 확장성과 유연성이다. 하나의 고품질 Base 모델을 바탕으로 수십, 수백 개의 특화 모델을 파생시킬 수 있다. 예를 들어 대형 기업은 동일한 Base 모델을 활용해 고객 서비스, 내부 문서 분석, 마케팅 콘텐츠 생성, 기술 문서 작성 등 다양한 목적에 맞는 Instruction 튜닝 모델들을 동시에 운영할 수 있다. 각각의 튜닝은 개별 업무의 특성과 요구를 반영해 최적화되지만, 공통의 Base 모델을 공유함으로써 개발 효율성과 품질의 일관성을 함께 확보할 수 있다. 그뿐만 아니라, 새로운 기능이나 요구사항이 생길 때마다 전체 모델을 재훈련할 필요 없이 특정 작업에 대한 성능만

선별적으로 개선할 수 있어, 빠르게 변화하는 비즈니스 환경에서도 유연하고 신속한 대응이 가능하다. 예컨대 금융업계에서는 새로운 규제나 상품에 맞춰 해당 영역에 대한 Instruction 튜닝만 업데이트하면 된다.

셋째, 리스크 감소와 품질 안정성이다. Base 모델은 이미 대규모로 검증된 안정적인 기반을 제공하므로, Instruction 튜닝 과정에서 발생할 수 있는 리스크를 크게 줄일 수 있다. Base 모델의 일반적 성능이 보장된 상태에서 특정 작업에 대한 튜닝을 진행하므로, 예상치 못한 성능 저하나 편향 문제가 발생할 가능성이 낮다. 이는 특히 의료나 금융 같은 고위험 분야에서 AI를 도입할 때 중요한 고려 사항이다.

넷째, 데이터 효율성과 경쟁 우위 확보이다. Instruction 튜닝은 상대적으로 소규모의 고품질 데이터만으로도 효과적인 결과를 얻을 수 있는데(Chen et al., 2023), 이는 기업들이 자신만의 독점적 데이터나 전문 지식을 활용하여 경쟁 우위를 확보할 수 있는 기회를 제공한다. 특히 Low-Rank Adaptation(LoRA)과 같은 Parameter-Efficient Fine-Tuning(PEFT) 기법을 활용하면, 전체 모델 파라미터의 극소량만 업데이트하면서도 전체 모델 재학습과 유사한 성능을 달성할 수 있다(Prottasha et al., 2024). 제조업체는 자사의 생산 공정과 품질 관리 경험을 바탕으로 제조업 특화 AI 어시스턴트를 구축할 수 있으며, 이러한 모델은 해당 기업의 독특한 운영 방식과 노하우를 반영하여 다른 범용 모델로는 달성하기 어려운 성능을 보여줄 수 있다.

다섯째, 글로벌 적응성이다. 글로벌 서비스를 운영하는 조직이나 다국적 기업에게 이 구조는 분명한 실용적 이점을 제공한다. 하나의 Base 모델을 기반으로 서로 다른 언어, 문화, 법적 환경에 맞는 다양한 Instruction 튜닝을 적용할 수 있기 때문이다. 글로벌 컨설팅 회사의 경우, 공통의 Base

모델을 바탕으로 한국어 비즈니스 문화에 특화된 버전, 일본의 기업 관행을 반영한 버전, 미국의 법적 환경을 고려한 버전 등을 동시에 운영할 수 있다. 이는 글로벌 일관성과 로컬 적합성을 동시에 달성할 수 있는 효과적인 전략이다.

여섯째, 데이터 보안과 주권 확보이다. Base 모델은 공개 데이터로만 훈련되고 민감한 기업 정보나 개인 데이터는 Instruction 튜닝 단계에 국한되어 사용되기 때문에, 정보 유출이나 역추적의 위험을 크게 줄일 수 있다. 또한 기업은 이러한 튜닝을 외부로 데이터를 전송하지 않고 온프레미스 환경에서 수행할 수 있어, 데이터 주권과 보안 요구사항을 동시에 충족시킬 수 있다. 온프레미스에서 AI 모델을 학습하고 배포할 때, 조직은 보안 침해 위험을 크게 줄이면서 완전한 데이터 주권을 유지할 수 있으며, 이는 GDPR 같은 규제가 엄격한 산업에서 필수적이다.

마지막으로, 해석 가능성과 디버깅 용이성이다. Base 모델과 Instruction 튜닝의 분리된 구조는 모델의 해석 가능성 측면에서도 장점을 제공한다. 문제가 발생했을 때, 그것이 일반 언어 이해 문제인지 특정 작업에 대한 튜닝 문제인지 쉽게 구분할 수 있어 문제 해결 과정이 보다 효율적이다(Arrieta et al., 2020). 특히 규제가 엄격한 산업 분야에서는 AI 시스템의 결정 과정을 설명할 수 있는 능력이 중요한데, 이러한 모듈화된 구조는 설명 가능성 확보에 큰 기여를 한다. 설명 가능한 AI(Explainable AI, XAI)는 규제 준수의 맥락에서 AI 기반 의사결정이 법적 및 윤리적 기준에 부합하도록 보장하고 규제 기관, 감사인, 이해관계자에게 투명성을 제공한다.

이러한 구조적 이점을 활용하여 최근 산업계에서는 범용 모델을 불러와 자사의 목적에 맞게 튜닝하는 세분화된 최적화 전략이 주요 트렌드가

되고 있다(Han et al., 2021). 결과적으로, Base 모델과 Instruction 튜닝의 분리는 AI 기술의 산업화에서 핵심적인 역할을 하고 있다. 이는 기술의 민주화, 개발 효율성 향상, 위험 관리, 그리고 맞춤화 가능성을 동시에 제공함으로써, AI가 다양한 산업 분야에서 실질적인 가치를 창출할 수 있는 기반을 마련하고 있다.

Sovereign AI와 한국의 전략

최근 AI를 둘러싼 글로벌 담론의 중심에는 'Sovereign AI', 즉 자국형 인공지능이라는 키워드가 자리 잡고 있다. 이는 각 국가가 자국의 언어, 데이터, 윤리 기준을 바탕으로 독립적인 AI 시스템을 개발하고 운영하려는 움직임을 의미한다. 프랑스, 독일, 일본, 인도 등 여러 국가들이 AI 주권 확보를 위해 정책적·기술적 투자를 아끼지 않고 있는 현실은 이 변화가 단순한 기술 경쟁을 넘어서고 있음을 보여준다. Sovereign AI의 핵심은 기술을 단순히 '보유'하는 것에 그치지 않고, 이를 자국의 문화, 언어,

가치체계에 맞게 '활용'하고 '규율'할 수 있는 능력을 갖추는 데 있다.

Sovereign AI 담론의 배경에는 세 가지 주요 이슈가 복합적으로 작용하고 있다.

첫째, 기술 종속성에 대한 우려이다. 현재 글로벌 AI 시장은 OpenAI, Google, Microsoft 등 소수의 미국 기업들이 주도하고 있다(IoT Analytics, 2025; Pallavi Sehgal, 2025). Microsoft는 2025년 새로운 클라우드 GenAI 사례의 62%를 차지하며 압도적인 시장 지배력을 보이고 있으며, 이는 OpenAI와의 긴밀한 파트너십을 통한 조기 진입 우위의 결과다(IoT Analytics, 2025). 특히 GPT-4, Gemini, Claude 등 최신 모델들은 클라우드 기반 API 서비스로만 제공되기 때문에, 사용자들은 이들 기업의 정책 변화나 서비스 중단에 쉽게 영향을 받을 수밖에 없다. 유럽연합은 GDPR과 AI Act를 통해 데이터 주권과 AI 거버넌스를 강화하고자 하지만, 핵심 기술이 여전히 미국 기업에 집중되어 있는 현실은 구조적 모순을 드러낸다(Voigt & Von dem Bussche, 2017; European Commission, 2021).

둘째, 데이터 주권과 문화적 편향 문제이다. 현재 주요 LLM들은 대부분 영어 기반의 데이터로 학습되어 서구 중심의 가치관과 인식이 깊이 반영되어 있다(Tao et al., 2024). GPT-3의 학습 데이터는 90% 이상이 영어 텍스트로 구성되어 있으며, 주로 영어로 학습된 LLM은 서구 문화적 가치관에 편향된 경향을 보인다(KV Empty Pages, 2023; Tao et al., 2024). 이는 비영어권 국가들이 자국의 언어, 문화, 역사적 맥락을 제대로 반영하지 못하는 AI 서비스에 의존하게 만들며, 특히 교육, 언론, 정책 결정 등 공공 영역에서의 활용이 확산될 경우 문화적 동질화와 정체성 훼손으로 이어질 수 있다.

셋째, 국가 안보와 전략적 자율성 확보의 필요성이다. AI 기술은 이미

군사, 정보, 경제 등 국가 핵심 인프라에 깊숙이 침투하고 있으며, 이에 대한 통제권을 외국 기업에 의존하는 것은 국가 안보 차원에서 심각한 리스크를 내포한다.

이러한 위기의식 속에서 각국의 대응 전략이 구체화되고 있다. 중국은 조기에 위험을 인식하고 바이두의 ERNIE, 알리바바의 Tongyi Qianwen 등 자국 기반 대형 언어모델 개발에 나섰다(In AI We Trust, 2025; SCMP, 2023). 일본은 'AI 전략 2023'을 통해 자국형 LLM 개발을 국가 핵심 과제로 설정했으며, 일본어의 한자 · 히라가나 · 가타카나 복합 구조를 제대로 반영할 수 있는 모델 개발에 집중하고 있다. NTT, SoftBank, Preferred Networks 등이 참여하는 컨소시엄을 구성한 것도 주목할 만하다. 인도는 '인도 AI 미션'을 통해 힌디어를 비롯한 22개 공용어를 지원하는 다언어 AI 플랫폼 구축을 추진 중이다.

유럽연합은 '디지털 주권(Digital Sovereignty)' 개념하에 AI 분야에서의 자율성 확보를 추진하고 있다. 프랑스의 Mistral AI는 오픈소스 기반의 고성능 언어모델을 개발하여 유럽의 AI 독립성을 상징하는 사례가 되었으며(Jiang et al., 2023), 독일은 LEAM(Large European AI Models) 프로젝트를 통해 유럽 다국어를 지원하는 대형 언어모델 개발에 수십억 유로를 투자하고 있다. ASML의 약 1.3조 원 규모의 투자는 유럽의 Sovereign AI 추진을 강력히 뒷받침하고 있다(Contextualsolutions.de, 2025). 이들 국가는 단순히 기술 개발에 그치지 않고, AI 윤리 기준, 데이터 거버넌스, 알고리즘 투명성 등을 자국의 가치체계에 맞게 설계하려 노력하고 있다.

한국의 Sovereign AI 전략 역시 우리의 고유한 언어적 · 문화적 · 기술적 특성을 반영하여 수립되어야 한다. 현재 네이버의 HyperCLOVA X, LG AI

연구원의 EXAONE, 카카오브레인의 KoGPT 등이 개발되고 있으며(Kim et al., 2021; LG AI Research, 2023), LG는 'EXAONE Deep'이라는 한국 최초의 추론 AI 모델을 2025년 3월에 공개했다(Chosun.com, 2025). 글로벌 최고 수준의 모델들과 경쟁하기 위해서는 더 많은 투자와 협력이 필요하며, 특히 한국어의 교착어적 특성, 높임법, 문화적 맥락 등을 정확히 이해할 수 있는 모델 개발이 핵심이다(Korea Herald, 2024). 이를 위해 정부 차원의 대규모 한국어 코퍼스 구축, 고성능 컴퓨팅 인프라 지원, 그리고 학계-산업계-정부 간의 긴밀한 협력 체계가 필요하다.

이러한 기반 위에서 한국의 Sovereign AI 전략은 두 가지 주요 방향으로 발전해야 한다.

첫째, 국산 Base 모델 개발을 위한 공공 투자와 오픈소스 생태계 지원이다. Meta의 LLaMA 시리즈나 Hugging Face와 유사하게, 누구나 활용할 수 있는 고성능 한국어 기반 모델 생태계를 조성하는 것이 중요하다(Meta AI, 2024; Hugging Face, 2025). Meta가 2024년 7월 LLaMA 3.1 405B 모델을 오픈소스로 공개하며 AI 기술의 민주화를 선언한 것은 좋은 선례다(AI Magazine, 2024). 이러한 생태계는 기술의 투명성을 높이고 국제적 신뢰를 구축하며, 중소기업과 스타트업들이 접근할 수 있는 기술적 토대를 제공할 것이다.

둘째, 민관 협력을 통한 도메인 특화 LLM의 확산이다. 한국이 강점을 가진 반도체, 자동차, 화학, K-문화 콘텐츠 등 분야에서 세계 최고 수준의 특화 모델을 개발한다면, 이는 해당 산업의 글로벌 경쟁력 강화로 이어질 것이다(Kim et al., 2021; Korea Herald, 2025). 실제로 SK하이닉스는 NVIDIA와 협력하여 AI factory를 구축하고 있으며, NVIDIA 기술을 활용해 반도체 설계 시뮬레이션을 가속화하고 있다(NVIDIA News, 2025).

또한 SK하이닉스는 NVIDIA Omniverse를 활용하여 반도체 fab digital twin을 개발하고 있으며, 이는 완전 자율 제조 시설로의 진화를 가능하게 하고 있다. OpenAI가 삼성·SK하이닉스와 협력하여 한국에 Stargate AI 데이터센터 구축 계획을 발표한 것도 한국의 반도체 생태계와 AI 인프라가 긴밀하게 연계될 수 있음을 시사한다(Blocks & Files, 2025).

마지막으로, Sovereign AI 전략의 성공을 위해서는 데이터 주권과 프라이버시 보호를 뒷받침하는 법적 기반이 필수적이다(Voigt & Von dem Bussche, 2017; European Commission, 2021). 한국은 이미 이 방향으로 상당한 진전을 이루었다. 한국 개인정보보호위원회(PIPC)는 2024년 생성형 AI에 대한 포괄적인 개인정보 처리 가이드라인을 발표했으며, 2025년 중반 개인정보보호법 개정을 통해 AI 특화 데이터 보호 규정을 법제화했다(BABL AI, 2025). 이 개정안은 알고리즘 투명성, 리스크 평가, 공정성 의무사항을 법적 의무로 전환시켰으며, 의료·금융·고용 등 주요 분야에서 대규모 AI 배포 시 의무적인 AI 개인정보 영향평가(PIA)를 도입했다(BABL AI, 2025; Digital Nemko, 2025). 2025년 6월에는 디지털안전전략실(Digital Safety Strategy Office)이 신설되어 AI 감독, 사이버보안, 아동 보호, 디지털 윤리 기능을 통합함으로써 보다 조율된 거버넌스 체계를 구축했다(BABL AI, 2025).

특히 주목할 만한 점은 PIPC가 유럽 AI Act의 리스크 분류 체계를 부분적으로 채택하여 한국 기업의 유럽 시장 접근성을 용이하게 하고, 2025년 8월 프랑스와 공동 작업반을 출범시켜 국경 간 AI 데이터 거버넌스에 대한 조화로운 표준 마련에 나섰다는 것이다(BABL AI, 2025). 또한 한국의 AI Framework Act는 에너지, 의료, 원자력 운영, 생체정보 분석, 공공 의사결정, 교육 등 고위험 AI 시스템에 대해 엄격한 요구사항을 부과하고 있다(FPF, 2025).

그러나 법제화만으로는 충분하지 않다. 국가 핵심 데이터의 해외 유출을 방지하면서도 혁신을 저해하지 않는 섬세한 균형이 필요하며, 특히 의료·금융·법률 등 민감한 분야에서는 데이터 국내 처리 의무화와 알고리즘 감사 제도의 실질적 운영이 관건이 될 것이다(Kim, 2024; FPF, 2025). 유럽연합의 GDPR과 AI Act가 개인정보 보호에 초점을 맞춘 것과 달리, 한국의 접근법은 개인의 안전과 건강, 기본권을 포괄적으로 보호하는 동시에 혁신을 지원하는 균형 잡힌 규제 프레임워크를 지향한다(IAPP, 2024; Network Law Review, 2025). 이러한 법적 기반은 기술 발전을 촉진하면서도 사회적 신뢰를 확보하는 한국형 Sovereign AI의 핵심 토대가 될 것이다.

언어모델과 사회윤리

기술 주권과 전략적 자율성을 확보하는 것만큼이나 중요한 것은, 이러한 언어모델이 사회 전반에 미치는 윤리적 영향에 대한 고민이다. 언어는 단순한 기술 대상이 아니라 문화와 가치가 응축된 사회적 기반이기 때문이다. 언어모델은 단순히 '잘 작동하는 도구'로 머물 수 없다. 그 이유는 명백하다. 언어는 인간의 문화, 정체성, 가치, 권력 관계가 응축된 사회적 구성물이기 때문이다. 따라서 언어모델이 사회 곳곳에 스며들수록, "공정성, 투명성, 다양성"이라는 윤리적 기준이 더욱 중요해진다(Floridi et al., 2018). 기술의 발전은 중립적이지 않다. 언어모델은 인간의 언어를 다루는 기술이며, 언어는 문화, 관점, 권력과 긴밀하게 연결되어 있다.

언어모델의 윤리적 문제는 근본적으로 데이터의 편향성에서 시작된다(Bender et al., 2021). 현재 대부분의 언어모델은 인터넷상의 텍스트 데이터를 기반으로 학습되는데, 이러한 데이터는 특정 집단의 관점과 경험을 과도하게 반영하는 경우가 많다. 예를 들어, 영어권 중심의 데이터 구성은 비영어권 문화와 언어의 미묘한 차이를 제대로 반영하지 못하며, 남성 중심적이거나 특정 계층의 시각이 우세한 텍스트들은 성별, 인종, 사회경제적 지위에 대한 편견을 모델에 내재화시킬 위험이 있다. 더 나아가, 역사적으로 억압받았던 집단의 목소리는 상대적으로 적게 반영되어, 언어모델이 기존의 사회적 불평등을 재생산하거나 심화시킬 가능성도 존재한다.

이러한 맥락에서 공정성의 원칙은 단순히 다양한 집단을 포함하는 것을 넘어서, 각 집단의 고유한 언어적 특성과 문화적 맥락을 존중하고 보존하는 방향으로 확장되어야 한다. 언어모델이 소수 언어나 방언을 제대로 이해하고 생성할 수 있도록 하는 것은 언어적 다양성 보존이라는 인류적 과제와도 직결된다. 또한 다양한 연령대, 직업군, 지역적 배경을 가진 사람들이 언어모델과 자연스럽게 소통할 수 있도록 하는 것은 디지털 포용성 확보의 핵심적 요소이기도 하다. 이를 위해서는 데이터 수집 단계에서부터 의도적이고 체계적인 다양성 확보 노력이 필요하며, 모델 평가 과정에서도 다양한 집단에 대한 성능과 편향성을 지속적으로 모니터링해야 한다.

투명성의 원칙은 언어모델의 작동 방식을 사용자가 이해할 수 있도록 하는 것에서 출발한다. 현재 대규모 언어모델들은 수십억 개의 매개변수를 가진 복잡한 신경망 구조로 이루어져 있어, 특정 응답이 어떻게 생성되었는지 추적하기 어렵다. 이러한 '블랙박스' 특성은 사용자가 모델의 응답을 무조건 신뢰하거나, 반대로 전적으로 불신하게 만드는 양극화를 초래할 수 있다. 따라서 설명 가능한 인공지능(Explainable AI) 기술의 발전과 함께, 언어모델이 어떤 정보를 바탕으로 응답했는지, 불확실성이 높은 부분은 어디인지, 어떤 한계와 위험성을 가지고 있는지 명확히 제시하는 인터페이스 설계가 필요하다(Arrieta et al., 2020). 더 나아가, 투명성은 모델 개발 과정 자체의 공개성으로 확장되어야 한다. 어떤 데이터가 사용되었는지, 어떤 가치 판단이 모델 설계에 반영되었는지, 어떤 안전장치가 마련되었는지에 대한 정보가 공개될 때, 사회는 해당 언어모델의 적절성을 판단하고 개선 방향을 제시할 수 있다. 이는 특히 공공 서비스나 교육, 의료 등 사회적 영향력이 큰 분야에서 언어모델이 활용될 때 더욱 중요한 원칙이 된다. 시민들은 자신들의 삶에 영향을 미치는 AI 시스템이 어떻게 작동하는지 알권리가 있으며, 이러한 권리 보장이야말로 민주적 AI 거버넌스의 출발점이라 할 수 있다.

책임성의 원칙은 언어모델이 야기할 수 있는 오류나 해악에 대한 대응 체계를 구축하는 것이다. 언어모델은 아무리 정교하더라도 완벽할 수 없으며, 잘못된 정보를 제공하거나 부적절한 내용을 생성할 가능성을 항상 내포하고 있다(Ji et al., 2023). 특히 의료 조언, 법률 상담, 투자 권유 등 전문적인 영역에서의 오류는 심각한 피해를 초래할 수 있다. 따라서 언어모델 시스템에는 오류 발생 시 이를 신속하게 감지하고 수정할 수 있는 피드백 메커니즘이 내장되어야 하며, 사용자가 문제를 제기할 수 있는 명확한 경로가 제공되어야 한다. 또한 책임성은 법적, 윤리적 책임 소재의 명확화와도 연결된다. 언어모델이 생성한 콘텐츠로 인해 피해가 발생했을 때, 그 책임은 모델 개발자, 서비스 제공자, 사용자 중 누구에게 있는지에 대한 명확한 답변과 제도적 장치 마련이 필요하다. 동시에 언어모델의 한계와 위험성에 대한 사용자 교육도 중요한 책임성 확보의 요소다.

사용자들이 언어모델의 응답을 비판적으로 검토하고, 중요한 결정에 앞서 추가적인 검증을 수행할 수 있도록 하는 디지털 리터러시 향상이 병행되어야 한다.

지속가능성의 원칙은 환경적 측면과 사회적 측면을 모두 포괄한다. 환경적으로는, 대규모 언어모델의 학습과 운영에 필요한 막대한 컴퓨팅 자원과 에너지 소비가 기후변화에 미치는 영향을 고려해야 한다. 최근 연구에 따르면, 대형 언어모델 하나를 학습시키는 과정에서 발생하는 탄소 배출량은 자동차 한 대가 평생 배출하는 양의 수배에 달한다고 한다(Strubell et al., 2019). 따라서 모델의 효율성을 높이고, 재생 가능 에너지를 활용하며, 모델 공유와 재사용을 통해 중복적인 자원 소모를 줄이는 방안들이 적극 모색되어야 한다. 사회적 지속가능성 측면에서는, 언어모델의 도입이 기존 일자리에 미치는 영향과 사회적 불평등 심화 가능성을 신중히 고려해야 한다. 언어모델이 특정 직업군의 업무를 대체하거나 크게 변화시킬 때, 해당 종사자들의 재교육과 전환을 지원하는 사회적 안전망이 필요하다. 또한 언어모델에 대한 접근성이 경제적 여건에 따라 차별화되지 않도록, 공공 영역에서의 언어모델 서비스 제공이나 교육 기회 확대 등의 정책적 노력이 병행되어야 한다. 기술 발전의 혜택이 소수에게 집중되지 않고 사회 전체에 고르게 분배될 수 있도록 하는 것이 지속가능한 AI 사회로 가는 핵심 과제이다.

이러한 윤리적 원칙들을 실현하기 위해서는 다양한 이해관계자들의 참여와 협력이 필수적이다. 기술 개발자들은 윤리적 고려 사항을 설계 단계부터 반영하는 '프라이버시 바이 디자인(Privacy by Design)'과 유사한 '윤리 바이 디자인(Ethics by Design)' 접근법을 채택해야 한다. 정책 입안자들은 언어모델의 사회적 영향을 종합적으로 평가하고,

이를 기반으로 필요한 규제와 지원 정책을 마련해야 한다. 시민사회는 언어모델의 개발과 활용 과정을 감시하며, 다양한 집단의 목소리가 반영될 수 있도록 하는 중요한 역할을 담당해야 한다. 교육계 역시 중요한 역할을 한다. 언어모델과 함께 살아가는 시대에 필요한 새로운 형태의 문해력, 즉 AI 리터러시를 기르는 교육과정 개발이 필요하다. 이는 단순히 언어모델 사용법을 익히는 것을 넘어서, 언어모델의 한계와 편향성을 이해하고, 인간 고유의 창의성과 비판적 사고를 발전시키는 방향으로 설계되어야 한다. 또한 언어모델의 도움을 받되 인간의 주체성을 잃지 않는 균형 잡힌 활용 방식을 학습할 수 있도록 해야 한다. 기업들 역시 단기적 수익 추구를 넘어서 장기적 사회적 가치 창출을 고려한 언어모델 개발과 서비스 제공에 나서야 한다. 이는 ESG(Environmental, Social, Governance) 경영의 연장선에서, 기술의 사회적 책임을 다하는 기업 문화 정착으로 이어져야 한다. 특히 사용자 데이터 보호, 알고리즘 공정성 확보, 취약 계층에 대한 배려 등이 기업의 핵심 가치로 자리 잡을 때, 언어모델은 사회 전체의 복리 증진에 기여하는 기술로 발전할 수 있을 것이다.

결국 언어모델의 미래는 누가 설계하고 누구를 위해 작동하게 할 것인가라는 사회적 선택의 문제로 수렴된다. 언어모델이 인간과 사회의 존엄성을 지키는 방향으로 설계되도록, 기술자뿐 아니라 시민 모두의 참여가 요구되는 시점이다. 이러한 참여는 단순한 의견 제시를 넘어서, 언어모델이 만들어가는 새로운 사회에 대한 비전을 함께 그려나가는 공동 창작의 과정이어야 한다. 언어모델이 인간의 언어 능력을 보완하고 확장하되, 인간의 고유한 가치와 품위를 훼손하지 않는 방향으로 발전할 때, 우리는 진정으로 인간 중심적인 AI 사회를 구현할 수 있을 것이다.

3. 결론

언어모델은 이제 단순한 기술적 진보의 상징을 넘어, 산업과 국가, 그리고 사회 전체의 구조적 변화를 이끄는 핵심 동력이 되었다. 기술적으로는 효율성과 특화성 중심의 진화가 가속화되고 있으며, 산업 현장에서는 실제 업무에 통합될 수 있는 실용성과 신뢰성을 갖춘 구조가 요구된다. Base 모델과 Instruction 튜닝의 분리 구조는 이러한 요구에 부합하는 유연한 해법을 제공하고 있으며, Sovereign AI 논의는 각국이 데이터 주권과 문화적 정체성을 기반으로 독립적 AI 생태계를 구축하려는 시대적 흐름을 반영한다. 동시에 언어모델의 사회적 확산은 공정성, 투명성, 책임성, 지속가능성과 같은 윤리적 원칙을 재정립할 것을 요구하며, 이는 기술 발전의 방향을 결정짓는 중요한 기준이 된다.

앞으로 언어모델의 미래는 기술의 성능 그 자체보다, 그것이 어떤 사회적 가치와 철학을 담아내고, 누구를 위해 어떻게 설계되는가에 달려 있다. 기술 개발자, 정책 결정자, 산업계, 시민 모두가 참여하는 공동의 설계와 비전 수립이 필요하며, 이를 통해 언어모델이 인간 중심의 지능 인프라로 자리 잡을 수 있도록 하는 것이 우리 시대의 과제가 될 것이다.

☞ 생각해 볼 만한 질문들

» 언어모델이 다양한 산업에 효과적으로 적용되기 위해 필요한 기술적
조건은 무엇이며, 어떤 형태의 도메인 특화가 바람직할까?

» Base 모델 개발과 Instruction 튜닝의 분리는 산업 현장에서 어떤 실용적
이점을 제공할 수 있을까?

» Sovereign AI가 강조되는 배경에는 어떤 정치적 · 기술적 이슈가 있으며,
이에 대한 한국의 전략은 무엇이 되어야 할까?

» 언어모델이 인간 사회의 표현과 소통 방식을 변화시키는 과정에서
우리가 놓쳐서는 안 될 윤리적 원칙은 무엇인가?

제1장 신뢰할 수 있는 AI를 위하여: 기술 너머, 믿음의 심리 _노환호

Araujo, T., Helberger, N., Kruikemeier, S., & de Vreese, C. H. (2020). In AI we trust? Perceptions about automated decision-making by artificial intelligence. *AI & Society, 35*(3), 611–623.

Avin, S., Belfield, H., Brundage, M., Krueger, G., Wang, J., Weller, A., ⋯ & Zilberman, N. (2021). Filling gaps in trustworthy development of AI. *Science, 374*(6573), 1327–1329.

Belanche, D., Casaló, L. V., Flavián, C., & Schepers, J. (2020). Robots or frontline employees? Exploring customers' attributions of responsibility and stability after service failure or success. *Journal of Service Management, 31*(2), 267–289.

Bergner, A. S., Hildebrand, C., & Häubl, G. (2023). Machine talk: How verbal embodiment in conversational AI shapes consumer–brand relationships. *Journal of Consumer Research, 50*(4), 742–764.

Chong, L., Zhang, G., Goucher-Lambert, K., Kotovsky, K., & Cagan, J. (2022). Human confidence in artificial intelligence and in themselves: The evolution and impact of confidence on adoption of AI advice. *Computers in Human Behavior, 127*, 107018.

Dietvorst, B. J., Simmons, J. P., & Massey, C. (2015). Algorithm aversion: People erroneously avoid algorithms after seeing them err. *Journal of Experimental Psychology: General, 144*(1), 114–126.

Glikson, E., & Woolley, A. W. (2020). *Human trust in artificial intelligence: Review of empirical research. Academy of Management Annals, 14*(2), 627–660.

Harris-Watson, A. M., Larson, L. E., Lauharatanahirun, N., DeChurch, L. A., & Contractor, N. S. (2023). Social perception in Human-AI teams: Warmth and competence predict receptivity to AI teammates. *Computers in Human Behavior, 145*, 107765.

Henrique, B. M., & Santos Jr, E. (2024). Trust in artificial intelligence: Literature review and main path analysis. *Computers in Human Behavior: Artificial Humans, 2*(1), 100043.

Hofstede, G. (1980). Culture and organizations. *International Studies of Management & Organization, 10*(4), 15–41.

Jones-Jang, S. M., & Park, Y. J. (2023). How do people react to AI failure? Automation bias, algorithmic aversion, and perceived controllability. *Journal of Computer-Mediated Communication, 28*(1), zmac029.

Kohn, S. C., de Visser, E. J., Wiese, E., Lee, Y.-C., & Shaw, T. H. (2021). Measurement of trust in automation: A narrative review and reference guide. *Frontiers in Psychology, 12*, 604977.

Lee, E. J. (2024). Minding the source: toward an integrative theory of human–machine communication. *Human Communication Research, 50*(2), 184-193.

Lee, J. D., & See, K. A. (2004). Trust in automation: Designing for appropriate reliance. *Human Factors, 46*(1), 50-80.

Lee, M. K. (2018). Understanding perception of algorithmic decisions: Fairness, trust, and emotion in response to algorithmic management. *Big Data & Society, 5*(1), 2053951718756684.

Liu, F., & Wang, R. (2025). Fostering parasocial relationships with virtual influencers in the uncanny valley: anthropomorphism, autonomy, and a multigroup comparison. *Journal of Business Research, 186*, 115024.

Mayer, R. C., Davis, J. H., & Schoorman, F. D. (1995). An integrative model of organizational trust. *Academy of Management Review, 20*(3), 709–734.

McKee, K. R., Bai, X., & Fiske, S. T. (2023). Humans perceive warmth and competence in artificial intelligence. *iScience, 26*(8), 107256.

Ning, X., Lu, Y., Li, W., & Gupta, S. (2024). How transparency affects algorithmic advice utilization: The mediating roles of trusting beliefs. *Decision Support Systems, 183*, 114273.

Reeves, B., & Nass, C. (1996). *The media equation: How people treat computers, television, and new media like real people and places.* Cambridge University Press.

Serva, M. A., Fuller, M. A., & Mayer, R. C. (2005). The reciprocal nature of trust: A longitudinal study of interacting teams. *Journal of Organizational Behavior, 26*(6), 625-648.

Tsvetkova, M., Yasseri, T., Pescetelli, N., & Werner, T. (2024). A new sociology of humans and machines. *Nature Human Behaviour, 8*(10), 1864-1876.

van Kersbergen, K., & Svendsen, G. T. (2024). Social trust and public digitalization. *AI & Society, 39*(3), 1201-1212.

Wang, J., Molina, M. D., & Sundar, S. S. (2020). When expert recommendation contradicts peer opinion: Relative social influence of valence, group identity and artificial intelligence. *Computers in Human Behavior, 107*, 106278.

Zarsky, T. (2016). The trouble with algorithmic decisions: An analytic road map to examine efficiency and fairness in automated and opaque decision making. *Science, Technology, & Human Values, 41*(1), 118-132.

Zhang, G., Chong, L., Kotovsky, K., & Cagan, J. (2023). Trust in an AI versus a Human teammate: The effects of teammate identity and performance on Human-AI cooperation. *Computers in Human Behavior, 139*, 107536.

제2장 AI 기반 자동화된 의사결정 시스템(Automated Decision-Making System)과 활용 사례 _김현정

Batty, M., Axhausen, K. W., Giannotti, F., Pozdnoukhov, A., Bazzani, A., Wachowicz, M., ⋯ & Portugali, Y. (2012). Smart cities of the future. *The European Physical Journal Special Topics, 214*(1), 481-518.

Bolton, R. J., & Hand, D. J. (2002). Statistical fraud detection: A review. *Statistical Science, 17*(3), 235-255.

Brynjolfsson, E., & McAfee, A. (2014). *The second machine age: Work, progress, and prosperity in a time of brilliant technologies.* W. W. Norton & Company.

Chiusi, F., Alfter, B., Ruckenstein, M., & Lehtiniemi, T. (2020). *Automating society report 2020.* https://automatingsociety.algorithmwatch.org/wp-content/ uploads /2020/12/Automating-Society-Report-2020.pdf

Davenport, T. H., & Kirby, J. (2016). Only humans need apply: Winners and losers in the age of smart machines. HarperBusiness.

Fatima, Sheraz. (2021). Ai For Disaster Management: Predicting Natural Disasters and Optimizing Emergency Responses. *International Journal of Arts & Education Research, 10*(2), 198-207.

Floridi, L., Cowls, J., Beltrametti, M., Chatila, R., Chazerand, P., Dignum, V., ⋯ & Vayena, E. (2018). AI4People—An ethical framework for a good AI society: Opportunities, risks, principles, and recommendations. *Minds and Machines, 28*(4), 689-707.

Goodfellow, I., Bengio, Y., & Courville, A. (2016). *Deep Learning.* MIT Press.

Han, J., Kamber, M., & Pei, J. (2011). *Data mining: Concepts and techniques* (3rd ed.). Morgan Kaufmann.

Hastie, T., Tibshirani, R., & Friedman, J. (2009). *The elements of statistical learning: Data mining, inference, and prediction* (2nd ed.). Springer.

Hlongwane, R., Ramaboa, K. K. K. M., & Mongwe, W. (2024). Enhancing credit scoring accuracy with a comprehensive evaluation of alternative data. *PloS one, 19*(5), e0303566.

Holzinger, A., Biemann, C., Pattichis, C. S., & Kell, D. B. (2019). What do we need to build explainable AI systems for the medical domain?. *arXiv preprint arXiv:1712.09923.*

Jameson, J. L., & Longo, D. L. (2015). Precision medicine—Personalized, problematic, and promising. *New England Journal of Medicine, 372*(23), 2229-2234.

Jardine, A. K., Lin, D., & Banjevic, D. (2006). A review on machinery diagnostics and prognostics implementing condition-based maintenance. *Mechanical Systems and Signal Processing, 20*(7), 1483-1510.

Jung, D., Dorner, V., Glaser, F., & Morana, S. (2018). Robo-advisory: digitalization and automation of financial advisory. *Business & Information Systems Engineering, 60*, 81-86.

Kleinberg, J., Mullainathan, S., & Raghavan, M. (2018). Inherent trade-offs in the fair determination of risk scores. *Proceedings of Innovations in Theoretical Computer Science (ITCS)*, 43:1-43:23.

Kotler, P., Kartajaya, H., & Setiawan, I. (2016). *Marketing 4.0: Moving from traditional to digital.* John Wiley & Sons.

LeCun, Y., Bengio, Y., & Hinton, G. (2015). Deep learning. *Nature, 521*(7553), 436-444.

Lee, J., Kao, H. A., & Yang, S. (2014). Service innovation and smart analytics for Industry 4.0 and big data environment. *Procedia CIRP, 16*, 3-8.

Lessmann, S., Baesens, B., Seow, H. V., & Thomas, L. C. (2015). Benchmarking state-of-the-art classification algorithms for credit scoring: An update of research. *European Journal of Operational Research, 247*(1), 124-136.

Liao, Q. V., Gruen, D., & Miller, S. (2020, April). Questioning the AI: informing design practices for explainable AI user experiences. In *Proceedings of the 2020 CHI conference on human factors in computing systems* (pp. 1-15).

Litjens, G., Kooi, T., Bejnordi, B. E., Setio, A. A., Ciompi, F., Ghafoorian, M., ··· & Sánchez, C. I. (2017). A survey on deep learning in medical image analysis. *Medical Image Analysis, 42*, 60-88.

McKinney, S. M., Sieniek, M., Godbole, V., Godwin, J., Antropova, N., Ashrafian, H., ··· & Suleyman, M. (2020). International evaluation of an AI system for breast cancer screening. *Nature, 577*(7788), 89-94.

McMahan, B., Ramage, D., Talwar, K., & Zhang, L. (2017). Learning differentially private recurrent language models. *arXiv preprint arXiv:1710.06963.*

Perry, W. L. (2013). *Predictive policing: The role of crime forecasting in law enforcement operations.* Rand Corporation.

Power, D. J. (2002). *Decision Support Systems: Concepts and Resources for Managers.* Greenwood Publishing Group.

Provost, F., & Fawcett, T. (2013). *Data science for business: What you need to know about data mining and data-analytic thinking.* O'Reilly Media.

Ricci, F., Rokach, L., & Shapira, B. (2011). Introduction to recommender systems handbook. In *Recommender Systems Handbook* (pp. 1-35). Springer.

Schneider, G., Walters, W. P., Plowright, A. T., Sieroka, N., Listgarten, J., Goodnow, R. A., ··· & Schneider, P. (2020). Rethinking drug design in the artificial intelligence era. *Nature Reviews Drug Discovery, 19*(5), 353-364.

Sivathanu, B., & Pillai, R. (2018). Smart HR 4.0 - how industry 4.0 is disrupting HR. *Human Resource Management International Digest, 26*(4), 7-11.

Sutton, R. S., & Barto, A. G. (2018). *Reinforcement learning: An introduction.* MIT press.

Teunter, R. H., & Duncan, L. (2009). Forecasting intermittent demand: a comparative study. *Journal of the Operational Research Society, 60*(3), 321-329.

Toth, P., & Vigo, D. (Eds.). (2002). *The vehicle routing problem.* SIAM.

Wachter, S., Mittelstadt, B., & Russell, C. (2017). Counterfactual explanations without opening the black box: Automated decisions and the GDPR. *Harv. JL & Tech., 31*, 841.

Zipkin, P. (2000). *Foundations of inventory management.* McGraw-Hill.

제3장 AI 활용을 통한 혁신: 행정과 정책 과정의 패러다임 변화 _박준희

서형준 (2019). 4차 산업혁명시대 인공지능 정책의사결정에 대한 탐색적 논의, 정보화정책 제26권 제3호.

윤상오 · 이은미 · 성욱준 (2018). 인공지능을 활용한 정책결정의 유형과 쟁점에 관한 시론, 한국지역정보화학회지 제21권 제1호.

은종환 · 황성수 (2020). 인공지능을 활용한 정책의사결정에 관한 탐색적 연구: 문제구조화 유형으로

살펴본 성공과 실패 사례 분석, 정보화정책 제27권 제4호. 한국지능정보사회진흥원.

임영모 · 윤서경 · 안성원 (2023). 공공부문 AI 도입현황 연구. 소프트웨어정책연구소.

임의영 (2014). H. A. Simon의 제한된 합리성과 행정학, 행정논총 제52권 제2호.

최병선 (2015). 윌다브스키의 정책학, 행정논총 제53권 제4호.

최종원 (1995). 합리성과 정책연구, 한국정책학회보 제4권 제2호.

한국행정연구원 (2024), '정부혁신을 위한 공공부문 AI 도입 추진 사례와 거버넌스.'

한세억 (2021). 인공지능 전환시대의 정부모습과 지향: 인공지능정부, 한국지역정보화학회지, 제24권 제4호.

황종성 (2017). 인공지능시대의 정부: 인공지능이 어떻게 정부를 변화시킬 것인가?, 한국정보화진흥원.

Bataller, C., & Harris, J. (2016). Turning artificial intelligence into business value. Today. Retrieved March, 11, 2017.

de Almeida, P. G. R., & dos Santos Júnior, C. D. (2025). Artificial intelligence governance:

Understanding how public organizations implement it. Government Information Quarterly, Vol.42, No.1.

Goertzel, B. (2016). Creating an AI sociopolitical decision support system. ROBAMA-ROBotic Analysis of Multiple Agents.

Lindblom, C. E. (1959). The Science of "Muddling Through", Public Administration Review, Vol.19, No.2. pp.79-88.

______. (1979). Still Muddling, Not Yet Through, Public Administration Review, Vol.39, No.6. pp.517-526.

Perrow, C. (1967). A framework for the comparative analysis of organizations. American sociological review, pp.194-208.

Schiff, D. S., Schiff, K. J., & Pierson, P. (2022). Assessing public value failure in government adoption of artificial intelligence. Public Administration, 100(3), pp.653-673.

Simon, H. A. (1964). Rationality, In A Dictionary of the Social Sciences, J. Gould & W. Kolb(eds.), pp.573-574. Glencoe, Illinois: The Free Press.

Thomas Kuhn. (1962). The Structure of Scientific Revolutions, University of Chicago Press.

Vogl, T. M., Seidelin, C., Ganesh, B., & Bright, J. (2019). Algorithmic Bureaucracy: Managing Competence, Complexity, and Problem Solving in the Age of Artificial Intelligence SSRN Electron.

Wildavsky, A. (1979). Speaking Truth to Power. Transaction Publishers.

⟨인터넷 자료⟩

기계신문, 2024년 11월 14일 자 기사, "ETRI, 의료 수어 통역 서비스 키오스크 개발", (https://www.mtnews.net/news/articleView.html?idxno=20275). (최종검색일: 2025.4.1.)

메트로신문, 2024년 6월 27일 자 기사, "22대에서 AI기본법 발의만 4건, 육성·규제 사이 '균형'에 방점"(https://www.metroseoul.co.kr/article/20240627500466). (최종접속일: 2025.4.1)

인디고, 2020년 8월 3일 자 기사, "경찰청, 국내 최초 음성인식 기반 '성폭력 피해 조사 지원 시스템' 도입, 이창길 기사 (https://theindigo.co.kr/archives/7711). (최종검색일: 2025.4.1)

전자신문, 2024년 11월 5일 자 기사, "AI 홍수예보시스템, 올여름 효과입증… 韓 기후테크, 해외 확대", (https://www.etnews.com/20241105000204). (최종검색일: 2025.4.1)

AI Times, 2020년 8월 7일 자 기사, "영국, '인종 편향적' 비자 신청 처리 알고리즘 사용 중단" (https://www.aitimes.com/news/articleView.html?idxno=131369). (최종접속일: 2025.4.1)

BBC news, 2025년 1월 23일 자 기사, "LinkedIn accused of using private messages to train AI" (https://www.bbc.com/news/articles/cdxevpzy3yko). (최종접속일: 2025.4.1)

Bureau of Labor Statistics. Automated coding of injury and illness data. U.S. Department of Labor. (https://www.bls.gov/iif/automated-coding.htm). (최종접속일: 2025.4.1)

Noyb news, 2025년 3월 20일 자 기사, "AI hallucinations: ChatGPT created a fake child murderer" (https://noyb.eu/en/ai-hallucinations-chatgpt-created-fake-child-murderer). (최종접속일: 2025.4.1)

Resilient Digital Africa, 2021년 9월 20일 자 기사, "Artificial Intelligence: Better Prepare to harness opportunities." (https://resilient.digital-africa.co/en/blog/2021/09/20/artificial-intelligence-better-prepare-to-harness-opportunities/). (최종접속일: 2025.4.2)

The AI, 2023년 9월 4일 자 기사, "셀바스AI, 음성인식 활용조서 작성 시스템 고도화", 김동원 기자 (https://www.newstheai.com/news/articleView.html?idxno=4283). (최종접속일: 2025.4.1)

UNESCO, 2021년 9월 10일 자 기사, "Training on Artificial Intelligence for Disaster Management in South Sudan." (https://www.unesco.org/en/articles/training-artificial-intelligence-disaster-management-south-sudan). (최종접속일: 2025.4.2)

USC News, 2024년 7월 22일 자 기사, "USC scientists use AI to predict a wildfire's next move." (https://today.usc.edu/using-ai-to-predict-wildfires/). (최종검색일: 2025.4.2.)

제5장 응용은 앞서갔고, 기반은 뒤따른다: 한국 AI 산업의 미래 조건 _이건우

과학기술정보통신부 · 한국산업기술진흥원. (2023). *2023년 인공지능산업실태조사 결과보고서*. 과학기술정보통신부.

한국은행. (2025). *AI와 한국경제* (이슈노트 제2025-2호). 한국은행.

Aghion, P., Bloom, N., Blundell, R., Griffith, R., & Howitt, P. (2005). Competition and innovation: An inverted-U relationship. *The Quarterly Journal of Economics*, *120*(2), 701-728. https://doi.org/10.1093/qje/120.2.701

Acemoglu, D., & Restrepo, P. (2020). The wrong kind of AI? Artificial intelligence and the future of labour demand. *Cambridge Journal of Regions, Economy and Society*, *13*(1), 25-35. https://doi.org/10.1093/cjres/rsz022

Baek, Y., & Lee, J. (2025). Analysis of artificial intelligence exposure across industries in South Korea and the United States. *East Asian Economic Review*, *29*(1), 3-40. https://doi.org/10.11644/KIEP.EAER.2025.29.1.443

Invest Korea. (2025). *The Korean AI industry and policy trends amid the global competition paradigm*. KOTRA. Retrieved from https://www.investkorea.org

Mazzucato, M. (2018). *The entrepreneurial state: Debunking public vs. private sector myths*. Penguin Books.

McKinsey Global Institute. (2018). *Notes from the AI frontier: Modeling the impact of AI on the world economy*. https://www.mckinsey.com/featured-insights/artificial-intelligence/notes-from-the-ai-frontier-modeling-the-impact-of-ai-on-the-world-economy

McKinsey Global Institute. (2023). The economic potential of generative AI: The next productivity frontier. McKinsey & Company. https://www.mckinsey.com/capabilities/quantumblack/our-insights/the-economic-potential-of-generative-ai-the-next-productivity-frontier

Romer, P. M. (1990). Endogenous technological change. *Journal of Political Economy, 98*(5), S71–S102. https://doi.org/10.1086/261725

제6장 AI와 인간의 공존: 기술 혁명이 바꾸는 경제와 일자리 _김미경

Acemoglu, D., & Restrepo, P. (2020). The wrong kind of AI? Artificial intelligence and the future of labour demand. *Cambridge Journal of Regions, Economy and Society, 13*(1), 25–35. https://doi.org/10.1093/cjres/rsz022

Acemoglu, D., & Restrepo, P. (2022). Tasks, automation, and the rise in US wage inequality. *Econometrica, 90*(5), 1973–2016. https://doi.org/10.3982/ECTA19815

Acemoglu, D., & Restrepo, P. (2018). The race between man and machine: Implications of technology for growth, factor shares, and employment. *American Economic Review, 108*(6), 1488–1542.

Adomavicius, G., & Tuzhilin, A. (2015). Context-aware recommender systems. In *Recommender systems handbook* (pp.191–226). Springer, Boston, MA.

Autor, D., & Salomons, A. (2022). Is automation labor-displacing? Productivity growth, employment, and the labor share. *Brookings Papers on Economic Activity, 2022*(Spring), 1–53.

Bessen, J. E., Goos, M., Salomons, A., & Van den Berge, W. (2022). Technological automation and the future of work. *Labour Economics, 76*, 102148.

Brynjolfsson, E., Rock, D., & Syverson, C. (2021). The productivity J-curve: How intangibles complement general purpose technologies. *American Economic Journal: Macroeconomics, 13*(1), 333–372. https://doi.org/10.1257/mac.20180386

Brynjolfsson, E., & McAfee, A. (2014). *The second machine age: Work, progress, and prosperity in a time of brilliant technologies*. W. W. Norton & Company.

Goldfarb, A., & Tucker, C. (2019). Digital economics. *Journal of Economic Literature*, *57*(1), 3–43. https://doi.org/10.1257/jel.20171452

Grand View Research. (2023). *Artificial Intelligence Market Size, Share & Trends Analysis Report By Solution, By Technology, By End-use, By Region, And Segment Forecasts, 2023–2030*. Grand View Research.

International Monetary Fund. (2022). *World Economic Outlook: Countering the Cost-of-Living Crisis*. IMF.

Mazzucato, M. (2021). *Mission economy: A moonshot guide to changing capitalism*. Penguin UK.

McKinsey Global Institute. (2021). *The future of work after COVID-19*. McKinsey & Company.

OECD. (2021). *OECD Skills Outlook 2021: Learning for Life*. OECD Publishing.

World Economic Forum. (2023). *The Future of Jobs Report 2023*. World Economic Forum.

제7장 미래를 예측하는 제조혁명: AI 기반 예지보전 _임희주

Abdallah, Y. O., Shehab, E., & Al-Ashaab, A. (2021). Understanding digital transformation in the manufacturing industry: a systematic literature review and future trends.

Ayvaz, S., & Alpay, K. (2021). Predictive maintenance system for production lines in manufacturing: A machine learning approach using IoT data in real-time. Expert Systems with Applications, 173, 114598.

Bengtsson, M. (2004). Condition Based Maintenance Systems An Investigation of Technical Constituents and Organizational Aspects. Mälardalen University Press.

Carvalho, T. P., Soares, F. A. A. M. N., Vita, R., Francisco, R., Basto, J. P., & Alcalá, S. G. S. (2019). A systematic literature review of machine learning methods applied to predictive maintenance. Computers & Industrial Engineering, 137, 106024.

Dalzochio, J., Kunst, R., Pignaton, E., Binotto, A., Sanyal, S., Favilla, J., & Barbosa, J. (2020). Machine learning and reasoning for predictive maintenance in Industry 4.0: Current status and challenges. Computers in Industry, 123, 103298.

Deloitte. (2023). 인공지능(AI) 활용서 리포트. 딜로이트 컨설팅.

Drees, T., Große-Kreul, A., Syniawa, D., Josler, L. N., Hypki, A., & Kuhlenkötter, B. (2023). Framework For The Successful Set-up Of A Common Data Model In The Context Of An Industry 4.0-ready Plant Design Process. ESSN: 2701-6277, 393-404.

Elnadi, M., & Abdallah, Y. O. (2024). Industry 4.0: critical investigations and synthesis of key findings. Management Review Quarterly, 74(2), 711-744.

Heng, A., Tan, A. C. C., Mathew, J., Montgomery, N., Banjevic, D., & Jardine, A. K. S. (2009). Intelligent condition-based prediction of machinery reliability. Mechanical Systems and Signal Processing, 23(5), 1600-1614.

Hernandez, M., & King, D. (2021). Digital twins and virtual commissioning in Industry 4.0. Journal of Manufacturing Systems, 58, 167-174.

Jardine, A. K. S., Lin, D., & Banjevic, D. (2006). A review on machinery diagnostics and prognostics implementing condition-based maintenance. Mechanical Systems and Signal Processing, 20(7), 1483-1510.

Keleko, A. T., Kamsu-Foguem, B., Ngouna, R. H., & Tongne, A. (2022). Artificial intelligence and real-time predictive maintenance in industry 4.0: A bibliometric analysis. AI Ethics, 2(3), 401-415.

Koopmans, M., & de Jonge, B. (2023). Condition-based maintenance and production speed optimization under limited maintenance capacity. Computers & Industrial Engineering, 179, 109155.

Lee, W. J., Wu, H., Yun, H., Kim, H., Jun, M. B., & Sutherland, J. W. (2019). Predictive maintenance of machine tool systems using artificial intelligence techniques applied to machine condition data. Procedia CIRP, 81, 874-879.

Li, G., & Jung, J. J. (2023). Deep learning for anomaly detection in multivariate time series: Approaches, applications, and challenges. Information Fusion, 91, 93-102.

Lughofer, E., & Sayed-Mouchaweh, M. (2019). Predictive Maintenance in Dynamic Systems: Advanced Methods, Decision Support Tools and Real-World Applications. Springer.

McKinsey & Company. (2024, June 28). Harnessing the power of predictive maintenance in roads (Roundtable report). McKinsey Global Infrastructure Initiative. https://www.mckinsey.com/industries/infrastructure/global-infrastructure-initiative/roundtables/europe-2024-harnessing-the-power-of-predictive-maintenance-in-roads.

Mobley, R. K. (2002). An Introduction to Predictive Maintenance (2nd ed.). Butterworth-Heinemann.

Roy, R., Stark, R., Tracht, K., Takata, S., & Mori, M. (2016). Continuous maintenance and the future – Foundations and technological challenges. CIRP Annals: Manufacturing Technology 65(2), 667-688.

Selcuk S. (2017). Predictive maintenance its implementation and latest trends. Proceedings of the Institution of Mechanical Engineers Part B Journal of Engineering Manufacture, 231(9),1670-1679.

Selcuk, S. (2017). Predictive maintenance, its implementation and latest trends. Proceedings of the Institution of Mechanical Engineers, Part B: Journal of Engineering Manufacture, 231(9), 1670‒1679.

ThingPlus. (2021). 스마트 팩토리의 핵심, 예지보전. 씽플러스.

Xiang, Y., Zhu, Z., Coit, D. W., & Feng, Q. (2017). Condition‒based maintenance under performance‒based contracting. Computers & Industrial Engineering, 111, 391‒402.

Zhang, W., Yang, D., & Wang, H. (2019). Data‒Driven Methods for Predictive Maintenance of Industrial Equipment: A Survey. IEEE Systems Journal, 13(3), 2213‒2226.

Zonta, T., Da Costa, C. A., da Rosa Righi, R., de Lima, M. J., Da Trindade, E. S., & Li, G. P. (2020). Predictive maintenance in the Industry 4.0: A systematic literature review. Computers & Industrial Engineering, 150, 106889.

박정호, & 이진우. (2023). 제조업 디지털 전환을 위한 예지보전 기술 적용 전략. 한국생산기술연구원 연구보고서.

연구개발특구진흥재단. (2022). 예지보전 시장. 기술 시장 보고서.

한국첨단과학기술교육원. (2023). 전기 설비의 자동화와 빅데이터를 활용한 예지보전. 기술 보고서.

제8장 AI와 고등교육: 학습자 중심 교육 원칙의 통합과 미래 전망 _정미정

Cornelius‒White, J. H., & Harbaugh, A. P. (2010). *Learner-centered instruction: Building relationships for student success.* Sage Publications.

Cornell University (n.d.). CU Committee Report: Generative Artificial Intelligence for Education and Pedagogy. Center for Teaching Innovation. Retreived from https://teaching.cornell.edu/generative‒artificial‒intelligence/cu‒committee‒report‒generative‒artificial‒intelligence‒education(Accessed on March 29 2025).

Cristescu, I., & Balog, A. (2019). Heterogeneity of Students' Perceptions of e‒Learning Platform Quality: A Latent Profile Analysis. *eLearning & Software for Education*, 2.

Derntl, M. (2006). Patterns for person‒centered e‒Learning. Aka Verlag.

Derntl, M., & Motschnig‒Pitrik, R. (2005). The role of structure, patterns, and people in blended learning. *The Internet and Higher Education*, 8(2), 111‒130.

Drachsler, H. (2023). Towards highly informative learning analytics. Open Universiteit.

Drachsler, H., & Greller, W. (2016). *Privacy and analytics - it's a DELICATE issue: A checklist to establish trusted learning analytics.* In Proceedings of the Sixth International Conference on Learning Analytics and Knowledge (pp.89‒98). ACM. https://doi.org/10.1145/2883851.2883893

Education Futures Studio. (n.d.). *AI and fairness in education: Policy with and for young people workshop*. Retrieved from https://education-futures-studio.org/2024/11/ai-and-fairness-in-education-policy-with-and-for-young-people-workshop/(Accessed on March 29 2025)

Harrington, R., & Loffredo, D. A. (2010). MBTI personality type and other factors that relate to preference for online versus face-to-face instruction. *The Internet and Higher Education*, 13(1-2), 89-95.

Holmes, J., Moraes, O. R., Rickards, L., Steele, W., Hotker, M., & Richardson, A. (2022). Online learning and teaching for the SDGs-exploring emerging university strategies. *International Journal of Sustainability in Higher Education*, 23(3), 503-521.

Lea, S. J., Stephenson, D., & Troy, J. (2003). Higher education students' attitudes to student-centred learning: Beyond 'educational bulimia'? *Studies in Higher Education*, 28(3), 321-334.

McCombs, B. L. (2013). The learner-centered model: From the vision to the future. *Interdisciplinary Applications of the Person-Centered Approach*, 83-113.

McInnerney, J., & Roberts, T. S. (2004). Online learning: Social interaction and the creation of a sense of community. *Educational Technology & Society*, 7(3), 73-81.

Meletiadou, E., Pouransari, S., Hazizi, T., Alhasani, M., Karakis, S., Rousoulioti, T., & Rayeni Pour, A. N. (2024). *Using AI to promote Education for Sustainable Development (ESD) and widen access to digital skills: List of case studies*. Quality Assurance Agency of Higher Education.

Motschnig-Pitrik, R. (2013). Characteristics and effects of person-centered technology enhanced learning. In *Interdisciplinary applications of the person-centered approach* (pp.125-131). Springer.

Piaget, J. (1952). *The origins of intelligence in children*. W.W. Norton & Co.

Reigeluth, C. M., & An, Y. (2020). *Merging the instructional design process with learner-centred theory: The holistic 4D model*. Routledge.

Robert, J. (2024, February). 2024 EDUCAUSE AI landscape study. Educause Online available at https://www.educause.edu/ecar/research-publications/2024/2024-educause-ai-landscape-study/the-future-of-ai-in-higher-education(Accessed on March 29 2025)

Rogers, C. R. (1969). *Freedom to learn: A view of what education might be*. Merrill.

Rogers, C. R. (1987). On the shoulders of giants: Questions I would ask myself if I were a teacher. *The Educational Forum*, 51(2), 115-122. https://doi.org/10.1080/00131728709339275

Rogers, C. R. (1995). *On becoming a person: A therapist's view of psychotherapy*. Houghton Mifflin

Harcourt.

Sheehan, T. (2024a). *The future of higher education - Vision 2035*. Gartner.

Sheehan, T. (2024b). *Education industry innovation trends: AI curiosity powers sector change*. Gartner.

Sheehan, T. (2025). *Examples from the 2024 Gartner Eye on Innovation Awards for education: Case examples*. Gartner.

Yanckello, R. (2023). *Higher education CIOs' technology deployment plans through 2025*. Gartner.

Zawacki-Richter, O., Marín, V. I., Bond, M., & Gouverneur, F. (2019). Systematic review of research on artificial intelligence applications in higher education –where are the educators? *International Journal of Educational Technology in Higher Education, 16*(1), 1-27.

제9장 AI는 도구일까 저자일까? 학술 글쓰기에서 AI의 역할과 윤리적 문제 _김초해

Berr, A., Leelaluk, S., Tang, C., Chen, L., Okubo, F., & Shimada, A. (2024). Educational Data Analysis using Generative AI. In *2024 Joint of International Conference on Learning Analytics and Knowledge Workshops*, LAK-WS 2024. *CEUR Workshop Proceedings, 3667*, 47–55. http://www.scopus.com/inward/record.url?scp=85191991256&partnerID=8YFLogxK

Burleigh, C., & Wilson, A. M. (2024). Generative AI: Is Authentic Qualitative Research Data Collection Possible?. *Journal of Educational Technology Systems, 53*(2), 89-115. https://doi.org/10.1177/00472395241270278

Castillo-Segura, P., Fernández Panadero, C., Alario-Hoyos, C., & Delgado Kloos, C. (2023). *Leveraging the potential of generative AI to accelerate systematic literature reviews: An example in the area of educational technology*. In *Proceedings of the 2023 World Engineering Education Forum - Global Engineering Deans Council (WEEF-GEDC). IEEE*. https://doi.org/10.1109/WEEF-GEDC59520.2023.10344098

Chang, S., Kennedy, A., Leonard, A., & List, J. A. (2024). *12 Best Practices for Leveraging Generative AI in Experimental Research*. NBER Working Paper No. 33025. National Bureau of Economic Research. http://www.nber.org/papers/w33025

Goyal, M. K. (2023). Synthetic Data Revolutionizes Rare Disease Research: How Large Language Models and Generative AI are Overcoming Data Scarcity and Privacy Challenges. *International Journal on Recent and Innovation Trends in Computing and Communication, 11*(11), 1368-1380.

Gray, A. (2024). ChatGPT "contamination": Estimating the prevalence of LLMs in the scholarly literature. arXiv:2403.16887. https://doi.org/10.48550/arXiv.2403.16887

Guo, H., & Zaini, S. H. (2024). Artificial Intelligence in Academic Writing: A Literature Review. *Asian Pendidikan, 4*(2), 46-55. https://doi.org/10.53797/aspen.v4i2.6.2024

Hanafi, A. M., Al-mansi, M. M., & Al-Sharif, O. A. (2025). Generative AI in Academia: A Comprehensive Review of Applications and Implications for the Research Process. *International Journal of Engineering and Applied Sciences-October 6 University, 2*(1), 91-110. https://doi.org/10.21608/ijeasou.2025.349520.1041

Hosseini, M., Resnik, D. B., & Holmes, K. (2023). The ethics of disclosing the use of artificial intelligence tools in writing scholarly manuscripts. *Research Ethics, 19*(4), 449-465. https://doi.org/10.1177/17470161231180449

Inala, J. P., Wang, C., Drucker, S., Ramos, G., Dibia, V., Riche, N., Brown, D., Marshall, D., & Gao, J. (2024). Data Analysis in the Era of Generative AI. arXiv:2409.18475. https://doi.org/10.48550/arXiv.2409.18475

Longoni, C., Tully, S., & Shariff, A. (2023, June 18). The AI-Human Unethicality Gap: Plagiarizing AI-generated Content Is Seen As More Permissible. https://doi.org/10.31234/osf.io/na3wb

Miller, T., Durlik, I., Łobodzińska, A., & Kostecka, E. (2024). Generative ai: A tool for addressing data scarcity in scientific research. *Grail of Science, 43*, 301-307. https://doi.org/10.36074/grail-of-science.06.09.2024.039

Mitra, M., de Vos, M. G., Cortinovis, N., & Ometto, D. (2024, September). Generative AI for Research Data Processing: Lessons Learnt From Three Use Cases. In *2024 IEEE 20th International Conference on e-Science (e-Science)*, Osaka, Japan, (pp.1-10). https://doi.org/10.1109/e-Science62913.2024.10678704

Panda, S., & Kaur, N. (2024). Exploring the role of generative AI in academia: Opportunities and challenges. *IP Indian Journal of Library Science and Information Technology, 9*(1), 12-23. https://doi.org/10.18231/j.ijlsit.2024.003

Salman, H. M. Aliif, R. Ibrahim & J. Mahmood. (2024). Technology Readiness for Generative AI Among Academic Researchers. In *2024 International Conference on Innovation and Intelligence for Informatics, Computing, and Technologies (3ICT)*, Sakhir, Bahrain, 329-336. https://doi.org/10.1109/3ict64318.2024.10824523

Salman, H. A., Ahmad, M. A., Ibrahim, R., & Mahmood, J. (2025). Systematic analysis of generative AI tools integration in academic research and peer review. *Online Journal of Communication and Media Technologies, 15*(1), e202502. https://doi.org/10.30935/ojcmt/15832

Tamaki, E. R., & Littvay, L. (2024, August 27). Chrono-Sampling: Generative AI Enabled Time Machine for Public Opinion Data Collection. https://doi.org/10.31234/osf.io/49ags

Ultsch, A., & Lötsch, J. (2025). Augmenting small biomedical datasets using generative AI methods based on self-organizing neural networks. *Briefings in Bioinformatics, 26*(1), bbae640. https://doi.org/10.1093/bib/bbae640

Van Noorden, R. (2023). More than 10,000 research papers were retracted in 2023—A new record. *Nature, 624*(7992), 479-481. https://doi.org/10.1038/d41586-023-03974-8

Young, A., Chandler, J., Norris, C., & Prevatt-Goldstein, A. (2024). Generative AI and academic skills support at UCL: an institutional approach. *Journal of EAHIL, 20*(2), 16-19. https://doi.org/10.32384/jeahil20620

제10장 AI의 위협과 개인정보 자기결정권 보호 _장재영, 김범수

개인정보보호위원회. (2024. 3. 28). [보도자료] 개인정보위, 주요 인공지능(AI) 서비스사전 실태점검 결과 발표.

개인정보보호위원회. (2025. 4. 23). [보도자료] 개인정보위, 딥시크 서비스 사전 실태점검 결과 발표.

개인정보위. (2024a). 인공지능(AI) 개발·서비스를 위한 공개된 개인정보 처리 안내서, 개인정보보호위원회.

개인정보위. (2024b). 안전한 인공지능(AI)·데이터 활용을 위한 AI 프라이버시 리스크 관리 모델, 개인정보보호위원회.

권영준. (2021). 데이터 귀속·보호·거래에 관한 법리 체계와 방향. *비교사법, 28*(1), 1-43.

김관영, 천곤궁, 김성훈. (2025. 3). 딥시크(DeepSeek)의 등장과 인공지능(AI) 보안 이슈, *KISA INSIGHT*, 1, 1-25.

김도원, 김성훈, 이재광, 박정훈, 김병재, 정태인, 최은아. (2023. 5). ChatGPT(챗GPT) 보안 위협과 시사점, *KISA INSIGHT*, 3, 1-26.

김수정. (2021). 빅데이터, 데이터 소유권, 데이터 경제. *민사법학*, (96), 3-40.

김지수, 홍민지. (2025. 03. 10). DeepSeek-R1 기술 분석, 한글과컴퓨터.

김현경. (2023). 공개된 개인정보의 법적 취급에 대한 검토—AI 학습용 데이터로서 활용방안을 중심으로—. *미국헌법연구, 34*(1), 157-192.

박상철. (2024). Corrigendum: 인공지능의 법적 규율 Ⅰ: 범용모델과 생성모델. *법학, 65*(1), 65-124.

윤수영, 여정성. (2021). 데이터 경제에서 소비자주권의 확장 방향성과 소비자 데이터권리 연구. *소비자학연구, 32*(5), 169-195.

이동진. (2018). 데이터 소유권(Data Ownership), 개념과 그 실익. *정보법학, 22*(3), 219-242.

장재영. (2024). 생성형 인공지능 모델의 개인정보 라이프 사이클에 따른 국내 개인정보 보호법 개선 고려 요소: GDPR과 개인정보 보호법의 비교·분석. *융합보안논문지, 24*(3), 81-93.

장재영. (2025). 생성형 AI의 위협과 개인정보 자기통제권 보호 방안, *SPRI, 130*, 43-55.

장재영, 김종민. (2024). 인공지능의 학습 특성을 고려한 개인정보 라이프 사이클 모델. *융합보안논문지, 24*(2), 47-53.

조남용, 안동욱. (2023. 09. 06). 생성형 AI의 등장으로 더욱 중요해진 설명 가능한 AI(XAI), *인사이트 리포트*, 삼성 SDS.

주민호. (2023). 자동화된 의사결정에 대한 기본권의 실효적 보장-EU AI 법 제54조와 GDPR 제22조의 관계를 중심으로. *법학논고*, (82), 63-88.

Barbera, I. (2025). AI Privacy Risks & Mitigations Large Language Models (LLMs), European Data Protection Board.

Hassine, J. (2024, June). An llm-based approach to recover traceability links between security requirements and goal models. In Proceedings of *the 28th International Conference on Evaluation and Assessment in Software Engineering*, 643-651.

Uang, J. Y., Zhou, W., Wang, F., Morstatter, F., Zhang, S., Poon, H., & Chen, M. (2024). Offset unlearning for large language models. *arXiv* preprint arXiv:2404.11045.

Kairouz, P., McMahan, B., Song, S., Thakkar, O., Thakurta, A., & Xu, Z. (2021, July). Practical and private (deep) learning without sampling or shuffling. In *International Conference on Machine Learning*, PMLR, 5213-5225.

Kandpal, N., Wallace, E., & Raffel, C. (2022, June). Deduplicating training data mitigates privacy risks in language models. In *International Conference on Machine Learning*, PMLR, 10697-10707.

Kumar, A., Agarwal, C., Srinivas, S., Li, A. J., Feizi, S., & Lakkaraju, H. (2023). Certifying llm safety against adversarial prompting. *arXiv* preprint arXiv:2309.02705.

Li, Z., Zhu, H., Lu, Z., & Yin, M. (2023). Synthetic data generation with large language models for text classification: Potential and limitations. *arXiv* preprint arXiv:2310.07849.

Ohm, P. (2024). Focusing on Fine-Tuning: Understanding the Four Pathways for Shaping Generative AI. *Science and Technology Law Review, 25*(2).

Schneider, J. (2024). Explainable generative ai (genxai): A survey, conceptualization, and research agenda, Artificial Intelligence Review 57, (11), 1-38.

Tang, R., Han, X., Jiang, X., & Hu, X. (2023). Does synthetic data generation of llms help clinical text mining?. *arXiv* preprint arXiv:2303.04360.

Wiest, I. C., Leßmann, M. E., Wolf, F., Ferber, D., Van Treeck, M., Zhu, J., ⋯ & Kather, J. N.

(2024). Anonymizing medical documents with local, privacy preserving large language models: The LLM-Anonymizer. *medRxiv*, 2024-06.

Yao, Y., Xu, X., & Liu, Y. (2024). Large language model unlearning. Advances in *Neural Information Processing Systems, 37*, 105425-105475.

제11장 언어모델의 미래: 기술 진화, 산업 적용, 그리고 AI 주권 _장백철, 김민경

Arrieta, A. B., Díaz-Rodríguez, N., Del Ser, J., Bennetot, A., Tabik, S., Barbado, A., Garcia, S., Gil-Lopez, S., Molina, D., Benjamins, R., Chatila, R., & Herrera, F. (2020). Explainable artificial intelligence (XAI): Concepts, taxonomies, opportunities and challenges toward responsible AI. Information Fusion, 58, 82–115. https://doi.org/10.1016/j.inffus.2019.12.012

Brown, T. B., Mann, B., Ryder, N., Subbiah, M., Kaplan, J., Dhariwal, P., Neelakantan, A., Shyam, P., Sastry, G., Askell, A., Agarwal, S., Herbert-Voss, A., Krueger, G., Henighan, T., Child, R., Ramesh, A., Ziegler, D. M., Wu, J., Winter, C., ... Amodei, D. (2020). Language models are few-shot learners. arXiv. https://doi.org/10.48550/arXiv.2005.14165

Chen, H., Tam, D., Ji, J., Xu, H., Zhou, W., Neubig, G., Chen, W. L., & Wu, Y. (2023). Maybe only 0.5% data is needed: A preliminary exploration of low training data instruction tuning. arXiv. https://doi.org/10.48550/arXiv.2305.09246

Choi, Y. J., Kim, D. G., & Jang, B. (2024). Research on infectious disease AI agent using large language models. Proceedings of the Korean Institute of Information Scientists and Engineers.

European Commission. (2021). Proposal for a regulation laying down harmonised rules on artificial intelligence (Artificial Intelligence Act) (COM(2021) 206 final).

Gao, Y., Xiong, Y., Gao, X., Jia, K., Pan, J., Bi, Y., Dai, Y., Sun, J., Wang, M., & Wang, H. (2023). Retrieval-augmented generation for large language models: A survey. arXiv. https://doi.org/10.48550/arXiv.2312.10997

Gholami, A., Kim, S., Dong, Z., Yao, Z., Mahoney, M. W., & Keutzer, K. (2021). A survey of quantization methods for efficient neural network inference. arXiv. https://doi.org/10.48550/arXiv.2103.13630

Han, X., Zhang, Z., Ding, N., Gu, Y., Liu, X., Huo, Y., Qiu, J., Yao, Y., Zhang, A., Zhang, L., Han, W., Huang, M., Jin, Q., Lan, Y., Liu, Y., Liu, Z., Lu, Z., Qiu, X., Song, R., ⋯ Sun, M. (2021). Pre-trained models: Past, present and future. AI Open, 2, 225-250. https://doi.org/10.1016/j.aiopen.2021.08.002

Jiang, A. Q., Sablayrolles, A., Mensch, A., Bamford, C., Chaplot, D. S., Casas, D. de las, Bressand, F., Lengyel, G., Lample, G., Saulnier, L., Lavaud, L. R., Lachaux, M.-A., Stock, P., Scao, T. L., Lavril, T., Wang, T., Lacroix, T., & Sayed, W. E. (2023). Mistral 7B. arXiv. https://doi.org/10.48550/arXiv.2310.06825

Kaplan, J., McCandlish, S., Henighan, T., Brown, T. B., Chess, B., Child, R., Gray, S., Radford, A., Wu, J., & Amodei, D. (2020). Scaling laws for neural language models. arXiv. https://doi.org/10.48550/arXiv.2001.08361

Kim, B., Kim, H., Lee, S.-W., Lee, G., Kwak, D., Jeon, D. H., Park, S., Kim, S., Kim, S., Seo, D., Lee, H., Jeong, M., Lee, S., Kim, M., Ko, S. H., Kim, S., Park, T., Kim, J., Kang, S., ⋯ Sung, N. (2021). What changes can large-scale language models bring? Intensive study on HyperCLOVA: Billions-scale Korean generative pretrained transformers. arXiv. https://doi.org/10.48550/arXiv.2109.04650

Kim, D. G., Choi, Y. J., & Jang, B. (2024). Time series forecasting using RAG-based news information and large language models: A case study on COVID-19 data. Proceedings of the Korean Institute of Information Scientists and Engineers.

Kim, D. H. (2024). Automated decision-making in South Korea. Nature Scientific Reports, 14(1), 1842-1857. https://doi.org/10.1038/s41598-024-automated-decision

Kim, G. I., Hwang, S., & Jang, B. (2025). Efficient compressing and tuning methods for large language models: A systematic literature review. ACM Computing Surveys. https://doi.org/10.1145/3708498

LG AI Research. (2023). EXAONE: Exploring AI opportunities, initially in the Korean language [Technical Report].

Prottasha, N. J., Sami, A. A., Kowsher, M., Murad, S. A., Bairagi, A. K., Masud, M., & Baz, M. (2024). Parameter-efficient fine-tuning of large language models using LoRA and QLoRA: A comprehensive analysis. Nature Scientific Reports, 14(1), 28772. https://doi.org/10.1038/s41598-024-78241-4

Singhal, K., Azizi, S., Tu, T., Mahdavi, S. S., Wei, J., Chung, H. W., Scales, N., Tanwani, A., Cole-Lewis, H., Pfohl, S., Payne, P., Seneviratne, M., Gamble, P., Kelly, C., Babiker, A., Schärli, N., Chowdhery, A., Mansfield, P., Demner-Fushman, D., ⋯ Natarajan, V. (2023). Large language models encode clinical knowledge. Nature, 620(7972), 172–180. https://doi.org/10.1038/s41586-023-06291-2

Tao, Y., Viberg, O., Baker, R. S., & Kizilcec, R. F. (2024). Cultural bias and cultural alignment of large language models. PNAS Nexus, 3(9), pgae346. https://doi.org/10.1093/pnasnexus/pgae346

Voigt, P., & Von dem Bussche, A. (2017). The EU general data protection regulation (GDPR): A practical guide. Springer. https://doi.org/10.1007/978-3-319-57959-7

Zhang, S., Dong, L., Li, X., Zhang, S., Sun, X., Wang, S., Li, J., Hu, R., Zhang, T., Wu, F., & Wang, G. (2023). Instruction tuning for large language models: A survey. arXiv. https://doi.org/10.48550/arXiv.2308.10792

AI Magazine. (2024, July 24). Meta Llama 3.1: The world's largest open-source AI model. https://www.aimagazine.com

AlliBee AI. (2025, September 28). AI가 만든 가짜 법령과 판례, 전문가 업무에 미치는 위험성.

BABL AI. (2025, September 18). South Korea unveils comprehensive framework for AI privacy protection. https://www.babl.ai

Blocks & Files. (2025, October 12). Samsung, SK hynix to help OpenAI construct Stargate datacenters. https://blocksandfiles.com

Chosun.com. (2025, March 18). LG unleashes Korea's first reasoning AI model 'Exaone Deep'.

Contextualsolutions.de. (2025, September 9). ASML's €1.3B investment in Mistral AI marks Europe's AI turning point.

Digital Nemko. (2025, August 12). Korea's generative AI privacy guide: Action plan. https://digital.nemko.com

ETNews. (2024, January 10). AI튜터와 함께 학생 맞춤 '몰입형'.

Future of Privacy Forum (FPF). (2025, April 17). South Korea's new AI framework act: A balancing act between innovation and regulation. https://fpf.org

Hankook Ilbo. (2024, February 25). 'AI가 판결문 분석' 국내 법률에 특화된 AI '코알라' 등장.

Hugging Face. (2025). The AI community building the future. https://huggingface.co

In AI We Trust. (2025, March 19). Chinese LLMs vs Western LLMs: The battle for AI sovereignty. https://www.inaiwetrust.com

International Association of Privacy Professionals (IAPP). (2024, July 14). Top 10 operational impacts of the EU AI Act. https://iapp.org

IoT Analytics. (2025, March 5). Who is winning the cloud AI race? Microsoft vs. AWS vs. Google. https://iot-analytics.com

K-Health. (2024, May 8). 정밀의료의 열쇠 '초거대언어모델(LLM)', 수련의 훈련부터.

Korea Herald. (2024).

Korea Herald. (2025, September 1). Korea's AI challengers take on ChatGPT with own LLMs.

Korean Bio Institute (KISTI). (2024, April 3). 연구의 창의·혁신성 제고를 위한 생성형 AI 기술 분석 및 활용 연구.

Korean Ministry of Education. (2024).

KV Empty Pages. (2023, December 4). The English-centric bias of large language models. https://kv-emptypages.blogspot.com

MakeBot AI. (2025, June 23). 2025년 이후 주목해야 할 10가지 AI 헬스케어 트렌드.

Meta AI. (2024, July 23). Open source AI is the path forward. Meta About. https://about.fb.com/news/2024/07/open-source-ai-is-the-path-forward/

Network Law Review. (2025, October 30). The new AI regulation in Korea: Problems of jurisdictional overlap. https://www.networklawreview.org

NVIDIA News. (2025, October 29). NVIDIA and SK Group build AI factory to drive Korea's sovereign AI. https://nvidianews.nvidia.com

Pallavi Sehgal. (2025, November 6). Two paths to AI dominance: Inside the Google-Microsoft rivalry. https://pallavisehgal.com

Samsung SDS. (2025, January 23). 2025년 국내 은행 AI 활용 전망.

SCMP. (2023, September 12). Alibaba opens AI model Tongyi Qianwen to public in competition with Baidu. South China Morning Post. https://www.scmp.com

Shinhan Fund Partners. (2025, June 25). AI Vision Day: 자체 개발 AI 언어모델 공식 공개.

SOMO. (2025, July 22). The real winners of the AI race: Amazon, Google, Microsoft. https://www.somo.nl

| 저자 소개 |

김범수 교수

연세대학교 정보대학원 원장을 역임하고 현재 정보대학원 교수로 재직 중이다. 연세대학교 바른ICT연구소 소장, Asia Privacy Bridge Forum 의장으로 ICT 정책, 격차, 과의존, 정보보호 등의 이슈 중심으로 관련 연구와 교육 활동을 추진하고 있다. OECD 디지털 거버넌스와 프라이버시 작업반 부의장을 역임하였으며, 한국대표로 국제기구에서 AI시대 공공데이터 활용과 프라이버시 관련한 국제협력, 정책가이드 등을 마련하는 데 기여하였다. 주요 관심 연구 분야는 AI 경영, 데이터 거버넌스와 공개 자료의 활용, 프라이버시, 개인정보보호, 빅데이터분석, 가상자산, 국제협력정책 등이다.

김미경 박사

현재 한국고용정보원 부연구위원으로 재직 중이다. 서울대학교에서 경제학 박사 학위를 취득하였고, 한국노동연구원 초빙연구위원, 서울대학교 연수연구원 및 연세대학교 바른ICT 연구교수를 역임하였다. 주요 관심분야는 AI, 디지털전환과 노동시장 등이다. 지금까지 B.E. Journal of Economic Analysis & Policy, International Journal of Manpower 등 주요 학술지에 논문을 발표하였다.

김초해 박사

연세대학교에서 사학, 문헌정보학을 전공하고 같은 학교에서 석사, 박사학위를 받았다. 졸업 후 2025년 3월부터 9월까지 연세대 바른ICT연구소 연구교수로, 10월부터 연세대 대학도서관발전연구소 전임연구원으로 재직 중이다. 도서관 경영과 마케팅을 전공으로 사서의 전문성, 사서와 이용자 간의 커뮤니케이션에 관해 연구를 진행했으며, 이 외에도 정보소외계층과 정보빈곤, 학술 커뮤니케이션, AI 시대 정보서비스에 관심이 있다.

김현정 연구교수

연세대학교 정보대학원에서 정보시스템관리 전공으로 박사학위를 받았다. 현재 연세대학교 바른ICT연구소에서 연구교수로 재직 중이다. 주요 관심 분야는 개인정보보호, 머신러닝 및 딥러닝, 악성댓글, AI Governance, AI 및 디지털 리터러시 등이다.

노환호 박사

광운대학교 산업심리학과에서 박사학위를 받았다. 현재 연세대학교 바른ICT연구소에서 연구교수로 재직 중이다. 소비자광고심리학을 전공했고, 주요 연구 분야는 위험 의사결정이다. 최근에는 생성형 AI에 대한 소비자의 신뢰, 소셜 미디어 광고에 대한 사회 욕구와 동기의 영향, 디지털 과의존이 인지 처리에 미치는 영향 및 AI 기반 의사결정 연구를 진행 중이다.

박준희 연구교수

서울대학교에서 정책학 박사학위를 취득하고, 현재 연세대학교 바른ICT연구소 연구교수로 재직 중이다. 수원대학교 법행정학부 객원교수 및 한국형사법무정책연구원 전문연구원을 역임하였으며, 주요 관심 분야는 정책 확산, AI 거버넌스, 행정혁신 등이다. 한국행정학보, 행정논총, 지방정부연구, 국가정책연구 등 주요 학술지와 미국행정학회(ASPA), 미국공공정책분석관리학회(APPAM)에서 논문을 발표하였다.

이건우 박사

포스트 케인지언(Post-Keynesian) 경제학 성장이론에 대한 실증 연구로 석사학위를 취득한 후, 국제노동기구(ILO: International Labour Organization)에서 소득 불평등과 경제성장 간의 관계를 분석하는 보고서를 작성하며 약 6개월간의 인턴 과정을 거쳤다. 이후 고려대학교 경제학과에서 「스라파, 화폐, 공황: 포스트 케인지언 경제학 논문 세 편」이라는 논문으로 박사학위를 취득했다. 투간 바라노프스키의 『현대 영국의 산업공황』을 발췌 번역하였고, 주요 연구로는 「An Empirical Analysis of the Disproportionate Theory of Crisis: A Sraffian Approach to the Economic Crisis」가 있다. 현재 충남대학교 경상대학에서 경제학을 가르치고 있다.

이준혁 연구교수

단국대학교 일반대학원 경영학과에서 인사 · 조직관리 전공으로 박사학위를 받았다.

현재 연세대학교 바른ICT연구소에서 연구교수로 재직 중이다. 연세대학교 정보대학원에 연구교수, 단국대학교 경영학과 및 산업경영학과(야) 강사, 서울시립대학교 교육대학원에 강사로 재직했다. 현재 조직행동 및 인적자원관리 분야에 AI 리터러시, 스트레스 및 거버넌스 등의 AI 도메인을 융합한 연구를 진행 중이다.

임희주 교수

현재 서원대학교 경영학부에서 조교수로 재직 중이다. 고려대학교에서 경영학 박사학위를 취득한 후, 고려대학교 기업경영연구원 연구위원, 연세대학교 바른ICT연구소 연구교수 등을 역임하였다. 관심 연구 분야는 신제품 개발, 디지털 플랫폼 등이다.

장백철 교수

North Carolina State University에서 컴퓨터과학 박사학위를 취득하였다. 현재 연세대학교 정보대학원 교수이자 바른ICT연구소 부소장으로 재직 중이다. 인공지능(AI)과 자연어처리(NLP)를 중심으로 빅데이터 분석, 감염병 예측 및 감염병 정보 제공 시스템 등 다양한 분야의 연구를 수행해 왔다. 특히 국제적으로 영향력 있는 AI 분야 주요 학회 및 학술지(SCIE급 저널 포함)에 다수의 연구 성과를 발표하였다. 최근에는 대규모 언어모델(LLM)의 경량화 및 효율화, 실용적 활용을 위한 연구에 집중하고 있다. ANDLab에서 석·박사 과정 연구원들을 지도하며 활발한 연구 활동을 이어가고 있다.

장재영 박사

연세대학교 정보대학원에서 박사학위를 받았다. 현재 한국인터넷진흥원에서 연구위원으로 재직 중이다. 연세대 정보대학원에 강사로 고려대학교 정보대학에서 겸임교수로 재직했다. 현재 AI 분야에서 개인정보 생명주기 모델 개발, 정보주체 권리 보장 방안, AI의 도입에 따른 조직의 정보보호정책 준수, 이용자의 정보보호 행동을 연구 중이다.

정미정 박사

정미정 박사는 연세대학교 바른ICT연구소의 연구교수로 재직 중이며, 2022년 영국University College London(UCL) 교육사회학부에서 시민권 및 인권 교육학으로 박사학위를 취득하였다. 또한 2021년 고등교육 분야의 우수한 연구와 티칭 경험을 인정받아 영국 고등교육아카데미(Higher Education Academy)의 펠로우십을 수여 받았다.

김민경 석박사 통합과정

University of Pennsylvania에서 경제학 학사학위를 취득하고, 현재 연세대학교 정보대학원 석박사 통합과정(비즈니스 AI · 빅데이터 전공)에 재학 중이다. ANDLab에서 시계열 · 감염병 · 예측 분야의 연구를 활발히 수행해 왔으며, 최근에는 대규모 언어 모델(LLM)을 활용한 시계열 예측 연구에도 관심을 두고 있다.

BARUN AI Series ①

AI와 함께하는 내일

모두를 위한 따뜻한 혁명

초판인쇄　2025년 11월 28일
초판발행　2025년 11월 28일

지 은 이　김미경, 김민경, 김범수, 김초해, 김현정, 노환호, 박준희,
　　　　　이건우, 이준혁, 임희주, 장백철, 장재영, 정미정
펴 낸 이　채종준
펴 낸 곳　한국학술정보(주)
주　　소　경기도 파주시 회동길 230(문발동)
전　　화　031-908-3181(대표)
팩　　스　031-908-3189
투고문의　ksibook1@kstudy.com
등　　록　제일산-115호(2000. 6. 19)

ISBN　979-11-7457-312-4　93500